超级稻
品种栽培技术模式图

朱德峰　陈惠哲　主编

中国农业科学技术出版社

图书在版编目（CIP）数据

超级稻品种栽培技术模式图／朱德峰，陈惠哲主编．—北京：中国农业科学技术出版社，2013.2

ISBN 978－7－5116－1103－1

Ⅰ.①超… Ⅱ.①朱…②陈… Ⅲ.①水稻－品种－图解②水稻栽培－图解 Ⅳ.①S511－64

中国版本图书馆 CIP 数据核字（2012）第 243861 号

责任编辑 张孝安
责任校对 贾晓红

出 版 者 中国农业科学技术出版社
北京市中关村南大街 12 号 邮编：100081
电 话 （010）82109708（编辑室）（010）82109702（发行部）
（010）82109709（读者服务部）
传 真 （010）82109700
网 址 http://www.castp.cn
经 销 者 各地新华书店
印 刷 者 北京科信印刷有限公司印刷
开 本 787 mm×1 092 mm 1/16
印 张 12.25
字 数 280 千字
版 次 2013 年 2 月第 1 版 2014 年 3 月第 2 次印刷
定 价 30.00 元

编委会

主　编：朱德峰　陈惠哲

编著者：陈惠哲　侯立刚　黄　庆　霍中洋　李木英

　　　　林贤青　潘晓华　吴文革　向　镜　许有尊

　　　　张洪程　张玉屏　赵国臣　赵全志　郑家国

　　　　邹应斌　朱德峰

前　言

　　水稻是我国第一大粮食作物，其种植面积和总产占我国粮食作物的 30% 和 40% 左右，我国有 60% 人口以稻米为主食。稻谷是我国主要储备粮品种，稻米是我国的主要口粮。水稻生产对保障国家粮食安全、促进农民增收和改善生态环境具有重要的意义。

　　我国超级稻计划自 1996 年实施以来，在创制出一批育种材料的基础上，采用理想株型塑造与强优势利用相结合，兼顾品质与抗性的的育种技术路线，培育了一批具有自主知识产权的超级稻新品种。自 2005 年以来，农业部认定的超级稻品种 105 个。大部分新品种实现了连作早稻 667 平方米产超 600 千克，连作晚稻 667 平方米产超 650 千克，一季籼、粳稻 667 平方米产超 750 千克的产量目标。

　　为发挥超级稻品种增产潜力，超级稻栽培技术协作组在不同稻区研究不同季节和种植方式的超级稻品种生长特性和产量形成特点，形成了与水稻手插秧、抛秧、机插秧及直播等种植方式配套的超级稻品种栽培技术，研发长江中下游、华南、西南、东北等主要稻区超级稻大面积推广应用的配套栽培技术，基本形成了适合不同稻区和不同生产条件下的超级稻栽培技术体系，发挥了超级稻品种的增产潜力。超级稻良种良法配套，近年来推广面积达到 800 万公顷，占我国水稻种植面积的 25% 左右，超级稻栽培技术的示范推广为提高我国粮食综合生产能力，促进农民增收做出贡献。

　　超级稻栽培技术研究协作组在多年技术研究和示范基础上，根据超级稻品种的生态适应性，结合稻作技术的转型发展及主要稻区超级稻品种推广应用的种植季节和方式特点，制作了不同稻区主要种植方式的超级稻品种栽培技术模式图。超级稻品种栽培技术模式图覆盖了我国华南稻区、长江中下游稻区、西南稻区和北方稻区等超级稻品种推广应用的主要稻区。

　　我国超级稻种植地域广阔、品种类型多样、生态环境各异、种植方式不同，这些栽培技术模式图可根据各地水稻生产情况参考应用。本书所述内容如有不足之处，敬请读者提出建议，以便完善。

作　者

2012 年 8 月

目　录

第一章 超级稻品种类型与生产应用

一、超级稻品种类型及主要种植季节

我国农业部自 2005 年实施超级稻品种认定以来，截至 2011 年底已经认定 92 个超级稻品种。超级稻品种在我国主要稻区年推广应用面积已达 25%左右，对我国水稻单产提升和总产提高奠定了基础。根据统计分析，2010 年生产上应用列入农业部品种统计的超级稻品种 57 个（表 1-1），占认定品种的比例达 62%，这 57 个超级稻品种种植面积总计达 405.87 万公顷。其中 2005 年和 2006 年认定的超级稻品种种植面积占 48%，种植面积达 196.4 万公顷，表明早期认定的超级稻仍在目前水稻生产中发挥重要作用。

表 1-1 不同年份认定的超级稻品种种植面积与比例（2010 年）

认定年份	品种数（个）	面积（万公顷）	面积比例（%）
2005	14	110.13	27
2006	12	86.27	21
2007	8	65.13	16
2009	6	67.27	17
2010	11	63.47	16
2011	6	13.60	3
总计	57	405.87	100

对我国认定的超级稻在 2010 年应用的品种类型进行分析，我国超级稻品种类型中有常规粳稻、常规籼稻、籼粳杂交稻和籼型杂交稻等 4 种类型（表 1-2）。其中籼型杂交稻占 37 个，其次是常规粳稻品种，占 14 个，两种类型分别占 64.9%和 24.6%，而常规籼稻和籼粳杂交稻仅占 7.0%和 3.5%。常规粳稻和籼型杂交稻平均单个品种种植面积均超过 6.67 万公顷，两种类型的超级稻单个品种的平均种植面积分别达 7.86 万公顷和 7.38 万公顷，要远远高于籼粳杂交稻的 1.77 万公顷和籼型常规稻的 4.82 万公顷。

表 1-2 不同类型超级稻品种种植面积与种植省份（2010 年）

类型	面积（万公顷）	省份	品种数（个）	单个品种面积（万公顷）
粳型常规稻	110.07	1.2	14	7.86
籼型常规稻	19.27	2.3	4	4.82
籼粳杂交稻	3.53	1.5	2	1.77
籼型杂交稻	273.00	4.0	37	7.38
总计	405.87	3.1	57	7.12

超级稻品种种植与稻区密切相关，长江中下游稻区是我国水稻的主产区，占水稻面积50%以上，该稻区种植的超级稻品种也最多，占52%。品种类型也最丰富，有常规粳稻、常规籼稻、粳型杂交稻和籼型杂交稻，其中籼型杂交稻是主要类型；东北稻区和华北稻区基本上是粳型常规稻；华南稻区为籼型常规稻和籼型杂交稻；西南稻区以籼型杂交稻为主，也有粳型常规稻（表1-3）。

表1-3 超级稻品种选育稻区与类型

稻区	常规粳稻（个）	杂交粳稻（个）	常规籼稻（个）	杂交籼稻（个）	总计（个）	比例（%）
长江中下游稻区（个）	9	3	3	33	48	52
东北稻区（个）	18				18	20
华北稻区（个）	1				1	1
华南稻区（个）			3	11	14	15
西南稻区（个）	1			10	11	12
总计	28	3	6	55	92	100

注：2005～2011年认定的超级稻品种

分析我国不同种植季节中应用的超级稻品种类型（表1-4），早稻生产中只有籼型常规稻和籼型杂交稻；连作晚稻中有籼型杂交稻和籼型常规稻，也有1个杂交粳稻品种；单季稻中有籼型杂交稻、常规粳稻和杂交粳稻，是超级稻品种数量最多的，占70%。

表1-4 超级稻品种类型与主要种植季节

季节	常规粳稻（个）	杂交粳稻（个）	常规籼稻（个）	杂交籼稻（个）	总计（个）	比例（%）
早稻			5	10	15	14
晚稻		1	3	13	17	16
单季	28	3		42	73	70
合计	28	4	8	65	105	100

二、各稻区应用的主要超级稻品种

根据超级稻品种2010年在我国主要稻区的种植面积，将超级稻种植品种划分为<1.33万公顷、1.33万～3.33万公顷、3.33万～6.67万公顷和>6.67万公顷这4个类型。比较不同稻区内种植面积超过100万亩的超级稻品种，其中华南稻区有2个，为天优998和中浙优1号；西南稻区有1个，为Q优6号；东北稻区3个，为吉粳88号、辽星1号和龙粳21号；而长江中下游稻区最多，达12个，分别为宁粳3号、淦鑫688、五丰优T025、金优458、宁粳1号、中嘉早17、中浙优1号、南粳44、两优培九、淮稻9号、扬两优6号、新两优6号（表1-5至表1-9）。通过对这些主要稻区种植面积较大的品种

及新认定的推广潜力较大的品种，开展相应品种的良种良法配套技术研究，对促进超级稻品种推广应用，提升稻作水平和产量具有重要意义。

表 1 - 5　华南稻区主要超级稻品种种植面积分类（2010 年）

种植面积（万公顷）	品种数（个）	主要品种
< 1.33	9	Ⅱ优602、Ⅱ优明86、D优527、金优527、两优培九、新两优6380、准两优527、扬两优6号、甬优6号
1.33 ~ 3.33	5	天优3301、五优308、Ⅱ优航1号、天优122、特优航1号
3.33 ~ 6.67	8	Ⅱ优航2号、培杂泰丰、Q优6号、玉香油占、桂农占、淦鑫688、合美占、新两优6号
> 6.67	2	天优998、中浙优1号

表 1 - 6　西南稻区主要超级稻品种种植面积分类（2010 年）

种植面积（万公顷）	品种数（个）	主要品种
< 1.33	5	特优航1号、扬两优6号、Ⅱ优航1号、D优527、协优527、
1.33 ~ 3.33	4	Ⅱ优明86、准两优527、楚粳27号、D优202
3.33 ~ 6.67	2	金优527、Ⅱ优602
> 6.67	1	Q优6号

表 1 - 7　长江中下游稻区主要超级稻品种种植面积分类（2010 年）

种植面积（万公顷）	品种数（个）	主要品种
< 1.33	13	Ⅱ优602、培杂泰丰、天优122、金优527、陆两优819、新稻18号、甬优12号、准两优1141、中早22、D优202、陵两优268、D优527、Ⅱ优航2号
1.33 ~ 3.33	7	新丰优22、03优66、甬优6号、准两优527、培两优3076、国稻3号、武运粳24号
3.33 ~ 6.67	12	春光1号、新两优6380、株两优819、五优308、Ⅱ优航1号、扬粳4038、Ⅱ优明86、天优998、两优287、Q优6号、淮稻11号、南粳45
> 6.67	12	宁粳3号、淦鑫688、五丰优T025、金优458、宁粳1号、中嘉早17、中浙优1号、南粳44、两优培九、淮稻9号、扬两优6号、新两优6号

表 1 - 8　华北稻区主要超级稻品种种植面积分类（2010 年）

种植面积（万公顷）	品种数（个）	主要品种
< 1.33	2	吉粳83号、两优培九
1.33 ~ 3.33	4	Ⅱ优航1号、D优527、新两优6号、新稻18号
3.33 ~ 6.67	1	扬两优6号
> 6.67	0	

表 1 - 9　东北稻区主要超级稻品种种植面积分类（2010 年）

种植面积（万公顷）	品种数（个）	主要品种
<1.33	0	
1.33 ~ 3.33	1	沈农 26
3.33 ~ 6.67	2	松粳 9 号、吉粳 83 号
>6.67	3	吉粳 88 号、辽星 1 号、龙粳 21 号

三、历年认定的超级稻品种种植面积

根据 2010 年统计的超级稻种植面积分析（表 1 - 10）。种植面积超 6.67 万公顷的品种 19 个，种植面积 277.07 万公顷，占超级稻品种种植面积的 68.3%。种植面积 3.33 万 ~ 6.67 万公顷的品种 21 个，面积 37.07 万公顷，占 23.9%，种植面积 1.33 万 ~ 3.33 万公顷和 1.33 万公顷以下的品种分别为 10 个和 7 个，仅占超级稻面积 6.3% 和 1.5%。由此表明，3.33 万公顷以上品种占超级稻面积的 92.2%，在超级稻推广中发挥重要作用。选育和认定大品种是提高超级稻面积占有率，提高水稻产量的途径。

表 1 - 10　2010 年超级稻品种种植面积

面积（万公顷）	品种数（个）	面积（万公顷）	占总面积比例（%）	单个品种面积（万公顷）
>6.67	19	277.07	68.3	14.60
3.33 ~ 6.67	21	97.07	23.9	4.60
1.33 ~ 3.33	10	25.60	6.3	2.53
<1.33	7	6.13	1.5	0.87
总计	57	405.86	100	7.13

分析 2005 年以来认定的超级稻品种应用情况（表 1 - 11），2005 年和 2006 年认定的超级稻品种有 28 个和 21 个，在 2010 年仍在生产中主要应用的仅占 14 个和 12 个，应用品种比例分别为 50% 和 57%；而 2010 年认定的超级稻品种达 12 个，在生产中应用 11 个，应用比例高达 92%；而 2007 年和 2009 年认定的品种应用比例仅占 67% 和 60%，表明近几年认定的超级稻品种有许多并没有在生产中大面积推广应用，这是值得思考的问题，需研究超级稻认定过程和方法，确保认定超级稻在生产上发挥作用。

表 1 - 11　2010 年应用的超级稻品种数及比例

年份	认定品种数（个）	2010 年应用品种数（个）	应用品种比例（%）
2005	28	14	50
2006	21	12	57
2007	12	8	67
2009	10	6	60
2010	12	11	92

四、我国主要稻区水稻种植方式

我国水稻种植方式主要有手插秧、机插秧、直播、抛秧等几种。手插秧仍是我国水稻种植的主要方式。近年来，随着社会经济发展，农村劳动力转移和老龄化及在国家政策支持下，我国的水稻种植机械化发展迅速，2011 年机械化种植水平达 25%，其中水稻机插秧突破 23%。抛秧栽培是我国水稻简化栽培的主要技术之一，近几年来我国的水稻抛秧面积基本稳定在 700 万公顷左右，约占我国水稻种植面积的 24%，抛秧在华南双季稻区和长江中下游双季稻区面积种植较多。直播栽培由于不需育秧、拔秧和插秧，直接生产成本比其他栽培方式要省，同时，随着品种改良，适应直播栽培品种选育，直播除草剂应用及栽培技术进步，直播栽培近年来发展较快。目前，我国直播稻面积主要分布在长江中下游稻区，以单季稻直播为主，其次是连作早稻直播。

华南双季稻区水稻种植面积达 526.7 万公顷，约占全国水稻种植面积的 17.8%，据不完全统计，华南双稻季区的水稻种植方式以手插秧和抛秧为主，其中早稻手插秧比例约占 53%，抛秧比例约占 41%；晚稻种植也与早稻类似，手插秧和抛秧的比例分别占 55% 和 38% 左右。

东北稻区是我国主要的粳稻产区，水稻种植面积 2010 年达 412.0 万公顷，占我国水稻种植面积的 13.8%。目前，该稻区是我国水稻种植机械化程度最高的地区，水稻种植方式以机插秧为主，其次是手插秧。其中，2011 年黑龙江和吉林的水稻机插秧水平均已超过 50%，辽宁省的水稻机插秧水平也较高，超过 20%。

西南稻区 2010 年水稻种植面积达 453.4 万公顷，占我国水稻种植面积的 15.1%。目前该稻区水稻以单季杂交稻为主，该稻区的水稻种植大部分采用手插秧。

华北稻区水稻种植面积较少，2010 年仅为 33.9 万公顷，占我国水稻种植面积的 1.1%。该地区水稻种植方式以手插秧和机插秧、机直播为主，其中内蒙古、天津的水稻机插秧面积超过 50%；宁夏水稻种植基本实现机械化作业，以大型机械直播为主，机插秧比例也达 20%。

长江中下游稻区是我国最大的水稻产区，2010 年水稻种植面积达 1 565.5 万公顷，占我国水稻种植面积的 52.5%，该稻区的水稻类型、季节和种植方式较复杂，水稻有单季稻和双季稻，水稻类型有粳稻和籼稻，有杂交稻和常规稻。目前该稻区的水稻种植方式也较多，有手插秧、机插秧、直播和抛秧各种类型。长江中下游单季稻区水稻种植的机械化程度相对较高，如江苏省 2012 年机插秧面积约 133.3 万公顷，接近水稻种植面积的 60% 左右，江苏直播稻比较也较高，约占 20%；浙江省水稻种植机械化程度近年来发展较快，目前已达 15% 以上。

根据调查，长江下游早稻种植以手插秧和直播为主，两种种植方式接近 40%，抛秧占 16%，机插秧面积目前虽然较少，但近年来发展较快；长江中游的早稻种植手稻秧、抛秧、直播和机插比例分别为 37%、33%、25% 和 5%。相对于早稻，由于连作晚稻直播和机插种植受品种生育期限制等原因，晚稻中直播和机插秧比例均较少，种植方式以手插秧为主，长江下游和中游的晚稻手插秧面积分别占 57% 和 65%，抛秧面积分别占 28% 和 23%。

第二章 超级稻品种特性

一、2005 年认定的超级稻特性

1. 天优 998

品种来源： 三系籼型杂交稻组合，亲本为天丰 A/广恢 998，广东省农业科学院选育。

特征特性： 感温型杂交稻。在广东省作晚稻（造）种植，平均全生育期 109～111 天，与培杂双七相近。分蘖力中等，株型紧凑，叶片偏软。株高 96.7～99.3 厘米，穗长约 21.2 厘米。每穗总粒数 126～129 粒，结实率 80.9% 左右，千粒重 24.2～25.3 克。晚造米质达国标优质 2 级，外观品质鉴定为一级，整精米率 61.5%～62.4%。抗稻瘟病，田间叶瘟发生中等偏轻，穗瘟发生轻微；对广东省白叶枯病优质菌群 C4 和次优势菌群 C5 分别表现中抗和中感，抗倒力和后期耐寒力均较强。

产量表现： 2002～2003 年两年晚造参加广东省区试，平均 667 平方米产量分别为 440.6 千克和 450.6 千克，比对照组合培杂双七分别增产 6.4% 和 8.9%，增产分别达显著和极显著水平。

栽培要点： ①每 667 平方米秧田播种量 10.0～12.5 千克。②秧龄：早稻一般 30 天左右，晚稻一般 18～20 天。③667 平方米插 1.8 万～2.0 万丛，基本苗 4 万株左右；抛秧栽培一般要求不少于 1.8 万丛，基本苗达 4 万～5 万株。④施足基肥、早施分蘖肥，生长后期注意看苗情补施保花肥。⑤浅水移栽、寸水活棵、薄水促分蘖，够苗晒田。⑥苗期要注意防治稻蓟马，分蘖期和成穗期注意防治螟虫、纵卷叶虫和飞虱。

适宜区域： 该组合在华南适宜早、晚稻种植；在长江流域部分地区适合作晚稻种植。

2. 胜泰 1 号

品种来源： 籼型常规稻品种，亲本为胜优 2 号/泰引 1 号，广东省农业科学院水稻研究所选育。

特征特性： 胜泰 1 号可作早、中、晚稻兼用。在广东省早稻（造）种植，全生育期 128 天，晚稻（造）约 115 天，在南方稻区其他省市作中稻种植，全生育期比汕优 63 短 2～5 天。分蘖力中等，成穗率高，叶片厚直、色青翠，前期早生早长，后期熟色好。茎叶形态结构理想，根系发达，伸长速度快，分布深广、活力强、不早衰。在广东省早造全生育期约 128 天，晚造约 115 天，在南方稻区其他省市作中稻种植，全生育期比汕优 63 早熟 2～5 天。667 平方米有效穗 18 万～23 万穗，穗长长，穗粒数多，一般穗长 23 厘米以上，平均穗粒数 150 粒左右，高产栽培平均穗长超过 25 厘米，结实率 85% 以上，千粒重约 23 克。米质达国、部和省优质米标准，精米长 6.4 毫米，长宽比 2.9，直链淀粉含量为 16.6%，糙米率 80.6%，精米率 75.2%，垩白率 8%，透明度 2 级，碱消值 7.0 级，蛋白质含量 10.1%，成饭软滑味足。大田表现苗期抗稻蓟马；稻瘟病中感至抗级；中抗

细菌条斑病。抗逆抗病性较强，早造苗期抗寒性强，耐肥抗倒性强，增肥效应好。

产量表现： 在中等以上肥力田种植，双季稻一造 667 平方米产量超 500 千克，高产栽培，产量潜力超 700 千克/667 平方米。在中稻区种植，产量高于汕优 63，比一般优质常规品种显著高产。

栽培要点： ①早稻宜于 2 月底 3 月初播种，清明前后移植；晚稻中早熟，宜于 7 月中旬播种，立秋前移植。②基本苗 8 万～10 万株，每 667 平方米有效穗 18 万～23 万穗，插植规格可采用 20 厘米×20 厘米或 23 厘米×20 厘米。③早施重施前期肥，促进分蘖早、快、旺，提高营养生长期平均单茎生物产量；创造条件施用保粒、攻粒肥；根据土壤肥力条件和产量指标而确定施肥量，并注意多施用有机肥，注意氮、磷、钾适当配合施用。④插后浅水回青，薄水分蘖，够苗露田，以浅露轻晒为主，争取在幼穗分化前叶色退至淡青。后期注意灌好跑马水，保持田土湿润至成熟。⑤在稻温病严重地区要注意防治稻瘟病。

适宜区域： 该品种适宜在华南主栽常规稻地区和主栽杂交稻的地区推广应用。

3. D 优 527

品种来源： 三系籼型杂交稻组合，亲本为 D62A/蜀恢 527，四川农业大学选育。

特征特性： 全生育期在长江上游比对照汕优 63 平均长 3.8 天，在长江中下游比对照汕优 63 平均长 4.1 天，在福建作中稻比对照汕优 63 长 2.3 天，作晚稻与对照汕优 63 相当。苗期繁茂性好，分蘖力强，茎秆粗壮，平均株高 117.4 厘米，植株松散适中，后期转色好，667 平方米有效穗 17.7 万。穗型中等，穗长 25.6 厘米，平均每穗实粒数 152.4 粒，结实率 80.6%，长粒型，千粒重 29.9 克，单穗粒重 4.55 克左右。国审米质指标是整精米率 52.1%，长宽比 3.2，垩白率 43.5%，垩白度 7.0%，胶稠度 51.0 毫米，直链淀粉含量 22.7%，各项米质指标均达部颁二级以上优米标准。中抗稻瘟病，抗叶瘟 2.3 级（变幅 1～3），穗瘟 4 级（变幅 3～5）；白叶枯病 7 级，褐飞虱 9 级。

产量表现： 1999～2000 年参加四川省区域试验，平均单产 577.9 千克/667 平方米，比对照汕优 63 增产 8.3%。2000 年参加四川省生产试验，平均单产 589.2 千克/667 平方米，比对照汕优 63 增产 10.9%。2000～2001 年参加福建省中稻区域试验，平均单产 559.2 千克/667 平方米，比对照汕优 63 增产 9.0%。2000～2001 年参加长江流域区域试验，平均单产 609.2 千克/667 平方米，比对照汕优 63 增产 5.1%；2001 年参加生产试验，平均单产 607.8 千克/667 平方米，比对照汕优 63 增产 6.3%。

栽培要点： ①播前晒种，清水洗种，药剂浸种。适时早播，培育多蘖壮秧。要求秧田 667 平方米播种量 10.0 千克。②适龄移栽，适当稀植，插足基本苗。适宜秧龄应控制在 40 天以内，丛栽 1 粒谷苗、667 平方米植 1.0 万～1.2 万丛、667 平方米基本苗 9 万～10 万株。③合理施肥，以有机肥为主、化肥为辅，迟速结合、多元配合，稳氮控氮、增磷、钾。施肥比例：底肥 60.0%～70.0%、蘖肥 20.0%～30.0%、穗肥 10.0%。④浅水栽插，深水护秧，薄水分蘖，湿润灌溉，够苗轻晒田，控制无效分蘖。水浆管理重在后期，特别是抽穗至灌浆期排水不宜过早，以免影响米质。⑤采用综合防治措施，及早防治病虫害，重点防治稻蓟马、螟虫、稻苞虫及稻瘟病。

适宜区域： 适宜在四川、重庆、湖北、湖南、浙江、江西、安徽、上海、江苏省的长

江流域（武陵山区除外）和云南、贵州省海拔 1 100.0 米以下地区以及河南省信阳、陕西省汉中地区白叶枯病轻发区作一季中稻种植，在福建各地作中、晚稻种植。

4. 协优 527

品种来源： 三系籼型杂交稻组合，亲本为协青早 A/蜀恢 527，四川农业大学选育。

特征特性： 全生育期在长江上游作一季中稻种植比对照汕优 63 平均长 0.1 ~ 0.4 天，在湖北比对照汕优 63 长 2.4 天，在福建比对照汕优 63 长 1 ~ 2 天。株高 111.2 厘米，株型适中，耐寒性较弱。每 667 平方米有效穗数 17.0 万穗，穗长 24.6 厘米，结实率 82.7%，千粒重 32.3 克，单穗粒重 4.50 克左右。整精米率 60.9%，长宽比 3.1，垩白率 35.0%，垩白度 6.8%，胶稠度 74.0 毫米，直链淀粉含量 21.9%。抗叶瘟 1 ~ 5 级，颈瘟 1 ~ 7 级，稻瘟病 9 级，白叶枯病最高 7 级，褐飞虱 9 级。

产量表现： 2001 ~ 2002 年参加四川省区域试验，平均单产 578.6 千克/667 平方米，比对照汕优 63 增产 9.6%；2002 年参加生产试验，平均单产 571.5 千克/667 平方米，比对照汕优 63 增产 10.4%。2001 ~ 2002 年参加湖北省中稻品种区域试验，平均单产 606.2 千克/667 平方米，比对照汕优 63 增产 5.2%。2001 ~ 2002 年参加福建省三明市中稻区域试验，平均单产 591.6 千克/667 平方米，比对照汕优 63 增产 11.4%。2002 ~ 2003 年参加长江上游区域试验，平均单产 595.2 千克/667 平方米，比对照汕优 63 增产 6.1%；2003 年参加生产试验，平均单产 652.0 千克/667 平方米，比对照汕优 63 增产 12.3%。

栽培要点： 播种前晒种，清水洗种，药剂浸种。适时早播种，稀播育壮秧。根据当地种植习惯与汕优 63 同期播种，要求 667 平方米秧田播种量 10.0 千克。适龄适度规格密栽，适宜秧龄应控制在 40 天以内，丛栽两粒谷苗，667 平方米栽 1.5 万 ~ 1.7 万丛，667 平方米基本苗 10 万 ~ 12 万株。增施农家肥，配合施用氮、磷、钾。要求施肥比例：底肥占 60% ~ 70%，分蘖肥占 20% ~ 30%，穗肥占 10%。适时灌溉防干旱，要求做到干湿交替，够苗晒田，后期不可脱水过早。注意防治病虫害，特别注意防治稻瘟病和白叶枯病。

适宜区域： 适宜在云南、贵州、重庆中低海拔稻区（武陵山区除外）和四川平坝稻区、陕西南部稻瘟病、白叶枯病轻发区作一季中稻种植。

5. Ⅱ优 162

品种来源： 三系中籼杂交稻，Ⅱ-32A/蜀恢 162（密阳 46//707/明恢 63），四川农业大学选育。

特征特性： 全生育期与对照汕优 63 长 3 ~ 4 天。株高 120 厘米，生长整齐，株型紧凑，繁茂性好，叶好浓绿，分蘖力强，成穗率较高，穗大粒多。穗平均着粒 150 ~ 180 粒，结实率 80%，千粒重 28 克左右。出糙率 80%，精米率 75%，整精米率 69.2% 直链淀粉含量 21.3%，蛋白质含量 8.8%，食口性好，被（群众）誉为珍珠米，质量达部颁优质米一级标准。抗叶瘟 4 ~ 5 级，颈瘟 0 ~ 3 级，抗稻瘟病较强。

产量表现： 1995 年参加四川省区试，11 个试点平均 667 平方米产量 593.8 千克，比对照汕优 63 增产 5.7%，居首位。1996 年四川省区试续试，18 个试点平均 667 平方米产量 564.1 千克，比对照增产 4.5%，仍居首位。两年区试平均 667 平方米产量 478.9 千克，比对照增产 5.4%。1996 年生产试验，5 个试点平均 667 平方米产量 596.1 千克，比对照汕优 63 增产 11.9%。

栽培要点： 适时播种，稀植培育壮秧。一般 667 平方米播种量 10 千克，秧龄 45 天左右为佳。一般每 667 平方米栽 1.2 万丛，插足基本苗。大田以基肥为主，追肥为辅；有机肥为主，化肥为辅，氮、磷、钾配合施用，并适当增施氮肥。搞好花期调节。Ⅱ优 162 制种时，母本Ⅱ-32A 应比父本蜀恢 162 早 4～5 天播种为宜。加强田间管理，应用 2 克左右喷施"九二○"，以便适当提高父本株高。该组合高抗稻瘟病，抗逆性强，适应性广。

适宜区域： 适宜在四川省适种汕优 63 的地区种植，西南及长江流域白叶枯病轻发区作一季中稻种植。

6. Ⅱ优 7 号

品种来源： 三系中籼杂交水稻组合，亲本Ⅱ-32A/泸恢 17，四川省农业科学院选育。

特征特性： 该组合全生育期 140 天左右，与汕优 63 相仿。株型紧凑，叶色浓绿分蘖力强，叶片上举。株高 115 厘米，穗长 26 厘米，穗粒数 150 粒，结实率 85%以上，千粒重 27.5 克。稻谷出糙率 81.0%，精米率 70.0%，整精米率 61.4%，直链淀粉含量 20.9%，蛋白质 8.7%，半透明，食味好。苗期耐寒性好，穗期耐高温，抗倒力强。

产量表现： 1994 年杂交稻新组合比较试验，每 667 平方米产量 627.8 千克，比对汕优 63 增产 10.4%；1995 年，多点生产示范试验，每 667 平方米产量 587.9 千克，比对照汕优 63 增产 7.14；在 1996～1997 年，四川省区域试验结果，每 667 平方米产量为 565.5 千克和 595.7 千克，比对照汕优 63 分别增产 2.3%和 5.3%；1997 年，四川省生产示范试验，每 667 平方米产量 587.8 千克，最高的达 723 千克，比对照汕优 63 增产 7.5%。

栽培要点： ①培育壮秧，地膜湿润育秧、催芽播种，667 平方米播种量 15～25 千克，川东南 3 月 10 日左右播种，川西北 4 月上旬播种，旱育中苗，播种量为每平方米 135～150 克芽谷。②秧龄和移栽秧龄 35～45 天，栽播规格 16.5 厘米×26 厘米，每丛 2 粒谷，浅水播种，以利返青，早生快发。③一般中等田块 667 平方米施纯氮 8～10 千克，同时注意磷、钾肥配合施用。施肥采用重底早追后调节。底肥占总施氮量 60%，返青后追施氮肥 20%，余下 20%作后期调节。④加强病虫防治重点防治飞虱和螟虫。

适宜区域： 适宜在四川海拔 800 米以下中稻区及重庆相似生态区种植。

7. Ⅱ优 602

品种来源： 三系籼型杂交水稻，亲本为Ⅱ-32A/泸恢 602，四川省水稻高粱研究所培育选育。

特征特性： 在长江上游作一季中稻种植全生育期平均 155.7 天，比对照汕优 63 迟熟 2.4 天。分蘖力强，结实率高，耐高温能力强。株高 110.6 厘米，每 667 平方米有效穗数 16.3 万穗，穗长 24.6 厘米，每穗总粒数 150.5 粒，结实率 82.4%，千粒重 29.7 克。整精米率 61%，长宽比 2.3，垩白率 38%，垩白度 8.1%，胶稠度 45 毫米，直链淀粉含量 21.8%。抗稻瘟病 9 级，白叶枯病 7 级，褐飞虱 5 级。耐寒性强，成熟期转色好。

产量表现： 2001 年参加长江上游中籼迟熟高产组区域试验，平均 667 平方米产量 603.2 千克，比对照汕优 63 增产 3.2%（极显著）；2002 年续试，平均 667 平方米产量 580.0 千克，比对照汕优 63 增产 6.2%（极显著）；两年区域试验平均 667 平方米产量 590.8 千克，比对照汕优 63 增产 4.7%。2003 年生产试验，平均 667 平方米产量 613.9 千克，比对照汕优 63 增产 6.4%。

栽培要点： ①根据当地种植习惯与汕优 63 同期播种，667 平方米秧田播种 10 千克，秧龄 35～40 天。②采用宽窄行栽培，规格为 (33.3+20)/2 厘米×16.7 厘米，每丛栽 2 粒谷苗。③施足底肥，667 平方米施纯氮 8～10 千克，过磷酸钙 20 千克，钾肥 5 千克，栽后 7 天和孕穗期施追肥，667 平方米施纯氮 3 千克。④注意防治稻瘟病和白叶枯病。

适宜区域： 适宜在云南、贵州、重庆中低海拔稻区（武陵山区除外）和四川平坝稻区、陕西南部稻瘟病、白叶枯病轻发区作一季中稻种植。

8. 准两优 527

品种来源： 两系籼型杂交水稻，亲本为准 S/蜀恢 527，湖南省杂交水稻研究中心和四川农业大学共同选育。

特征特性： 在长江中下游作一季中稻种植全生育期平均 134.3 天，比对照汕优 63 迟熟 1.1 天。株型适中，长势繁茂，抗倒性一般。株高约 123.1 厘米，每 667 平方米有效穗数 17.2 万穗，穗长 26.1 厘米，每穗总粒数 134.1 粒，结实率 84.6%，千粒重 31.9 克。整精米率 52.7%，长宽比 3.4，垩白粒率 27%，垩白度 4.4%，胶稠度 77 毫米，直链淀粉含量 21.0%，达到国家《优质稻谷》标准 3 级。抗稻瘟病平均 4.0 级，最高 5 级，白叶枯病 7 级，褐飞虱 9 级。在武陵山区作一季中稻种植全生育期平均 146.8 天，比对照 II 优 58 早熟 2.5 天。株高 116.0 厘米，每 667 平方米有效穗数 17.5 万穗，穗长 24.8 厘米，每穗总粒数 131.3 粒，结实率 88.3%，千粒重 31.7 克。整精米率 52.7%，长宽比 3.2，垩白粒率 29%，垩白度 3.8%，胶稠度 59 毫米，直链淀粉含量 22.2%，达到国家《优质稻谷》标准 3 级。抗稻瘟病平均 5 级，最高 7 级。

产量表现： 在长江中下游，2003 年参加中籼迟熟优质 A 组区域试验，平均 667 平方米产量 535.33 千克，比对照汕优 63 增产 7.2%（极显著）；2004 年续试，平均 667 平方米产量 601.8 千克，比对照汕优 63 增产 7.0%（极显著）；两年区域试验平均 667 平方米产量 568.6 千克，比对照汕优 63 增产 7.1%。2004 年生产试验，平均 667 平方米产量 538.3 千克，比对照汕优 63 增产 9.3%。在武陵山区，2003 年参加中籼组区域试验，平均 667 平方米产量 586.3 千克，比对照 II 优 58 增产 5.4%（极显著）；2004 年续试，平均 667 平方米产量 596.5 千克，比对照 II 优 58 增产 8.7%（极显著）；两年区域试验 667 平方米产量 591.4 千克，比对照 II 优 58 增产 7.0%。2004 年生产试验，平均 667 平方米产量 572.7 千克，比对照 II 优 58 增产 12.2%。

栽培要点： ①适时播种，秧田每 667 平方米播种量 15 千克，大田每 667 平方米用种量 1.5 千克。②每 667 平方米插 1.1 万～1.3 万丛、基本苗 6 万～7 万苗。③适宜在中等肥力水平下栽培，施肥以基肥和有机肥为主，前期重施，早施追肥，后期看苗施肥。在水浆管理上，做到前期浅水，中期轻搁，后期采用干干湿湿灌溉，断水不宜过早。④注意及时防治稻瘟病、白叶枯病等病虫害。

适宜区域： 适宜在贵州、湖南、湖北、重庆的武陵山区稻区海拔 800 米以下的稻瘟病轻发区作一季中稻种植。

9. 丰优 299

品种来源： 三系籼型杂交稻组合，亲本丰源 A/湘恢 299，湖南省杂交水稻研究中心选育。

特征特性：中熟晚籼组合。全生育期两年平均 114.8 天，比对照金优 207 迟熟 3.6 天。株型偏散、剑叶挺直、穗粒较协调、籽粒较大，熟期转色较好。株高 100.9 厘米，每 667 平方米有效穗 18.9 万，穗长 21.6 厘米，每穗总粒数 135 粒左右，结实率 80.7%，千粒重 28.8 克。整精米率 44.3%，垩白粒率 48%，垩白大小 6.5%，长宽比 3.0，胶稠度 76 毫米，直链淀粉含量 22.5%。抗稻瘟病加权平均级 3.7 级，白叶枯 7 级；褐飞虱 9 级。

产量表现：2003 年初试平均 667 平方米产量 517.0 千克，比对照金优 207 增产 2.5%，达极显著水平，2004 年续试平均 667 平方米产量 518.1 千克，比对照金优 207 增产 2.4%，达极显著水平；两年平均 667 平方米产量 517.5 千克，比对照金优 207 增产 2.4%，增产点比例 66.7%。

栽培要点：在湖南省作双季晚稻栽培宜在 6 月 20 ~ 25 日播种，每 667 平方米大田用种量 1.5 ~ 2.0 千克。7 月 20 日前移栽，秧龄期控制在 30 天内。插植密度 23.3 厘米 × 16.7 厘米，每丛插 4 ~ 5 苗，每 667 平方米插基本苗 8 万 ~ 10 万苗。及时搞好肥水管理和病虫防治。

适宜区域：该品种适宜在湖南省稻瘟病轻发区作双季晚稻种植。

10. 金优 299

品种来源：三系杂交水稻，亲本为金 23A/湘恢 299（R402 × 先恢 207），湖南省杂交水稻研究中心选育。

特征特性：感温型杂交稻。桂中北早稻种植，全生育期 116 ~ 122 天，比对照粤香占早熟 4 天左右。株型适中，长势较繁茂，叶片较大、绿色，叶鞘、稃尖紫色，抗倒性较差，后期落色好。株高 110.2 厘米，每 667 平方米有效穗数 159.5 万穗，穗长 23.0 厘米，每穗总粒数 158.6 粒，结实率 77.7%，千粒重 28.7 克。米质指标：糙米率 81.1%，整精米率 61.7%，长宽比 2.9，垩白米率 73%，垩白度 13.9%，胶稠度 79 毫米，直链淀粉含量 19.6%。抗穗瘟病 7 级和白叶枯病 5 级。

产量表现：2003 年早造参加桂中北中熟组区试，5 个试点平均 667 平方米产量 518.3 千克，比对照粤香占增产 6.1%（显著）。2004 年续试，5 个试点平均 667 平方米产量 547.4 千克，比对照粤香占增产 8.6%（极显著）；生产试验平均 667 平方米产量 452.3 千克，比对照粤香占增产 2.4%。

栽培要点：①早稻桂中 3 月中下旬播种，桂北 3 月下旬播种，防寒育秧；晚稻桂中北 6 月下旬至 7 月上旬播种。②移栽秧龄 4.5 ~ 5.5 叶，抛秧秧龄 2.5 ~ 3.5 叶，规格 20.0 厘米 × 16.7 厘米或 23.3 厘米 × 16.7 厘米，每 667 平方米栽 8 万 ~ 10 万基本苗。③合理施肥，增穗增粒：施足底肥，早施追肥，巧施穗粒肥，氮、磷、钾配合施用，有机肥无机肥适量搭配。基肥应占总肥量的 60% ~ 70%，每 667 平方米以 30 ~ 40 担土杂肥或 30 担腐熟厩肥加 30 千克磷肥作底肥。栽后 7 天内用 8 ~ 10 千克尿素追肥，促其早生快发，幼穗分化期 667 平方米用 2.5 千克尿素加 5 ~ 7 千克氯化钾混合施用，以促后期穗大秆壮。在抽穗期根据叶色或长势酌情补施氮肥和钾肥或喷施叶面肥。④加强水分管理和病虫防治：后期宜采用干湿交替灌溉，不要断水过早，同时应注意稻瘟病、纹枯病、螟虫、飞虱等病虫防治。

适宜区域：适宜在桂中稻作区作早、晚稻和桂北稻作区作晚稻种植。

11. Ⅱ优084

品种来源：三系籼型杂交水稻，亲本Ⅱ-32A/镇恢084，江苏省丘陵地区镇江农业科学研究所选育。

特征特性：在长江中下游作中稻种植全生育期平均142.4天，比对照汕优63迟熟3.1天。株高121.4厘米，株叶形态好，茎秆粗壮，抗倒性强。每667平方米有效穗数17万穗，穗长23.3厘米，每穗总粒数160.3粒，结实率86%，千粒重27.8克。抗病虫性：叶瘟5级，穗瘟9级，穗瘟损失率9.3%，白叶枯病7级，褐飞虱9级。米质指标：整精米率56.1%，长宽比2.6，垩白米率32%，垩白度5.3%，胶稠度49毫米，直链淀粉含量21.9%。

产量表现：2000年参加南方稻区中籼迟熟组区域试验，平均667平方米产量560.4千克，比对照汕优63增产1.9%（不显著）。2001年参加长江中下游中籼迟熟优质组区域试验，平均667平方米产量648.4千克，比对照汕优63增产6.89%（极显著）。2002年参加长江中下游中籼迟熟优质组生产试验，平均667平方米产量583.1千克，比对照汕优63增产4.98%。

栽培要点：①适时播种：一般4月下旬至5月中旬播种，每667平方米播种量10~15千克。②合理密植：中上等肥力田667平方米栽1.6万~1.8万丛，每丛1~2粒谷苗，每667平方米5万基本苗。③肥水管理：一般每667平方米施纯氮15千克左右，要求施足基肥，早施重施促蘖肥，促早发，施好穗肥，做到促保兼顾。肥水运筹掌握前促、中控、后稳的原则。④病害防治：注意防治稻瘟病、白叶枯病及稻飞虱等病虫的为害。

适宜区域：适宜在江西、福建、安徽、浙江、江苏、湖北、湖南省的长江流域（武陵山区除外）以及河南省信阳地区稻瘟病轻发区作一季中稻种植。

12. 辽优5218

品种来源：三系粳型杂交稻，亲本为辽5216A/C418，辽宁省农业科学院选育。

特征特性：中熟散穗杂交稻在沈阳水田栽培下生育期161天。株高115~120厘米，穗长20厘米，分蘖力强，成穗率高，667平方米有效穗数23万穗左右，每穗实粒数110粒左右，结实率高达90%以上，千粒重26~27克。米质优，适口性好。苗期耐低温力强于常规品种，高抗稻瘟病与稻纹枯病，中抗白叶枯病，一般不感稻曲病。茎秆坚韧，抗倒伏力强。

产量表现：1998~1999年，在辽宁省杂交粳稻区域试验中，平均667平方米产量635.1千克，比常规稻增产14%，最高667平方米产量821.6千克。在所有的参试品种中产量名列前茅。在1999~2000年的生产试验中单产幅度在628.6~757.1千克/667平方米，平均667平方米产量656.8千克，比以照品种增产15.2%。具有很强的增产潜力。

栽培要点：①适期早播早插，稀播培育壮秧。种子严格消毒，用菌虫清2号药剂浸种，防止恶苗病和干尖线虫病的发生。辽南稻区4月10日前播完种。每667平方米用种量2千克，每平方米播200克种子，培育带蘖壮秧，5月25日前插完秧。②合理稀植。插秧规格36厘米×13厘米或（73厘米×13厘米，每667平方米1.35万丛，每丛3棵壮苗。③合理施肥。施肥上采用"前促、中稳、后保"原则，氮肥平稳促进，增施磷、钾、锌肥。底肥每667平方米施硫酸铵20千克，磷酸二铵10~15千克，钾肥7千克，锌肥

2~3千克。分蘖始期667平方米施硫酸铵10~15千克，分蘖盛期667平方米施硫酸铵10千克、钾肥7千克。减数分裂期667平方米施硫酸铵5千克。④科学灌水，防治病虫害。浅湿干间歇灌溉，分蘖末期适当晒田，尽量延迟断水。及时防治病、虫、草害，预防二化螟、稻曲病。东部沿海等重病稻区应注意预防白叶枯病、稻瘟病。⑤稻白叶枯重发区注意防治。如管理得当，一般不用防治稻瘟病，稻曲病，稻飞虱。

适宜区域：适宜在沈阳、辽阳、营口、盘锦、大连、丹东及新疆维吾尔自治区（以下简称新疆）、北京、天津、山东、河南等稻区种植。

13. 辽优1052

品种来源：三系粳型杂交稻，亲本辽5216A/C418，辽宁省农业科学院选育。

特征特性：香型晚熟杂交粳稻。在沈阳全生育期为158天左右。半紧穗型，叶片直立，株型理想。茎秆粗壮，抗倒伏能力强，分蘖力强，成穗率高。株高115厘米左右，穗长19~25厘米，每667平方米有效穗数可达23万~25万穗，每穗成粒130~150粒，结实率90%以上，千粒重24.5克。米质优，透明度高，整精米率70.7%，直链淀粉含量17.29%。垩白粒率为26%，总垩白度为1.8%，米饭具有特异的爆米香气，适口性好，适合做特种米开发。抗病、生态适应性广，抗倒伏能力强。

产量表现：在2001~2002年辽宁省水稻区试中，平均667平方米产量675.1千克，比对照辽粳454增产5.3%。小区品比667平方米产量745.6千克，比对照品种辽粳454增产达11.4%，具有很强的的增产优势。2002年在瓦房店种植73.33公顷，平均667平方米产量达752千克，其中最高667平方米产量910千克。

栽培要点：①适期播种，稀播育壮秧，每平方米播种量种200~250克，667平方米用种量1.5~2.0千克。②合理密植，采用36厘米×13厘米，每丛3~4苗。③合理施肥，每667平方米施硫酸铵60~65千克，钾肥5千克，磷酸二铵10~15千克，采用前重、中轻、后补的原则。④科学灌水，防治病虫害。浅湿干间歇灌溉，分蘖末期适当晒田，尽量延迟断水。⑤及时防治病、虫、草害，预防二化螟、稻瘟病。特别注意防治稻曲病和稻飞虱。

适宜区域：适宜在辽宁沈阳、辽阳、铁岭、开原、鞍山、营口、瓦房店等地种植，及新疆、宁夏回族自治区（以下简称宁夏）、河北、陕西、山西等地种植。

14. 沈农265

品种来源：粳型常规稻，亲本为辽粳326//1308/02428，沈阳农业大学选育。

特征特性：属中熟粳型常规稻。生育期158天。株型紧凑，分蘖力较强，穗型直立。株高100~105厘米，穗长16厘米，每穗120~150粒，千粒重26克。颖壳黄白色，无芒或极少芒。糙米率82.4%，精米率75.1%，整精米率63.3%，粒长4.5毫米，长宽比1.6，垩白率12%，垩白度0.2%，透明度1级，碱消值7.0级，胶稠度78毫米，直链淀粉含量16.0%。中感叶瘟病，抗穗颈瘟病，纹枯病较轻，抗倒，不早衰。

产量表现：1997~1998年两年辽宁省区试平均667平方米产量534.3千克，比对照铁粳4号增产7.9%，1999~2000年两年生产试验平均667平方米产量641.9千克，比对照铁粳4号增产13.5%，一般667平方米产500千克。

栽培要点：①稀播育壮秧，4月上旬播种，播种量每平方米催芽种子300克，5月中

旬插秧。②栽培密度：行株距30厘米×13.5厘米，每穴3~4苗。③施肥：氮、磷、钾配方施肥，每667平方米施纯氮150~170千克，按底肥30%，分蘖肥40%，补肥20%，穗肥10%的方式分期施用；纯磷60~70千克，作为底肥。每667平方米纯钾90~110千克，分两次施，底肥70%，拔节期施30%。④田间管理：水分管理采取浅－深－浅－湿的节水灌溉方法。7月上中旬注意防治二化螟。抽穗前注意稻曲病和稻瘟病的防治。

适宜区域：适宜在辽宁的开原南部、铁岭、沈阳、辽阳、鞍山、营口及吉林省四平、长春、松原等晚熟平原稻作区种植。

15. 沈农606

品种来源：粳型常规稻，亲本为沈农92326/沈农265－11，沈阳农业大学水稻研究所选育。

特征特性：属晚熟偏早常规稻。在辽宁中部稻作区种植全生育期158~160天。沈农606株高105厘米，株型紧凑，耐肥抗倒，分蘖势和分蘖力极强，分蘖集中，大而整齐，单株分蘖达25个以上，繁茂性好。叶片前期略弯曲，后期直立，剑叶较大，半直立穗型。每穗颖花数可达120~130个，穗粒数110~120粒，结实率达90%以上，千粒重25克。经农业部稻米及制品质量监督检验测试中心测试，沈农606在部颁12项米质指标中，有8项指标达到一级优质米标准，食味良好。具有较强的田间抗病性和抗逆性，适应不同肥力地块，具有省肥节水的特点，是资源节约型水稻品种。

产量表现：沈农606于2000年参加辽宁省水稻新品种区域试验，2002年参加生产试验并于同年在辽宁的辽中、新民、沈阳、海城、辽阳、盘锦、铁岭、开原布点试种，产量表现突出。在海城西四镇和新民张屯镇大面积试种示范30公顷，经辽宁省科技厅和农业厅组织专家验收，平均每667平方米产量分别达到826.1千克和827.1千克以上，具有较高的产量潜力，是我国第二代超级稻品种。

栽培要点：①稀播培育带蘖壮秧：采用营养土保温旱育苗、盘育苗或钵盘育苗。②移栽及肥水管理：插秧行穴距采用30厘米×20厘米，中等肥力田块行穴距采用30厘米×16.7厘米。③一般每667平方米施硫酸铵（标氮）50~60千克，分三段五次（底肥、蘖肥、调整肥、穗肥、粒肥）施入，施磷酸二铵7.5~10千克，做基肥一次性施入；施硫酸钾7.5~10千克，60%作基肥，40%作穗肥。水层管理以浅、湿、干间歇灌溉为主，防止大水漫灌。分蘖末期撤水搁田，防止倒伏。当茎蘖挺实，叶色转淡，穗分化开始前及时复水，后期不宜断水过早。④病虫草害综合防治：移栽后5~10天施用除草剂进行大田封闭，分蘖盛期喷施杀虫双灵防治二化螟，6月中下旬及7月上旬喷施稻丰灵防治纹枯病。出穗前5~7天喷施DT菌剂、克乌星或络铵酮等药剂防治稻曲病。孕穗期和齐穗期喷施富士1号或三环唑防治稻瘟病。如发现稻飞虱，及时喷施扑虱净或吡虫啉等防治。

适宜区域：适宜在辽宁省沈阳以南活动积温3200℃地区种植，在宁夏、河北等省部分地区亦可种植。

16. 沈农016

品种来源：粳型常规稻，亲本为沈农92326/沈农95008，沈阳农业大学水稻研究所选育。

特征特性：属中晚熟粳型常规稻。沈农016在辽宁中部稻区种植全生育期160天左

右。株高 105 厘米，株型前期松散，中后期紧凑。单株分蘖达 25 个以上，繁茂性好。叶片前期略弯曲，后期直立，剑叶较大，穗型半弯曲。正常栽培条件下适宜 667 平方米穗数为 28 万~30 万株，平均每穗颖花可达 130~150 粒，结实率可达 90% 以上，千粒重 25 克。经农业部稻米及制品质量监督检验测试中心检测，沈农 016 主要米质指标达国标优质米二级标准，且食味较好。抗穗颈瘟病。

产量表现：沈农 016 于 2002 年参加辽宁省新品种区域试验，平均 667 平方米产量达 622.8 千克，比对照增产 8.2%，居同熟期各品种之首。2003 年提前进入生产试验，并进行大面积试种示范，在沈阳市苏家屯区红菱镇、盘锦市东风农场和海城市西四镇试种 20 公顷，表现抗倒抗病，活秆成熟，平均 667 平方米产量超过 750 千克。

栽培要点：营养土保温旱育苗、钵盘育苗或无纺布育苗，稀播种培育壮秧，行株距为 30 厘米×16.6 厘米，每穴 3~4 苗。667 平方米施标氮 50~60 千克，磷酸二铵和钾肥各 10 千克，化学除草辅以人工拔草，适时用稻丰灵防治二化螟等。

适宜区域：适宜在沈阳以南中晚熟稻区种植或辽宁及我国北方各省活动积温在 3 300℃以上地区种植。

17. 吉粳 88

品种来源：粳型常规水稻，亲本为奥羽 346/长白 9 号，吉林省农业科学院选育。

特征特性：在东北、西北早熟稻区种植全生育期 153.5 天，比对照吉玉粳晚熟 5.5 天。株高 95 厘米，穗长 17.6 厘米，每穗总粒数 134.2 粒，结实率 88%，千粒重 21.2 克。米质主要指标：整精米率 71.3%，垩白粒率 4%，垩白度 0.2%，胶稠度 83 毫米，直链淀粉含量 16.3%，达到国家《优质稻谷》标准 1 级。抗病性：苗瘟 0 级，叶瘟 0 级，穗颈瘟 1 级。

产量表现：2003 年参加北方稻区吉玉粳组区域试验，平均 667 平方米产量 552.5 千克，比对照吉玉粳减产 9.2%（极显著）；2004 年续试，平均 667 平方米产量 588.3 千克，比对照吉玉粳增产 0.5%（不显著）；两年区域试验平均 667 平方米产量 569.7 千克，比对照吉玉粳减产 4.6%。2004 年生产试验平均 667 平方米产量 507.6 千克，比对照吉玉粳增产 0.1%。

栽培要点：①播种：根据当地种植习惯与吉玉粳同期播种，播种量每平方米催芽种子 350 克。②移栽：行株距 30 厘米×16.5 厘米，每穴丛 3~4 粒谷苗。③肥水管理：氮、磷、钾配方施肥，每 667 平方米施纯氮 10~12.5 千克（分 4~5 次均施），五氧化二磷 4~5 千克（作底肥），氧化钾 6~7.5 千克（作底肥和拔节期追肥）。灌溉应采取分蘖期浅、孕穗期深、籽粒灌浆期浅的灌溉方法。④病虫防治：7 月上中旬注意防治二化螟，抽穗前及时防治稻瘟病等病虫害。

适宜区域：适宜在黑龙江第一积温带上限，吉林省中熟稻区，辽宁东北部，宁夏引黄灌区以及内蒙古自治区（以下简称内蒙古）赤峰，通辽南部，甘肃中北部及河西稻区种植。

18. 吉粳 83

品种来源：粳型常规水稻，亲本为辽 5216A/C418，吉林省农业科学院选育。

特征特性：属中晚熟粳型常规水稻。该品种全生育期约 142 天。株高 105 厘米，茎秆强韧，抗倒伏，叶绿色，下位穗。分蘖力极强，在 30 厘米×30 厘米的种植密度下，单本

有效穗数可达35穗以上。主穗长达21厘米，主穗实粒数在160粒以上，结实率超过96%，稻谷千粒重约26克，谷粒长7.3毫米，宽3.4毫米，长宽比约为2：1。糙米率83.9%，精米透明度1级，米质优，食味佳。抗病、抗寒、耐盐碱、活秆成熟，适应性广。

产量表现： 1998～2000年，3年26个点次吉林省区域试验平均667平方米产量571.9千克，比对照品种农大3号增产1.7%。1998～2000年两年10个点次生产试验，平均每667平方米产量563.5千克，比对照品种农大3号增产5.6%。

栽培要点： ①稀播培育壮秧，4月中旬播种，5月中旬插秧。②合理稀植，插秧密度为30厘米×26厘米或30厘米×30厘米。③肥水管理。施肥要农家肥与化肥相结合，注重氮、磷、钾配施。水层管理以浅为主，干湿结合。

适宜区域： 适宜在吉林及邻近省份有效积温达2 900℃以上的中晚熟稻区种植。

19. 协优 9308

品种来源： 三系籼粳亚种间杂交稻组合，亲本为协青早A/9308，中国水稻研究所选育。

特征特性： 协优9308具有感光性。在浙北地区作单晚种植，浙南地区作连晚种植，作单晚种植5月底6月初播种，播齐历期为102天，提早播种，生育期还会延长，一般比汕优63长6～8天。作连晚种植生育期明显缩短，在浙南6月下旬播种，播齐历期为83～90天，生育期比汕优46约长4天。单株有效穗12～15个，株高120～135厘米，茎秆坚韧，叶片挺立、微内卷，剑叶、倒二叶和倒三叶的叶角分别小于10°、20°和30°，长度分别达到45厘米、55厘米、和60厘米，宽度分别达到2.5厘米、2.1厘米和2.1厘米，卷曲度为15%、10%和10%（中等卷曲度），穗长26～28厘米，着粒密度中等，后期根系活力强，上三叶光合能力强，青秆黄熟不早衰。作连晚或单晚种植，一般平均每穗总粒数均可达170～190粒，每穗实粒数可达150～170粒（超高产田块可达200粒以上），平均结实率最高可达90%左右，千粒重作单晚为28克，连晚为27克左右，平均单穗重达4.0克。据农业部稻米及制品质量检测中心1998年米质分析结果，协优9308的糙米率、精米率、整精米率、碱消值、直链淀粉含量5项指标达优质米一级标准，粒型、胶稠度3项指标达优质米二级标准。感稻瘟病和褐稻虱，中抗白叶枯病和白背稻虱。

产量表现： 2000年农业部科教司组织专家验收，协优9308在浙江省新昌县百亩示范片平均667平方米产达到789.2千克，其中高产田块667平方米产量高达818.8千克。2001年中国超级稻试验示范项目组织专家又在浙江省新昌县对协优9308百亩示范片进行产量验收，平均667平方米产量达796.5千克，最高田块667平方米产量达826.7千克，创浙江水稻单产历史新高。2002年浙江省科技厅组织专家对新昌协优9308千亩示范片进行产量验收，平均667平方米产量达701.5千克。协优9308在福建、湖南、江西、广西等省试种也表现突出。种植面积迅速扩大。

栽培要点： ①适时播种。一般在5月15～30日播种为宜。如播种过迟，生育期缩短，会使穗型变小。②培育壮秧。667平方米播种量控制在6～7.5千克，大田667平方米用种量0.6～0.75千克，秧本比1：10。③合理密植。667平方米栽1.3万丛（行株距26厘米×20厘米）为宜，每丛插基本苗1本。在移栽时，还要注意尽可能带泥浅栽。选择阴

天或晴天下午移栽，以减少败苗现象。④科学施肥。氮肥施用重前期、控后期。中等肥力土壤，一般在667平方米施750千克有机肥和磷肥（过磷酸钙20～25千克）、钾肥（氯化钾10～15千克）的基础上，再施碳酸氢铵30千克作基肥，用拖拉机旋耕入土层。可少施或不施分蘖肥，而从分蘖末期到剑叶露尖前即当稻苗出现脱力发黄现象时，看苗施接力肥或穗肥，可施氮磷钾三元复合肥，每次用量控制在667平方米施纯氮1.5千克左右。⑤水浆管理。在浅水插秧、深水返青、浅水促蘖的基础上，80%穗数苗时开始排水轻搁田（搁到田边开大裂，田中开细裂后灌一次水再排水搁田，如此反复），直到7月底复水改用间隙灌溉，不再长期建立水层。⑥综合防治。秧田期要重点防治稻蓟马；插种后及时化学除草。大田期，虫的防治，重点防治螟虫、稻飞虱、稻纵卷叶螟，用锐劲特、杀虫双和扑虱灵等；病的防治，重点防治纹枯病、细条病，如遇台风应关注细条病和白叶枯病发生和防治。⑦适时收割。协优9308穗型大，籽粒二次灌浆明显，如过早收割，影响产量。收割过迟，则易使植株基部叶片枯烂，又易倒伏，因此特别强调在80%～90%谷粒黄熟时收割。

适宜区域：适宜在长江中下游稻区作单季稻及部分双季稻区作连晚种植。

20. 国稻1号

品种来源：三系籼型杂交水稻，亲本为中9A/R8006，中国水稻研究所选育。

特征特性：在长江中下游作双季晚稻种植全生育期平均120.6天，比对照汕优46迟熟2.6天。株高107.8厘米，茎秆粗壮，株型适中，长势繁茂，剑叶较披。每667平方米有效穗数17.8万穗，穗长25.6厘米，每穗总粒数142.0粒，结实率73.5%，千粒重27.9克。米质指标：整精米率55.9%，长宽比3.4，垩白率21%，垩白度3.4%，胶稠度64毫米，直链淀粉含量21.2%。抗病虫性：稻瘟病9级，白叶枯病7级，褐飞虱9级。

产量表现：2002年参加长江中下游晚籼中迟熟优质组区域试验，平均667平方米产量446.52克，比对照汕优46增产3.77%（极显著）；2003年续试，平均667平方米产量469.9千克，比对照汕优46减产0.9%（不显著）；两年区域试验平均667平方米产量458.2千克，比对照汕优46增产1.4%。2003年生产试验平均667平方米产量433.6千克，比对照汕优46增产1.8%。

栽培要点：①培育壮秧：根据当地种植习惯与汕优46同期播种，秧田播种量6千克，秧龄30天之内。②移栽：每667平方米栽1.3万丛穴以上，667平方米基本苗6万～7万丛。③施肥：增施有机肥，重施基肥，早施追肥，巧施穗肥，基肥用水稻专用肥每667平方米50千克，栽后10天内追施尿素7.5千克。④水浆管理：深水返青，浅水促蘖，及时晒田，多次轻晒，浅水养胎，保水养花，防止断水过早，防止早衰。⑤防治病虫：特别注意防治稻瘟病，注意防治白叶枯病。

适宜区域：适宜在广西壮族自治区（以下称广西）中北部、福建中北部、江西中南部、湖南中南部，以及浙江南部的稻瘟病、白叶枯病轻发区作双季晚稻种植。

21. 国稻3号

品种来源：三系籼型杂交水稻，亲本为中8A/R8006，中国水稻研究所选育。

特征特性：该组合在江西作双季晚稻栽培，播种期为6月15～20日，10月中下旬成熟，全生育期120天左右。该品种米粒外观晶亮透明，有香味，米质达国标优质米3级。

江西省区试米质分析结果为：糙米率 80.7%、整精米率 62.3%、垩白粒率 9%、垩白度 0.5%、直链淀粉含量 20.1%、胶稠度 50 毫米、粒长 7.2 毫米、长宽比 3.4。抗苗瘟 4 级、叶瘟 3 级，穗瘟 0 级，稻瘟病 1 级，白叶枯病 5 级。

产量表现： 2001 年参加浙江省金华市连晚试验，667 平方米产量 517.5 千克，比对照增产 7.8%，达极显著水平。2001 年浙江省金华市生产试验，667 平方米产量 529.3 千克，比对照协优 46 增产 9.6%。2002 年参加江西省晚籼中迟熟优质组区试，平均产量 405.8 千克，比对照赣晚籼 19 号增产 17.6%，产量居同熟组第一位，达极显著水平。2003 年江西省续试，平均 667 平方米产量 463.6 千克，比对照赣晚籼 32 号增产 10.4%，达显著水平，产量居同熟组第一位。2002 年参加浙江省单季稻区试，平均 667 平方米产 524.9 千克，比对照汕优 63 增产 8.6%，达显著水平；2003 年续试，比对照汕优 63 增产 3.4%。

栽培要点： ①播种：在江西作连晚栽培播种期为 6 月 15 日～20 日，秧田 667 平方米播种量 7.5 千克，大田每 667 平方米用种量 0.9 千克。②移栽：移栽时秧龄掌握在 30 天内，6～7 叶龄，带蘖 3～5 个，插秧密度一般为 23 厘米×20 厘米，每 667 平方米插 1.4 万丛左右，落田苗数达 7 万～7.5 万株。③肥水管理：秧田 667 平方米施尿素 10 千克，过磷酸钙 20 千克，氯化钾 7.5 千克作基肥。大田增施有机肥，重施基肥，早施追肥，巧施穗肥。每 667 平方米总施用纯氮量约 10 千克，氮：磷：钾约为 2：1：1。基肥用水稻专用肥每 667 平方米 50 千克，后期可根据长势、长相适当使用穗肥。水浆管理原则上做到深水返青，浅水促蘖，及时搁田，多次轻搁，浅水养胎，保水养花，湿润灌溉，防止断水过早，防止早衰。④病虫防治：主要防治螟虫、稻飞虱、卷叶虫。

适宜区域： 适宜在浙江、江西作双季晚稻栽培。

22. 中浙优 1 号

品种来源： 三系籼型杂交水稻，亲本为中浙 A/航恢 570，中国水稻研究所选育。

特征特性： 生育期较两优培九略迟。株高 115～120 厘米，667 平方米有效穗 15 万～16 万，成穗率 70% 左右，穗长 25～28 厘米，每穗总粒 180～300 粒，结实率 85%～90%，千粒重 27～28 克。经农业部稻米质量检测中心检测，整精米率 66.7%，垩白率 12%，垩白度 1.6%，透明度 1 级，直链淀粉 13.9%，胶稠 75 毫米，主要品质性状达优质米 1～2 级。稻米外观品质好，煮饭时清香四溢，适口性好，饭冷不回生。2002 年，浙江省农业科学院植保所接种鉴定，对穗瘟病的抗性平均 3.3 级（最高级 7 级）；白叶枯病平均 4.8 级（最高级 8 级）。两年多点试验均表现出明显的田间抗性。

产量表现： 浙江省 8812 联品平均 667 平方米产量 499.9 千克，与对照汕优 63 产量持平。2002 年参加浙江省单季稻区试，平均 667 平方米产量 535.2 千克，比汕优 63 增产 10.7%，达极显著水平。浙江省多点示范点统计，一般平均 667 平方米产量 500～550 千克，高产田块可达 650 千克。

栽培要点： ①适时播种、适令移栽。单季种植浙北一般要求 5 月 25 日前，浙中 5 月 25～30 日，浙南 6 月 15 日前播种。山区播种可根据当地实际情况相应提前。667 平方米播种量 7.5～10 千克，秧龄控制在 25 天左右。②合理密植。每 667 平方米插 1.2 万～1.5 万丛，密度 30 厘米×17 厘米或 26 厘米×20 厘米，最高苗控制在 25 万～28 万株。③施肥施足基肥、早施追肥，配合增施磷钾肥和有机肥，以健根壮秆、青秆黄熟。

适宜区域：适宜在长江中下游区域作单季稻种植。

23. Ⅱ优明86

品种来源：三系籼型杂交水稻，亲本为Ⅱ－32A/明恢86，福建省三明市农业科学研究所选育。

特征特性：全生育期为：作中稻150.8天，比汕优63迟熟3.7天；作双季晚稻128～135天，比汕优63迟熟2天。株高100～115厘米，茎秆粗壮抗倒，株型集散适中，分蘖力中等，后期转色佳，总叶片数17～18叶，剑叶长35～38厘米，每667平方米有效穗16.2万穗，穗长25.6厘米，每穗总粒数163.6粒，结实率81.8%，千粒重28.2克。米质主要指标：整精米率56.2%，垩白率78.8%，垩白度18.9%，胶稠度46毫米，直链淀粉含量22.5%。抗性：中感稻瘟病、感白叶枯病，稻瘟病4.5级，白叶枯病8级，稻飞虱7级。

产量表现：1999年参加全国南方稻区中籼迟熟组区试，平均667平方米产量632.2千克，比对照汕优63增产8.19%，达极显著水平；2000年续试平均667平方米产量565.4千克，比汕优63增产3.2%，达极显著；2000年生产试验平均667平方米产量581.2千克，比汕优63增产3.0%。表现迟熟、高产、适应性较广。

栽培要点：①稀播育壮秧，秧龄控制在35天以内。②合理密植，插足基本苗。插植密度20厘米×23.3厘米，每丛插2粒谷秧，每667平方米插足2.9万基本苗。③力争早插早管，施足基肥，早施分蘖肥，兼顾穗肥。④其他栽培措施可参照汕优63。

适宜区域：适宜在贵州、云南、四川、重庆、湖南、湖北、浙江、上海以及安徽、江苏的长江流域和河南省南部、陕西汉中地区作一季中稻种植。

24. 特优航1号

品种来源：三系籼型杂交水稻，亲本为龙特甫A/航1号，福建省农业科学院选育。

特征特性：在长江上游作一季中稻种植全生育期平均150.5天，比对照汕优63早熟2.6天。株型适中，分蘖较弱，株高112.7厘米，每667平方米有效穗数15.7万穗，穗长24.4厘米，每穗总粒数166.1粒，结实率83.9%，千粒重28.4克。米质主要指标：整精米率63.5%，长宽比2.4，垩白粒率83%，垩白度16.2%，胶稠度62毫米，直链淀粉含量20.7%。抗性：穗瘟病平均8级，最高9级；白叶枯病5级；褐飞虱9级。

产量表现：2002年参加长江上游中籼迟熟高产组区域试验，平均667平方米产量579.3千克，比对照汕优63增产6.0%（极显著）；2003年续试平均667平方米产量602.7千克，比对照汕优63增产5.0%（极显著）；两年区域试验平均667平方米产量591.7千克，比对照汕优63增产5.5%。2004年生产试验平均667平方米产量573.3千克，比对照汕优63增产10.2%。

栽培要点：①育秧：适时播种，秧田每667平方米播种量15千克左右，大田每667平方米用种量1.0～1.5千克。②移栽：秧龄25～30天移栽，栽插密度20厘米×20厘米，每丛栽插2粒谷苗。③肥水管理：大田每667平方米施纯氮12～15千克、五氧化二磷6～8千克、氧化钾7～8千克。氮肥50%作基肥，40%作分蘖肥，10%作穗肥。在水浆管理上，做到够苗轻搁，湿润稳长，后期重视养老根，忌断水过早。④病虫防治：注意及时防治穗瘟病、稻飞虱等病虫害。

适宜区域：适宜在云南、贵州、重庆的中低海拔稻区（武陵山区除外）、四川平坝丘

陵稻区、陕西南部稻区的稻瘟病轻发区作一季中稻种植。

25. Ⅱ优航1号

品种来源： 三系籼型杂交水稻，亲本为Ⅱ-32A/航1号，福建省农业科学院选育。

特征特性： 在长江中下游作一季中稻种植全生育期平均135.8天，比对照汕优63迟熟2.7天。株型适中，茎秆粗壮，分蘖较强，长势繁茂，剑叶长而宽，株高127.5厘米，每667平方米有效穗数16.6万穗，穗长26.2厘米，每穗总粒数165.4粒，结实率77.9%，千粒重27.8克。米质主要指标：整精米率64.7%，长宽比2.5，垩白粒率52%，垩白度12.4%，胶稠度70毫米，直链淀粉含量21.3%。抗病虫性：稻瘟病平均3.6级，最高级5级；白叶枯病7级；褐飞虱9级。

产量表现： 2003年参加长江中下游中籼迟熟高产组区域试验，平均667平方米产量505.3千克，比对照汕优63增产2.8%（极显著）；2004年续试，平均667平方米产量606.0千克，比对照汕优63增产7.5%（极显著）；两年区域试验平均667平方米产量555.6千克，比对照汕优63增产5.1%。2004年生产试验平均667平方米产量563.3千克，比对照汕优63增产14.5%。

栽培要点： ①育秧：适时播种，适当稀播，秧田每667平方米播种量15千克左右，大田每667平方米用种量1.0~1.5千克。②移栽：秧龄25~30天移栽，适宜栽插密度23厘米×23厘米；每丛栽插2粒谷苗。③肥水管理：每667平方米施纯氮10千克、五氧化二磷7千克、氧化钾10千克，氮肥中基肥占50%~60%，追肥占30%~40%，穗肥占10%。栽插后5天左右结合一次追肥进行化学除草，施穗肥在幼穗分化2~3期时进行。水浆管理上，做到薄水浅插，够苗轻搁，湿润稳长，孕穗期开始复水，后期干湿壮籽。④病虫防治：注意及时防治白叶枯病、稻瘟病、褐飞虱等病虫害。

适宜区域： 适宜在福建、江西、湖南、湖北、安徽、浙江、江苏的长江流域稻区（武陵山区除外），以及河南南部的白叶枯病轻发区作一季中稻种植。

26. Ⅱ优7954

品种来源： 三系籼型杂交水稻，亲本为Ⅱ-32A/浙恢7954，浙江省农业科学院选育。

特征特性： 在长江中下游作一季中稻种植全生育期平均136.3天，比对照汕优63迟熟3.0天。株高118.9厘米，株型适中，群体整齐，叶色浓绿，长势繁茂，熟期转色中等。每667平方米有效穗数15.7万穗，穗长23.9厘米，每穗总粒数174.1粒，结实率78.3%，千粒重27.3克。米质主要指标：整精米率64.9%，长宽比2.3，垩白率47%，垩白度9.3%，胶稠度47毫米，直链淀粉含量25.2%。抗病虫性：稻瘟病7级，白叶枯病5级，褐飞虱9级。

产量表现： 2002年参加长江中下游中籼迟熟高产组区域试验，平均667平方米产量615.2千克，比对照汕优63增产11.0%（极显著）；2003年续试，平均667平方米产量526.6千克，比对照汕优63增产7.1%（极显著）；两年区域试验平均667平方米产量567.8千克，比对照汕优63增产9.0%。2003年生产试验平均667平方米产量514.9千克，比对照汕优63增产9.1%。

栽培要点： ①培育壮秧：根据当地种植习惯与汕优63同期播种，667平方米播种量10千克，秧龄25~30天；②移栽：栽插密度为15万丛，规格26厘米×17厘米或30厘

米×15 厘米，每丛栽 2 粒谷苗，667 平方米落地苗 6 万 ~ 8 万苗；③肥水管理：基肥和分蘖肥占 80% 以上，适当施用穗粒肥，氮、磷、钾肥比例为 1 : 0.5 : 0.8。水浆管理要做到浅水勤灌促分蘖，后期干湿交替防早衰；④防治病虫：注意防治稻瘟病和白叶枯病。

适宜区域：适宜在福建、江西、湖南、湖北、安徽、浙江、江苏的长江流域（武陵山区除外），以及河南南部稻瘟病轻发区作一季中稻种植。

27. 两优培九

品种来源：两系中籼杂交稻，亲本为培矮 64S/9311，江苏省农业科学院选育。

特征特性：属迟熟中籼两系杂交稻。在南方稻区平均生育期为 150 天，比汕优 63 长 3 ~ 4 天。株高 110 ~ 120 厘米，株型紧凑，株叶型态好，分蘖力强，最高茎蘖数可达 30 万以上，总叶片 16 ~ 17 张，叶较小而挺，顶三叶挺举，剑叶出于穗上，叶色较深但后期转色好。中后期耐寒性一般，结实率偏低。颖花尖稍带紫色，成熟后橙黄。穗长 22.8 厘米，每穗总颖花 160 ~ 200 个，结实率 76% ~ 86%，千粒重 26.2 克。米质主要指标：整精米率 53.6%、垩白率 35%、垩白度 4.3%、胶稠度 68.8 毫米、直链淀粉含量 21.2%，米质优良。中感白叶枯病，感稻瘟病，抗倒性强。

产量表现：国家南方稻区生产试验，平均 667 平方米产量 525.8 ~ 576.9 千克，与对照汕优 63 相近。江苏省生产试验，平均 667 平方米产量 625.5 千克。

栽培要点：①适时播种：淮北地区宜于 4 月 20 ~ 25 日播种，移栽期不超过 6 月 10 日；江淮之间地区 5 月 1 日前后播种，6 月 10 ~ 15 日移栽；江南地区 5 月 5 ~ 10 日播种，6 月 15 日前后移栽；②培育多蘖壮秧：秧龄在 30 ~ 35 天的秧田 667 平方米播种量 8 ~ 10 千克，秧龄在 40 天以上的秧田 667 平方米播种量 7 ~ 8 千克。③合理密植：667 平方米栽插密度为 1.5 万 ~ 1.8 万穴，以（26 ~ 33）厘米×13 厘米较好，单株栽插，茎蘖高峰不超过 25 万，成穗 15 万 ~ 17 万/667 平方米。④施肥管理：在施足基、面肥的前提下，早施分蘖肥，达到前期早发稳长，但促花肥和粒肥要重施，尤其要注意磷、钾肥的施用。中等肥力稻田 667 平方米施总氮量 17 ~ 18 千克，肥沃的稻田施 15 千克左右，前中期总量与后期总量比例为 7 : 3 或 6。⑤水浆管理：保持干干湿湿，不要长期灌水；收获前 5 ~ 7 天才能断水，否则严重影响结实灌浆和米质。如遇低温，应预先灌水保护。⑥病虫防治：注意防治白叶枯、稻曲病、三化螟等病虫害。

适宜区域：适宜在贵州、云南、四川、湖南、湖北、江西、安徽、江苏、浙江、福建、广西、广东、海南、河南、陕西等省种植。

28. Ⅲ优98

品种来源：三系粳型杂交稻，亲本为 MH2003A/R - 18，安徽省农业科学院水稻研究所、中国种子集团公司、日本三井化学株式会共同选育。

特征特性：在黄淮地区种植全生育期 160.4 天，比对照豫粳 6 号晚熟 3.9 天。株高 120.3 厘米，穗长 23.1 厘米，每穗总粒数 152.1 粒，结实率 75%，千粒重 23.7 克。米质主要指标：整精米率 66.1%、垩白米率 14.5%、垩白度 2.8%、胶稠度 82 毫米、直链淀粉含量 15.9%，达到国家《优质稻谷》标准 2 级。抗稻瘟病，中抗白叶枯病，田间纹枯病和稻曲病较轻。

产量表现：2003 年参加豫粳 6 号组品种区域试验，平均 667 平方米产量 485.1 千克，

比对照豫粳 6 号增产 5.2%（极显著）。2004 年续试，平均 667 平方米产量 536.7 千克，比对照豫粳 6 号增产 2.6%（极显著）。两年区域试验平均 667 平方米产量 513.8 千克，比对照豫粳 6 号增产 3.7%。2005 年生产试验，平均 667 平方米产量 548.1 千克，比对照豫粳 6 号增产 9.2%。

栽培要点：①育秧：黄淮麦茬稻区根据当地生产情况适时播种，湿润育秧 667 平方米播量控制在 12.5 千克以内，旱育秧苗床播量不超过 25 千克，大田 667 平方米用种量一般 1.5 千克。②移栽：秧龄 30 天左右移栽，株行距（23.3～26.6）厘米 ×13.3 厘米，667 平方米栽 1.8 万～2.0 万丛，每 667 平方米落地苗 6 万～8 万苗。③肥水管理：高产田块 667 平方米施纯氮 15 千克，其中基肥占 70%、分蘖肥占 15%、穗肥占 15%，提倡增施有机肥，氮、磷、钾配合施用。水浆管理上采用浅水栽秧，适时烤田，后期田间保持干干湿湿，在收割前 1 周断水。④病虫防治：注意恶苗病、稻曲病、二化螟、三化螟、稻纵卷叶螟以及草害的防除，注意防治白叶枯病和稻曲病。

适宜区域：适宜在安徽、江苏、河南和湖北等省作一季中稻栽培，以及沿江地区作晚稻栽培。

二、2006 年认定的超级稻特性

1. 天优 122

品种来源：三系籼型杂交稻组合，亲本为天丰 A/广恢 122，广东省农业科学院水稻研究所选育。

特征特性：感温型三系杂交稻组合。在广东早造（早稻）全生育期 124～125 天，分别比优优 4480、华优 8830 迟熟 5 天和 3 天。分蘖力较强，株型集散适中，叶片较长而阔，剑叶直，后期熟色好，株高 98.8～101.3 厘米。穗长 21.1 厘米，每穗总粒数 125～135 粒，结实率 81.0%～86.0%，千粒重 25.6～26.3 克。稻米外观品质鉴定为早造一级至二级，整精米率 34.6%～45.4%，垩白粒率 5%～15%，垩白度 0.5%～3.8%，直链淀粉含量 18.7%～19.1%，胶稠度 54～85 毫米，长宽比 3.0～3.1。高抗稻瘟病，全群抗性频率 95.0%，对中 C 群、中 B 群的抗性频率分别为 95.3% 和 90%，田间稻瘟病发生轻微。中抗白叶枯病，对 C4 菌群和 C5 菌群均表现中抗。抗倒力较弱。

产量表现：2003 年、2004 年早稻参加广东省区试，平均 667 平方米产量分别为 482.5 千克和 525.6 千克，2003 年比对照组合优优 4480 增产 12.5%，增产极显著，2004 年比对照组合华优 8830 增产 7.8%，增产不显著。2004 年早稻生产试验平均 667 平方米产量 491.6 千克。

栽培要点：①适时播种，培育壮秧，早、晚造播种期分别在 3 月上旬和 7 月上旬前，一般每 667 平方米秧田播种量 10～12.5 千克。②早稻秧龄一般 30 天左右，晚稻一般 18～20 天。一般每 667 平方米插 1.8 万～2 万丛，基本苗 4 万左右，抛秧一般要求不少于 1.8 丛，基本苗 4 万～5 万苗。③施足基肥，早施追肥，做到有机肥、氮、磷、钾肥配合施用，保证单位面积既有足够的穗数和粒数，又能使籽粒饱满，结实率高。在中等以上肥力水平的田块种植，每公顷施氮量在 150～180 千克为宜，配施适量磷钾肥。氮、磷、钾用量比例为 1.0：0.8：1.5。幼穗分化前的前期肥应占全期总施肥量的 70% 左右，其中包括

基肥、促蘖肥和壮蘖肥。中期巧施穗肥，以氮、钾配合施用，一般情况下，每公顷施用复合肥150千克。后期看苗、看田巧施粒肥，④水分管理实行"浅、露、活、晒"相结合的管理方法，浅水促分蘖，苗数达到计划苗数的80%时排水晒田，控制无效分蘖。孕穗期保持田间湿润，浅水扬花，灌浆至黄熟期保持田间湿润，维持后期根系活力，切忌断水过早，在收割前5～7天断水，以免影响稻穗基部充实，提高整精米率。⑤根据当地病虫预测预报，以防为主，综合防治，及时做好三化螟、稻纵卷叶螟、稻瘿蚊、稻蓟马、纹枯病、白叶枯病、稻瘟病等病虫的防治工作，苗期要注意防治稻蓟马，分蘖成穗期注意防治螟虫、稻纵卷叶螟和稻飞虱。后期注意防倒伏。

适宜区域：适宜在广东省各地早、晚造种植，栽培上要注意防倒伏。

2. 一丰8号

品种来源：三系籼型杂交稻组合，亲本为K22A/蜀恢527，广东省农业科学院水稻研究所选育。

特征特性：全生育期150天，与对照汕优63相当。该组合株型较紧散适中，叶鞘、叶缘和株头均为紫色，分蘖力中等，穗大粒多、粒大。株高114厘米左右，穗长24～25厘米，667平方米有效穗17万～18万穗，结实率80%以上，千粒重31～32克，后期转色好，落粒性适中。稻米品质综合评分65分，与对照相当。叶瘟4.9级，颈瘟4.7级，抗性明显优于对照。

产量表现：2002年四川省区试（中籼迟熟C组），汇总平均667平方米产量557.9千克，比对照汕优63增产6.6%，达极显著水平，居第二位。2003年四川省区试（A组），各个点均增产，其中80%的试点比对照增产在6%～12.9%。汇总平均667平方米产量567.9千克，比对照汕优63增产7.4%，达极显著水平。两年平均667平方米产量562.6千克，比对照汕优63增产7.06%，居第一位。不同生态区6试点生产试验，667平方米产量585.2千克，比对照汕优63增产8.9%。2004年在四川省示范667平方米产量580～600千克，在汉源百亩示范片经专家验收，667平方米产量高达917千克。

栽培要点：①适时播种，培育壮秧，667平方米用种量1.25～1.5千克。②栽插密度，667平方米栽1.2万～1.5万丛，每穴栽2粒谷秧苗。③田间管理，重底早追，氮、磷、钾配合施肥，一般667平方米施8～10千克纯氮、20千克过磷酸钙、5千克钾肥作底肥，栽后7天施3千克纯氮作追肥。④及时防治病虫害。

适宜区域：适宜在四川省单季稻区种植。

3. 金优527

品种来源：三系籼型杂交稻，亲本为金23A/蜀恢527，由四川农业大学水稻研究所和四川农大高科农业有限责任公司选育。

特征特性：在长江上游作一季中稻种植全生育期平均151.2天，比汕优63早熟1.4天。株高111.5厘米，叶色浓绿，株叶形适中，耐寒性较弱，成熟期转色好。每667平方米有效穗数16.5万穗，穗长25.7厘米，每穗总粒数161.7粒，结实率80.9%，千粒重29.5克。抗性：稻瘟病9级，白叶枯病5级，褐飞虱7级。米质主要指标：整精米率58.9%，长宽比3.2，垩白率17%，垩白度2.9%，胶稠度62毫米，直链淀粉含量23.3%。

产量表现： 2002 年参加长江上游中籼迟熟优质组区域试验，平均 667 平方米产量589.9 千克，比对照汕优 63 增产 8.97%（极显著）；2003 年续试，平均 667 平方米产量625.9 千克，比对照汕优 63 增产 8.62%（极显著）；两年区域试验平均 667 平方米产量609.0 千克，比对照汕优 63 增产 8.78%。2003 年生产试验平均 667 平方米产量 579.0 千克，比对照汕优 63 增产 5.63%。

栽培要点： ①根据当地种植习惯播种期与汕优 63 同，667 平方米秧田播种量 10 千克。②移栽：秧龄控制在 40～45 天，667 平方米栽基本苗 11 万～13 万苗。③肥水管理：667 平方米施纯氮 10～12 千克，重底早追，增施磷、钾肥。④水浆管理：要做到干湿交替，后期不可脱水过早。⑤防治病虫：特别注意防治稻瘟病，注意防治白叶枯病。

适宜区域： 适宜在云南、贵州、重庆中低海拔稻区（武陵山区除外）和四川平坝稻区、陕西南部稻瘟病轻发区作一季中稻区种植。

4. D 优 202

品种来源： 三系籼型杂交稻组合，亲本为 D62A/蜀恢 202，四川农业大学水稻研究所选育。

特征特性： 全生育期 144 天左右，比汕优 63 长 4～5 天。该组合株高 120 厘米，株型分散适中，生长繁茂，叶色深绿，分蘖力较强。每穗总粒数 160 粒左右，结实率 80% 左右，千粒重 29 克，米质达部颁 3 级食用稻品种品质标准。中感白叶枯病和稻瘟病。

产量表现： 2004～2005 年两年安徽省中籼区域试验，平均 667 平方米产量分别为635.4 千克和 567.9 千克，比对照汕优 63 分别增产 10.3%（极显著）和 6.3%（显著）。2005 年生产试验平均 667 平方米产量为 563.0 千克，比对照汕优 63 增产 8.0%。一般 667 平方米产量 550 千克。

栽培要点： ①适时播种，作一季稻栽培，一般 4 月底至 5 月初播种，根据当地种植习惯可与特优 63 同期播种，秧龄 30 天左右。②栽植密度为每 667 平方米 1.56 万丛，20 厘米×20 厘米，每蔸栽 2 粒谷苗。③肥水管理，以基肥和前期追肥为主，基肥要足，追肥宜早，氮、磷、钾配合施用，一般每 667 平方米需施纯氮 10～12 千克，后期控制氮肥。前期浅灌，够苗晒田，后期干湿交替。④注意白叶枯病和稻瘟病等病虫害的防治。

适宜区域： 适宜在四川、安徽等地一季稻白叶枯病和稻瘟病轻发区种植。可在广西桂南稻作区作早稻或高寒山区稻作区作中稻种植。

5. Q 优 6 号

品种来源： 三系籼型杂交稻。亲本为 Q2A/R1005，重庆市种子公司所选育。

特征特性： 在长江上游作一季中稻种植全生育期平均 153.7 天，比汕优 63 迟熟 0.8 天。株型紧凑，叶色浓绿，株高 112.6 厘米。每 667 平方米有效穗数 16.0 万穗，穗长25.1 厘米，每穗总粒数 176.6 粒，结实率 77.2%，千粒重 29.0 克。米质达到国家《优质稻谷》标准 3 级，主要指标：整精米率 65.6%，长宽比 3.0，垩白粒率 22%，垩白度3.6%，胶稠度 58 毫米，直链淀粉含量 15.2%。稻瘟病抗性平均 6.4 级，最高 9 级，抗性频率 75.0%。

产量表现： 2004 年参加长江上游中籼迟熟组品种区域试验，平均 667 平方米产量596.5 千克，比对照汕优 63 增产 3.41%（极显著）。2005 年续试，平均 667 平方米产量

600.2 千克，比对照汕优 63 增产 7.53% （极显著）。2 年区域试验平均 667 平方米产量 598.4 千克，比对照汕优 63 增产 5.43%。2005 年生产试验，平均 667 平方米产量 556.7 千克，比对照汕优 63 增产 9.90%。

栽培要点： ①根据各地中籼生产季节适时早播。②移栽秧龄 40 天左右移栽，采用宽行窄株栽插，每 667 平方米栽插 1.2 万 ~ 1.5 万丛，每丛栽插 2 粒谷苗，保证每 667 平方米基本苗 8 万苗以上。③肥水管理：中等肥力田每 667 平方米施纯氮 10 千克，五氧化二磷 6 千克，氧化钾 8 千克。磷肥全作基肥；氮肥 60% 作基肥、30% 作追肥、10% 作穗粒肥；钾肥 60% 作基肥、40% 作穗粒肥。追肥在移栽后 7 ~ 10 天后施用，穗粒肥在拔节期施用。后期保持湿润，不可过早断水。④做好病虫防治，注意及时防治稻瘟病、纹枯病、稻飞虱、螟虫等病虫害。

适宜区域： 适宜在云南、贵州、重庆的中低海拔籼稻区（武陵山区除外）、四川平坝丘陵稻区、陕西南部稻区的稻瘟病轻发区作一季中稻区种植。

6. 黔南优 2058

品种来源： 三系籼型杂交稻。亲本为 K22A/QN2058，黔南州农科所水稻研究室选育。

特征特性： 在贵定试点（海拔 1006 米）4 月 21 日播种，全生育期为 153 天，比汕优 63 早熟 3 天。株高 109 厘米，穗粒数 112 粒，结实率 90.5%，千粒重 32.1 克。该品种株叶型好，剑叶直立，呈"叶下穗"形态，分蘖力强，成穗率 69.3%，抽穗整齐，后期熟色好。整精米率 47%，垩白粒率 72%，垩白度 13%，直链淀粉含量 21.6%，胶稠度 52 毫米，粒型长/宽比 2.8。中感稻瘟病，抗寒性、耐冷性强。在 2002 年贵州历史特重级秋风冷害年中表现抗寒性突出，667 平方米产量仍达 493 千克，比相邻对照 K 优 5 号增产 53.5%。

产量表现： 2004 ~ 2006 年在贵州、四川、云南试验示范，表现高产、优质、抗性强、适应性广，具有超高产生产潜力。2006 年黔南优 2058 在贵州省黔东南州天柱县开展超高产试验示范，验收 667 平方米产达 870.5 千克。从海拔 254 米（铜仁）至 1 300 米（兴义）8 个参试点的产量表现来看，除兴义和思南两试点比汕优 63 略有减产外，其余 6 个试点均表现增产。在贵阳，遵义，凯里，贵定，铜仁，关岭试点，均比对照汕优 63 增产，增产幅度在 0.42% ~ 20.3%。

栽培要点： 在黔东南地区作一季中稻栽培，3 月下旬至 4 月上旬播种为宜，旱育秧每平方米 40 克干种子，4 月底至 5 月初栽秧，油菜田在 5 月中旬栽秧。栽插秧苗要求中苗秧每丛插 2 粒谷多蘖壮秧，茎蘖苗均要求达到 7 万 ~ 8 万/667 平方米，采用宽窄行或宽行窄株栽插。上等肥力田插 1.33 万丛/667 平方米，中等肥力田插 1.5 万丛/667 平方米。插秧行为东西走向，栽后下田逐行检查，浮秧、缺窝及时补齐，插得过深的拔浅，保证密度。每 667 平方米施氮量 12 千克，秧苗栽后保持水层，分蘖期浅水与湿润结合，够苗数时进行晒田，控制苗峰和提高成穗率。抽穗扬花期保持一定浅水层，灌浆结实期间歇灌溉，以水调气，以水养根，保持生育期根系活力和满足灌浆期的水分需求，防止早衰。避免断水过早，促进籽粒充实饱满和提高品质。黄熟期排水落干。

适宜区域： 适宜在四川、重庆、广西、云南、贵州等省（市、区）的中、低海拔地区作中稻栽培。

7. Y优1号

品种来源： 广适性超级杂交稻新组合。湖南杂交水稻研究中心选育。

特征特性： 平均株高 119.5 厘米，穗长 28 厘米左右，株叶形态好，作单季中稻栽培全生育期 140 天左右，主茎平均叶片数为 16.5 叶，比两优培九短 3～5 天。作一季稻＋再生稻栽培，头季稻生育期 150 天，再生稻生育期 60 天，两季相加全生育期 210 天左右。茎秆粗壮，分蘖力强，抗倒力较强，再生产量高，后期落色好，结实率稳定，脱粒性良好。

产量表现： 湖南浏阳市一季稻加再生稻百亩示范片，经湖南省超级稻办组织省内专家验收，百亩范片头季 667 平方米产量达 798.0 千克；再生稻通过高桩撩穗收割，充分发挥多穗优势，加强后期管理，再生稻 667 平方米产量达 353.5 千克，双季 667 平方米产量达 1 151.5 千克。

栽培要点（一季稻加再生稻）：①适时早播，培育壮秧，大田用种 1.25 千克/667 平方米左右，秧田播种量 15 千克/667 平方米左右。头季稻应于 3 月中、下旬适时早播，采用旱育秧，起拱盖膜保温，齐苗后要抓好通风炼苗。②秧龄 30 天、叶龄 5 叶左右移栽，插植规格 23 厘米×23 厘米或宽窄行 20 厘米×53 厘米，推荐用宽窄行，每 667 平方米插足基本苗 6 万～8 万苗。头季稻移栽后采取浅水分蘖，厢式半旱式管理，够苗晒田，有水抽穗，后期干湿交替，齐穗后 18～20 天每 667 平方米追施 8 千克尿素作促芽肥，收割前 3～5 天脱水。重点做好螟虫和纹枯病的防治，使头季收割时根健叶绿，保持良好的再生机能。③适时高桩收割在头季稻九成熟时收割，采用撩穗收割方法，留桩高度以留住倒 2 芽节，在倒 2 节以上 3～5 厘米处割断为宜，其高度在一般 40～45 厘米。④加强再生稻管理：头季收割后，及时清除杂草、残叶，并灌水保持田间浅水层，收割后 3～5 天每 667 平方米追施尿素、钾肥各 10 千克促进再生苗生长。实行半旱式水份管理，头季收割后 10 天内应保持田间湿润，抽穗扬花期田面保持浅水，齐穗后保持湿润。用好调节剂，再生稻齐穗后每 667 平方米用磷酸二氢钾 200 克对水 50 千克喷施，10 天后再喷一次，在抽穗达 40% 以上时每 667 平方米用谷粒饱 1～1.5 包对水 30 千克叶面喷施；认真抓好病虫防治，主要抓好头季收割后 3～5 天稻飞虱、纹枯病的防治。

适宜区域： 适宜在长江中下游及华南稻区作一季中稻或一季稻加再生稻栽培。

8. 株两优819

品种来源： 两系杂交稻组合，属中熟早籼。亲本为株 1S/华 819，湖南亚华种业科学研究院选育。

特征特性： 该品种在湖南省作双季早稻栽培，全生育期 106 天左右。株高 82 厘米左右，株型紧散适中。茎秆中粗，长势旺，分蘖力强，成穗率高，抽穗整齐，成熟落色好。籽粒饱满，稃尖无色、无芒。湖南省早稻区试每 667 平方米有效穗 23.6 万穗，每穗总粒数 109.6 粒，结实率 79.8%，千粒重 24.7 克。抗性鉴定：叶瘟 5 级，穗瘟 5 级，感稻瘟病，白叶枯病 5 级。

产量表现： 2003 年湖南省区早稻试平均 667 平方米产量 461.2 千克，比对照（湘早籼 13 号，下同）增产 9.4%，增产极显著。2004 年续试平均 667 平方米产量 479.7 千克，比对照增产 10.7%，增产极显著。2 年区试平均 667 平方米产量 470.5 千克，比对照增

产 10.06%。

栽培要点：①旱育秧 3 月 25 日播种，水育秧 3 月底播种。每 667 平方米秧田播种量 15 千克，每 667 平方米大田用种量 2~2.5 千克。采用强氯精浸种，播种时每千克种子拌 2 克多效唑。②软盘旱育秧，3.5~4 叶抛栽，水育小苗秧 4.1~5 叶移栽。种植密度为 20 厘米×16.5 厘米（或每平方米抛栽 28 丛），每丛插 2 粒谷的秧。③施肥水平中等。够苗 及时晒田。④坚持及时施药防治二化螟、稻纵卷叶螟、稻飞虱和纹枯病等病虫害。

适宜区域：适宜在湖南省稻瘟病轻发区作双季早稻种植。

9. 两优 287

品种来源：感温型两系杂交水稻，亲本为 HD9802S（湖大 51/红辐早）/R287（鄂早 17×桂农 07P6），湖北大学生命科学学院选育。

特征特性：该品种桂中桂北早稻种植，全生育期 107 天左右，比对照金优 463 早熟 1~2 天。株型紧束，分蘖较弱，叶色浓绿，叶姿挺直。株高 97.7 厘米，穗长 20.5 厘米，每 667 平方米有效穗数 17.6 万，每穗总粒数 141.4 粒，结实率 80.5%，千粒重 24.1 克，谷粒长 10.4 毫米，长宽比 3.7。米质优，糙米率 81.3%，整精米率 61.2%，长宽比 3.3，垩白米率 12%，垩白度 1.8%，胶稠度 62 毫米，直链淀粉含量 20.2%。人工接种抗性：苗叶瘟 4 级，穗瘟 6 级，穗瘟损失率 30%，综合抗性指数 6.0，稻瘟病的抗性评价为中感；白叶枯病 9 级。抗倒性较强。

产量表现：2004 年参加桂中桂北稻作区早稻早熟组筛选试验，4 个试点平均 667 平方米产量 474.2 千克，比对照金优 463 增产 2.0%。2005 年早稻区域试验，4 个试点平均 667 平方米产量 453.6 千克，比对照金优 463 减产 1.2%（不显著）。2005 年生产试验平均 667 平方米产量 396.0 千克，比对照金优 463 减产 2.1%。

栽培要点：①适时播种，培育多蘖壮秧。早稻 3 月中下旬至 4 月初播种，晚稻 7 月上旬播种，每 667 平方米大田用种量 1.5~2.0 千克，插植叶龄 4~5 叶，抛秧叶龄 3~4 叶。②合理密植。插植规格 20 厘米×13 厘米，每丛插 2 粒谷苗，每 667 平方米基本苗 8 万丛，或 667 平方米抛秧 2.2 万丛。③肥水管理：适宜中等以上施肥水平栽培，施足基肥，早施重分蘖肥，促进分蘖早生快发，后期酌情施好穗肥。插后 20 天内保持浅水层，往后干湿交替至成熟。④注意防治稻瘟病和白叶枯病等病虫害。

适宜区域：适宜在桂中、桂北稻作区作早、晚稻种植，但应特别注意防治稻瘟病和白叶枯病。

10. 培杂泰丰

品种来源：两系籼型杂交水稻。亲本为培矮 64S/泰丰占，华南农业大学选育。

特征特性：该品种在华南作早稻种植全生育期平均 125.8 天，比对照粤香占迟熟 2.5 天。株型适中，叶色浓绿，分蘖力强，后期转色好，株高 107.7 厘米。每 667 平方米有效穗 18.4 万穗，穗长 23.3 厘米，每穗总粒数 176.0 粒，结实率 80.1%，千粒重 21.2 克。米质主要指标：整精米率 64.1%，长宽比 3.4，垩白粒率 26%，垩白度 7.6%，胶稠度 75 毫米，直链淀粉含量 21.4%。感稻瘟病，高感白叶枯病，稻瘟病抗性平均 4.9 级，最高 7 级；白叶枯病抗性 9 级。

产量表现：2003 年参加华南早籼优质组区域试验，平均 667 平方米产量 509.4 千克，

比对照粤香占增产2.1%（极显著）。2004年续试，平均667平方米产量554.6千克，比对照粤香占增产4.5%（极显著）。两年区域试验平均667平方米产量532.0千克，比对照粤香占增产3.3%。2004年生产试验平均667平方米产量509.5千克，比对照粤香占增产3.1%。

栽培要点：①根据当地生产情况适时播种，稀播匀播培育壮秧。②适当稀植，每667平方米栽插1.3万~1.5万穴，每穴1~2粒谷苗。抛秧每667平方米30盘左右。③肥水管理：施足基肥，早施重施追肥，适施促花肥和保花肥。在水浆管理上，做到适时排水晒田。④及时防治稻瘟病、白叶枯病等病虫害。

适宜区域：适宜在海南、广西中南部、广东中南部、福建南部的稻瘟病、白叶枯病轻发的双季稻区作早稻种植。

11. 新两优6号

品种来源：两系籼型杂交稻。亲本为新安S/安选6号，安徽荃银禾丰种业有限公司选育。

特征特性：在长江中下游作一季中稻种植全生育期平均130.1天，比对照Ⅱ优838早熟3.0天。株型适中，在苗期生长繁茂，分蘖力强，株型紧凑，叶色深绿，剑叶挺直，株叶形态好，后期熟相好，落色好，籽粒饱满。作一季中稻栽培，株高120厘米左右，穗型大，穗长25厘米，每穗总粒数190~210粒，结实率85%左右，千粒重28克左右，属穗粒并重型品种。抗倒力强、高肥高产。米质晶莹透亮，粒型长，品质好，口味佳。抗性鉴定：平均叶瘟2.7级，穗瘟7.0级，白叶枯病5.0级，褐稻虱9级。

产量表现：2005年参加长江中下游中籼迟熟组品种区域试验，平均667平方米产量564.3千克，比对照Ⅱ优838增产6.2%（极显著）；2006年续试，平均667平方米产量580.5千克，比对照Ⅱ优838增产5.3%（极显著）；两年区域试验平均667平方米产量572.4千克，比对照Ⅱ优838增产5.7%。2006年生产试验，平均667平方米产量549.7千克，比对照Ⅱ优838增产3.3%。

栽培要点：①适时播种，秧田每667平方米播种量15千克，大田每667平方米用种量1千克，稀播、匀播，培育壮秧。②秧龄30~35天移栽，合理密植，每667平方米栽插1.5万~2万穴，每穴栽插1~2粒谷苗。③肥水管理，施足基肥，早施分蘖肥，适施穗肥。大田每667平方米施纯氮10~13千克，氮、磷、钾比例为1：0.6：1，磷肥和70%钾肥用作基肥，30%钾肥作保花肥，氮肥按5：2：2：1比例分别作基肥、分蘖肥、促花肥、保花肥。浅水栽秧、深水活棵、干干湿湿促分蘖，80%够苗搁田，扬花期保持浅水层，后期切忌断水过早。④及时防治稻瘟病、稻曲病等病虫害。

适宜区域：适宜在江西、湖南、湖北、安徽、浙江、江苏的长江流域稻区（武陵山区除外）以及福建北部、河南南部稻区的稻瘟病轻发区作一季中稻种植。

12. 甬优6号

品种来源：籼粳杂交稻，亲本为甬粳2号A//K2001/K4806，浙江省宁波市农业科学院选育。

特征特性：感光性强，属迟熟晚稻，生育期长，在宁波作单季稻栽培全生期为155~160天，主茎叶片17~18叶；作连晚栽培，全生育期138天左右，主茎叶片15~16叶。

生育期随播期推迟和纬度递减而缩短。株型高大，生物学产量高，株高 136 厘米左右，根系发达，茎秆粗壮，叶鞘厚重，抱握力强，抱握面大，抗倒性强。叶片狭、长、厚、挺，倒三叶叶角小，叶脉粗壮、发达，叶色前深后淡，转色顺畅，熟相极佳。分蘖中等偏弱，穗大粒多。穗长 23 ~ 24 厘米，总粒数 320 粒左右，667 平方米有效穗 11 万 ~ 13 万穗，结实率 85% ~ 90%，千粒重 23 ~ 24 克。米质优，米饭口感松软清香。2002 年和 2003 年米质测定结果表明，整精米率 68.2% 和 64.5%，垩白率 7% 和 12.7%，垩白度均为 1.5%，透明度 1 级和 2 级，胶稠度 58 毫米和 73 毫米，直链淀粉含量 15.1 和 13%，精米率两年平均 72.5%。中抗稻瘟病、白叶枯病。褐飞虱抗性为 9 级，属不抗级别，该品种易发生稻曲病，同时还会感染矮缩病，有地区发现感染干线虫病。

产量表现： 具有超高产潜力。2003 年示范平均 667 平方米产量 633.2 千克，高产田块达 752.7 千克。比协优 9308 增产 23.3%。2005 年千 667 平方米示范片平均 667 平方米产量 604 千克。

栽培要点： ①甬优 6 号属感光性品种，早播生长期长，植株高大，不便管理。迟播影响后期灌浆结实，浙江台州地区播种适期为 5 月底至 6 月初，作单季栽最迟不要超过 6 月 10 日。秧田播种量 6 千克。②早栽稀植，秧龄 20 天以内，最好 15 ~ 18 天。移栽密度 26 厘米×25 厘米，667 平方米插丛数 0.9 万 ~ 1 万丛。③667 平方米施纯氮 14 ~ 17 千克，施肥要求重施基肥，早施促蘖肥，中期控制氮肥，必须施保花肥，配施钾肥。全生育期实行无水层灌溉，深水护苗，浅水促蘖，有效分蘖终止期及时搁田，中后期薄露灌溉，干干湿湿养稻到老，幼穗分化期适当增加水量。④苗期注意灰飞虱的防治，预防矮缩病的发生，中后期防治好螟虫，稻纵卷叶螟和飞虱破口至抽穗期做好稻曲病的防治。

适宜区域： 适宜在浙江中南部地区等相近生态稻区作单季晚稻种植。

13. 中早 22

品种来源： 籼型常规稻，亲本为 Z935/中选 11，中国水稻研究所选育。

特征特性： 属迟熟早籼，全生育期 112 ~ 115 天，比对照嘉育 293 和浙 733 长 2 ~ 4 天。苗期耐寒性较好，株型集散适中，茎秆粗壮，较耐肥抗倒，分蘖力中等，穗大粒多，丰产性好，后期青秆黄熟，株高 92 ~ 95 厘米，茎秆粗壮，耐肥抗倒；每穗总粒数 120 ~ 150 粒，结实率 70% ~ 80%，千粒重 28.0 克。米质适合加工专用要求，整精米率 27.4%，垩白粒率 86.0%，垩白度 20.2%，直链淀粉含量 24.3%，胶稠度 44 毫米。中抗稻瘟病，抗白叶枯病，纹枯病轻，叶瘟平均级 0 级，穗瘟平均 1.7 级，白叶枯病平均 0.1 级。

产量表现： 2001 ~ 2002 年参加江西省早稻区试，平均 667 平方米产量 451.2 千克，与早杂对照优 I 402 产量持平。2002 年参加"浙江省优质专用水稻新品种选育与产业化"协作组 6 点联合品比试验，平均单产 410.5 千克，比对照嘉育 293 增产 5.7%。2002 ~ 2003 年参加浙江省衢州市和金华市区试，两年平均单产分别为 456.8 千克/ 667 平方米 和 428.3 千克/ 667 平方米，分别比对照嘉育 293 和浙 733 增产 9.02% 和 6.15%，均达极显著水平。2003 年浙江省衢州市生产试验，平均单产 435.0 千克/ 667 平方米，比对照 1 浙 733 增产增 11.5%，比对照 2 嘉育 293 增产 16.0%。

栽培要点： ①适时播种，各地根据当地气候情况及时播种，稀播壮秧一般每 667 平方米秧田播种量 30 ~ 35 千克，用种量为 5 ~ 6 千克，秧龄 28 ~ 30 天。②合理密植，中早 22

分蘖力中等偏弱，一般提倡适当密植，株行距 16.5 厘米 × 16.5 厘米，每 667 平方米栽 2.4 万丛，基本苗 8 万 ~ 12 万/667 平方米。③施肥施足基肥，早施追肥。基肥以有机肥为主，适当增施磷、钾肥；适施穗肥，提高结实率和千粒重。④分蘖盛期及时晒田控蘖，注意搁透以控制株高。幼穗分化期灌水防低温，后期采用湿润灌溉，防止断水过早以保证充分结实灌浆。⑤防治病虫分蘖期至始穗期要及时防治螟虫的危害，扬花灌浆至成熟期注意防治纹枯病和飞虱的危害。

适宜区域：该品种适宜在长江中下游稻区作早稻种植，但其生育期属早籼迟熟品种，更适宜浙江南部和江西、湖南种植。

14. 桂农占

品种来源：籼型常规稻，亲本为广农占//新澳占/金桂占，广东省农业科学院水稻所选育。

特征特性：可作早、中、晚兼用。在广东，早造（早稻）全生育期约 128 天，晚造（晚稻）约 115 天，与粳籼 89 相当。株型结构理想，植株矮壮、挺拔，叶片短、瓦筒状、硬直。茎秆粗壮，茎壁厚实，富有弹性，高度耐肥抗倒。稳产性好、适应性广，容易栽培。株高 90.5 ~ 95 厘米，穗长 19.5 ~ 20.4 厘米，667 平方米有效穗 20.6 万 ~ 21.2 万穗，每穗总粒数 121 粒，结实率 79.7% ~ 86%，千粒重 22.3 克。米质较优，粒型中长，丝苗型，无心腹白，饭味浓，口感好。经农业部食品质量监督检验测试中心（武汉）鉴定，出糙率 79.5% ~ 81.4%，整精米率 61.4% ~ 63.5%，垩白粒率 10% ~ 37%，垩白度 1.5% ~ 3.7%，直链淀粉 25.5% ~ 26.1%，胶稠度 30 毫米，理化分 38 ~ 48 分。其中，出糙率、整精米率、粒型达国优一级，垩白度达国优三级。外观品质经广东省粮油产品质量监督检验站鉴定为晚造二级。稻瘟病全群抗性比为 93.3%；2002 年晚造省区试的抗病鉴定结果是稻瘟病全群抗性比为 60.6%，其中，中 B 群为 53.8%，中 C 群为 81.8%。稻瘟病自然鉴定，发病较轻，表现大田抗性较强。白叶枯Ⅳ型菌病级为 3 级（中抗）。

产量表现：2002 年晚造区试，它在广东省的所有 16 个区试试验点中，全部比对照种增产，其中 9 个点列第一名，7 个点增产超过 15%，最高增产达到 42.4%，展示出特好的适应性。具有低肥不低产，高肥更高产的特点。2003 ~ 2004 年两年晚造广东省区试均比对种照种增产极显著，分别为 15.6% 和 7.3%，平均增产 11.5%，名列首位，是广东省近年区试种中比对照增产幅最大的品种。2004 年早造参加海南省水稻优质香稻组区试，平均 667 平方米产 541.8 千克，比对照特籼占 25 增产 9.4%。2003 ~ 2004 年连续两年晚造在新兴县种植百亩连片高产示范田，经专家实割测产验收，最高 667 平方米产量 826.6 千克，平均 667 平方米产量分别为 755.4 千克和 792.6 千克。2003 ~ 2004 年连续两年晚造在揭阳市大寮镇种植百 667 平方米高产示范片，经专家实割测产验收，最高 667 平方米产 787.5 千克，平均 667 平方米产分别为 750.2 千克和 753.7 千克。

栽培要点：①该品种高度耐肥抗倒，该品种分蘖力较强，选择中等或中等肥力以上的地区种植，适时播植，培育壮秧。②合理密植，667 平方米插足 8 万 ~ 10 万基本苗。③早施重施促蘖肥，中期注意调控肥水，防止过多的无效分蘖，提高有效穗数。后期要注意保持田土湿润，防止过早断水，影响结实饱满。④在稻瘟病严重地区，应注意做好防病治病工作，可破口期和抽穗期喷施井岗霉素进行稻瘟病防治。栽培上要重视防治稻瘟病和

防寒。

适宜区域： 适宜在广东各地晚造种植和粤北以外地区早造种植。

15. 武粳 15

品种来源： 粳型常规稻，亲本为早丰 9 号/春江 03//9522，江苏省常州市武进区稻麦育种场选育。

特征特性： 在江苏种植全生育期 156 天左右，较武运粳 7 号短 1 ~ 2 天。株型较紧凑，生长清秀，叶片挺举，叶色淡绿，穗型较大，分蘖性较强，抗倒性较好，株高 100 厘米左右，后期熟相好，较易落粒。每 667 平方米有效穗 10 万穗左右，每穗实粒数 120 粒左右，结实率 93% 左右，千粒重 27.5 克。米质理化指标达到国标三级优质稻谷标准。接种鉴定抗穗颈瘟，白叶枯病、感纹枯病。

产量表现： 两年区试平均 667 平方米产量 651.3 千克，与对照武运粳 7 号相当。

栽培要点： ①适期播种，培育壮秧，一般作单季稻 5 月 20 日前后播种，秧田 667 平方米播种量 30 千克左右，每 667 平方米大田用种量 4 千克左右，秧田期及时施肥治虫，培育壮秧。②适时移栽，合理密植，秧龄 30 天左右，大田 667 平方米栽 1.5 万 ~ 2.0 万丛，每 667 平方米基本苗 6 万 ~ 8 万苗。③科学肥水管理，一般 667 平方米施纯氮 18 千克左右，注意配合施用磷钾肥，氮、磷、钾比以 1:0.3:0.5 为宜，磷钾肥以基肥施入，氮肥前中后期比例以 5.5:1:3.5 为宜，穗肥在 8 月上中旬施用。移栽后 20 天总茎蘖数达到 20 万 ~ 21 万苗时及时搁田，最高茎蘖苗控制在 26 万 ~ 28 万苗。④播种前药剂浸种防恶苗病，秧田期防治好飞虱和稻蓟马，并防止虫害由秧田传入大田，大田活棵后结合促蘖肥用好除草剂，在分蘖盛期和孕穗期做好纵卷叶螟等虫的防治，破口期防好三化螟和稻瘟病。

适宜区域： 适宜在江苏省沿江及苏南地区中上等肥力条件下种植。

16. 铁粳 7 号

品种来源： 粳型常规稻，亲本为辽粳 207/9419，辽宁省铁岭市农业科学院选育。

特征特性： 在东北、西北晚熟稻区种植全生育期平均 156.3 天，与对照秋光相当。株高 91.0 厘米，穗长 14.6 厘米，每穗总粒数 109.3 粒，结实率 86.8%，千粒重 25.3 克。米质达到国家《优质稻谷》标准 2 级，主要指标：整精米率 67.7%，垩白米率 20%，垩白度 1.9%，胶稠度 74 毫米，直链淀粉含量 16.4%。抗病性：苗瘟 4 级，叶瘟 2 级，穗颈瘟 3 级。

产量表现： 2004 年参加秋光组品种区域试验，平均 667 平方米产量 628.3 千克，比对照秋光增产 3.1%（极显著）。2005 年平均 667 平方米产量 693.6 千克，比对照秋光增产 5.6%（极显著）；两年区域试验平均 667 平方米产 661 千克，比对照秋光增产 4.4%。2006 年生产试验，平均 667 平方米产量 657.2 千克，比对照秋光增产 4%。

栽培要点： ①东北、西北晚熟稻区根据当地生产情况与秋光同期播种，播前浸种消毒。旱育秧播种量每平方米不超过 200 克。②移栽行株距 30 厘米×（13.2 ~ 16.5）厘米，每穴栽插 3 ~ 4 粒谷苗。③肥水管理：每 667 平方米施纯氮 12 千克左右，磷酸二铵 10 千克，钾肥 10 千克。生育前期以浅水层管理，浅水移栽，浅水缓苗，浅水分蘖。中后期采取浅、湿、干交替灌溉，收获前不宜撤水过早，保持根系活力，达到活秆成熟。④适时防

治稻水象甲、二化螟、稻螟蛉虫及稻曲病。

适宜区域：适宜在吉林晚熟稻区、辽宁北部、宁夏引黄灌区、北疆沿天山稻区和南疆、陕西榆林地区、河北北部、山西太原小店和晋源区种植。

17. 吉粳 102

品种来源：粳型常规稻，亲本为 D62A／蜀恢 202，吉林省农业科学院水稻所选育。

特征特性：属中晚熟品种，吉林省西部平原区生育期 136～138 天。株高 100 厘米，分蘖力较强，属多穗型优质高产品种，株型较收敛、散穗、颖及颖尖黄色。平均穗粒数 120 粒，谷粒长椭圆形，无或微芒，结实率 90% 以上，千粒重 23.0 克。稻米晶亮，无或微垩白，米饭口感极佳，气味清香。抗倒伏、耐冷。

产量表现：667 平方米产量可达 550～700 千克。

栽培要点：①一般 4 月中上旬播种。②5 月中下旬插秧，插秧密度 30 厘米×20 厘米。③中等土壤肥力条件下每公顷施纯氮量 150 千克左右，纯磷量 130 千克左右，纯钾量 130 千克左右。磷肥全部作底肥，钾肥 2/3 作底肥，1/3 作穗肥施入，氮肥按底、蘖、穗肥＝比例 2：5：3 施入。④注意防治水稻二化螟、稻瘟病等。

适宜区域：适宜在吉林省西部平原区种植。

18. 松粳 9 号

品种来源：粳型常规稻，亲本为松 93－8／通 306，黑龙江省农业科学院五常水稻研究所选育。

特征特性：该品种在黑龙江种植生育期为 138～140 天，所需活动积温 2 650～2 700℃。株型收敛，叶色深绿，活秆成熟，较耐肥抗倒，分蘖力强。株高 100 厘米，穗长 20 厘米，每穗粒数 120 粒左右，千粒重 25 克，米粒细长，稀有芒。米质达到国家部颁二级优质米标准，糙米率为 83.8%，精米率 75.4%，整精米率 72.7%。耐冷、抗倒伏、抗稻瘟病能力强。

产量表现：2002～2003 年参加黑龙江省区域试验，平均 667 平方米产量 531.1 千克，比对照藤系 138 增产 3.4%。2004 年参加黑龙江省生产试验，平均 667 平方米产量 542.4 千克，比对照藤系 138 增产 6.4%。2004 年在吉林市 5704 农场百亩连片种植，平均产量 701.3 千克，2005 年在黑龙江省泰来县平洋镇百亩连片种植，平均产量 735.3 千克。

栽培要点：①旱育壮秧，适时播种，播期为 4 月 10～15 日，钵体盘育秧播种量，每钵体播芽种 2～4 粒，如机插盘育苗，每盘播芽种 100 克。手插隔离层育秧，每平方米播芽种 250 克。②适时移栽，本田整细耙平，适时插秧，一般在 5 月 15～20 日移栽，插秧密度为 16～18 穴/平方米，插秧深度不超过 3 厘米。③根据当地土壤肥力条件，因地制宜，增施有机肥，每公顷施用纯氮 150 千克，其中基肥占 50%，分蘖肥 30%，穗肥占 20%。④全生育期采用浅湿交替节水灌溉方法，缓苗期寸水灌溉，缓苗后保持浅水灌溉，当茎蘖数达到计划茎数的 80% 时开始搁田控制分蘖，提高成穗率，采用两次轻搁。孕穗期不要断水。⑤大田期注意防治稻曲病和二化螟。

适宜区域：适宜在黑龙江省南部第一积温区及吉林省大部分地区种植。

19. 龙粳 5 号

品种来源：粳型常规稻，亲本为牡丹江 22／龙粳 8，黑龙江省农业科学院五常水稻研

究所选育。

特征特性：生育期 132 天，所需活动积温 2 530℃左右。株高 94 厘米，株型收敛，剑叶上举，穗长 15.7 厘米，棒状穗。分蘖能力强。每穗平均粒数 100 粒左右，最多可达 130 粒。米粒偏长，糙米率 82%，整精米率 68%，垩白度 0.5%，直链淀粉 17%，粗蛋白 7.9%，胶稠度 71 毫米，长宽比 1.7。抗冷性强，高抗倒伏，抗稻瘟病、纹枯病。

产量表现：1995～1996 年生产试验，10 点次平均 667 平方米产量 494.0 千克，较对照东农 415 增产 9.3%，在黑龙江的主要稻区桦川、勃利、方正、延寿、宁安等地大面积种植，667 平方米产量 533～566.7 千克。

栽培要点：在黑龙江稻区，4 月上中旬播种，5 月中旬插秧，插秧规格 30 厘米 × 13 厘米 × 3 株/丛。每 667 平方米施纯氮 8 千克，纯磷 4.7 千克，纯钾 4 千克，氮肥以硫酸铵为主，底肥施入氮肥全量的 1/3～1/2，全部磷肥及钾肥的一半，其余氮肥及钾肥作追肥。

适宜区域：适宜在黑龙江省第一、第二积温带种植。

20. 龙粳 14 号

品种来源：粳型常规稻，以龙粳 4 号为受体，转导玉米黑 301 的 DNA，从变异株中选择选育而成，黑龙江省农业科学院水稻研究所生物技术育种研究室选育。

特征特性：生育期 125～130 天，需活动积温 2 280～2 330℃。与对照品种合江 19 号相仿。株型收敛，秆强抗倒，分蘖力强。株高 89 厘米，穗长 18.8 厘米，每穗粒数 93.4 粒，不实率低，千粒重 26.4 克，稀有芒。米质各项指标均达到国家优质食用稻米二级以上标准。糙米率 82.4%，精米率 74.1%，整精米率 69.6%，垩白米率 6.0%，垩白度 0.4%，胶稠度 75.1 毫米，直链淀粉含量 18.6%，粗蛋白质含量 7.4%，米粒清亮透明，长宽比为 1.8，口感好，食味 81.3 分。抗稻瘟病和纹枯病，耐寒性强。

产量表现：2002～2004 年区域试验平均 667 平方米产量 506.8 千克，较对照品种"合江 19"增产 7.5%。2004 年生产试验平均 667 平方米产量 485.3 千克，较对照品种"合江 19"增产 8.7%。

栽培要点：①该品种适宜旱育稀植插秧栽培，采用塑料大、中棚旱育苗，早育早插，一般 4 月 15～20 日播种，播种量手插中苗每盘 80 克湿芽籽，机插盘育每盘 100～125 克湿芽籽，钵育苗每钵 3～4 粒。② 5 月 15～25 日插秧，插植规格 30 厘米 × 13 厘米左右，每穴 3～4 株。③中等肥力地块，参考施肥量：每公顷基肥尿素 100 千克，磷酸二铵 100 千克，硫酸钾 100 千克，硅钙肥 250～300 千克。结合水耙施入，6 月中旬施分蘖肥，每公顷尿素 75 千克，硫酸钾 75 千克，看长势酌情施用穗肥。水层管理采用浅－深－浅常规灌溉，后期采用间歇灌溉，8 月末排干，9 月下旬当子粒达到黄熟期及时收获。④注意病虫害及时防治，龙粳 14 号抗稻瘟病性强，一般不用防治稻瘟病，对于一些施氮量较高地块及一些易发病的老稻田区也不能忽视。药剂防治要做到全面控制叶瘟为前提，叶、穗瘟兼治，正确诊断，对症下药。

适宜区域：适宜在黑龙江省第三积温带种植。

21. 垦稻 11 号

品种来源：粳型常规稻，亲本为垦 92－639/育 397，黑龙江省农垦科学院水稻研究所选育。

特征特性: 生育期 128 天左右,较对照品种合江 19 晚 2 天。主茎叶片数 11 叶,苗期叶色较绿,分蘖力较强,株型较收敛。株高 86.8 厘米,穗长 17.3 厘米,穗粒数 100 粒,千粒重 26 克,外观米质优,食味好,综合指标达到国家二级优质米标准。抗稻瘟病性强。耐冷性好。接种鉴定:苗瘟 5~6 级,叶瘟 5~6 级,穗颈瘟 3~5 级;自然感病:苗瘟 4 级,叶瘟 4~5 级,穗颈瘟 1~3 级。耐冷性鉴定:处理空壳率 13.2%~17.7%;自然空壳率 5.0%~6.4%。

产量表现: 2003~2004 年区域试验平均 667 平方米产量 538.97 千克,较对照合江 19 增产 8.6%。2004 年生产试验平均 667 平方米产量 532.5 千克,较对照合江 19 增产 9.8%。

栽培要点: 4 月 15~25 日播种,5 月 15~25 日插秧。适宜旱育稀植插秧栽培,插秧规格 30 厘米×13 厘米,每穴 3~4 株。适宜旱育稀植插秧栽培,插秧规格 30 厘米×13 厘米,每穴 3~4 株。多施磷钾肥,水层管理前期浅水灌溉,后期间歇灌溉。

适宜区域: 适宜区黑龙江省第三积温带种植。

三、2007 年认定的超级稻特性

1. 宁粳 1 号

品种来源: 常规粳稻,亲本为运粳 8 号/W3668,南京农业大学水稻研究所选育。

特征特性: 作单季稻种植,全生育期 156 天左右,较武运粳 7 号早 1~2 天。株高 97 厘米左右,株型集散适中,生长清秀,叶片挺举,叶色较淡,穗型中等,分蘖性较强。每 667 平方米有效穗 21 万穗左右,每穗实粒数 113 粒左右,结实率 91% 左右,千粒重 28 克左右,后期熟相好,较易落粒。米质理化指标达到国标三级优质稻谷标准。接种鉴定中抗穗茎瘟,抗白叶枯病,感纹枯病。抗倒性较好。

产量表现: 2002~2003 年参加江苏省单季稻区试,两年平均 667 平方米产量 639.9 千克。2003 年在区试同时组织生产试验,平均 667 平方米产量 593.6 千克,较对照武运粳 7 号增产 1.8%。

栽培要点: ①适期播种,培育壮秧。一般 5 月中旬播种,播前用药剂浸种,防治条纹叶枯病、恶苗病,秧田每 667 平方米播种量 25~30 千克。秧田应施足基肥,早施断奶肥,增施接力肥,培育适龄带蘖壮秧。麦套稻、旱直播大田极易自生"红米"杂稻,浅旋耕水直播、抛秧田块也有少量发生,应坚持深耕 10 厘米以上,可有效预防杂稻。②适时移栽,合理密植。一般 6 月中、下旬移栽,每 667 平方米 1.8 万~2.0 万穴,基本苗每 667 平方米 6 万~8 万苗。③科学肥水管理。大田 667 平方米施纯氮 18~20 千克,注重磷钾肥的配合施用,基蘖肥、穗粒肥的比例以 7:3 为宜。水分管理,深水活棵后,前期浅水勤灌促早发,中期适时分次轻搁,后期干湿交替,收获前一周断水。④病虫草害防治,使用恶线清药剂浸种,预防恶苗病、干尖线虫病。秧田期防治好条纹叶枯病、稻蓟马和稻飞虱;大田期仍要注意防治条纹叶枯病、稻蓟马,适时防治好螟虫、稻瘟病等。

适宜区域: 适宜在江苏沿江及苏南地区中等偏上肥力条件下种植。

2. 新两优 6380

品种来源: 两系籼型杂交稻,亲本为 03S/D208,南京农业大学和江苏中江种业股份

有限公司选育。

特征特性： 作单季稻种植，全生育期 140 天左右，与汕优 63 相当。株高 124 厘米左右，株型较紧凑，长势旺，株高较高，穗型较大，分蘖力中等，叶色中绿，群体整齐度较好，后期熟色好，抗倒性较强。每 667 平方米有效穗 14 万左右，每穗实粒数 148 粒左右，结实率 84% 左右，千粒重 29 克左右。据农业部食品质量检测中心检测米质理化指标达到国标三级优质稻谷标准，长宽比 3.1，整精米率 52.3%，垩白粒率 25.0%，垩白度 3.8%，胶稠度 66.0 毫米，直链淀粉含量 22.4%。接种鉴定中感白叶枯病，中抗穗颈瘟，抗纹枯病。

产量表现： 该品种两年江苏省区试平均 667 平方米产量 562.4 千克，较对照汕优 63 增产 16.5%。生产试验平均 667 平方米产量 611.7 千克，较对照增产 18.2%。

栽培要点： ①适期播种，一般 5 月上旬播种，湿润育秧每 667 平方米净秧板播量 10 千克左右，旱育秧每 667 平方米净秧板播量 20 千克左右。②适时移栽，6 月上中旬移栽，秧龄控制在 30～35 天，合理密植，一般每 667 平方米栽插 1.6 万～1.8 万穴，基本苗 7 万～8 万苗。③肥水管理。一般每 667 平方米施纯氮 15 千克，肥料运筹采用"前促、中控、后补"的方法，施足基肥，早施分蘖肥，控制中期氮肥施用，后期适量施用穗肥。水浆管理上，栽插后当田间茎蘖数达到够穗苗 90% 时，及时搁田；施肥水平高、早发的田块应适当提前搁田，并分次轻搁。灌浆结实期干干湿湿，养根保叶，活熟到老。④病虫草害防治，播前用药剂浸种防治恶苗病和干尖线虫病等种传病害，秧田期和大田期注意防治灰飞虱、稻蓟马，中、后期要综合防治纹枯病、三化螟、纵卷叶螟、稻飞虱等。特别要注意白叶枯病的防治。

适宜区域： 适宜在江苏省中籼稻地区中上等肥力条件下种植，也适合在长江中下游肥水条件较好地区作单季中稻栽培。

3. 淮稻 9 号

品种来源： 原名"淮 68"，属迟熟中粳常规稻，由江苏省淮阴农业科学研究所育成。

特征特性： 全生育期 152 天左右，与对照武育粳 3 号相当。株高 100 厘米左右，株型紧凑，长势旺，穗型中等，分蘖力较强，叶挺色深，群体整齐度好，后期熟色较好，较难落粒。每 667 平方米有效穗 20 万左右，每穗实粒数 100 粒左右，结实率 85% 左右，千粒重 27 克左右。米质理化指标达国标三级优质米标准。中感白叶枯病、穗颈瘟。

产量表现： 2003～2004 年参加江苏省区试，两年平均 667 平方米产量 586.0 千克，较对照武育粳 3 号增产 11.8%，两年增产均达极显著水平。2005 年生产试验平均 667 平方米产量 556.3 千克，较对照增产 8.5%。

栽培要点： ①适期播种，湿润秧宜安排在 5 月上中旬播种，秧龄 30～35 天。机插秧 5 月底至 6 月上旬播种。②合理密植，栽行株距一般大田 26.4 厘米 × 11.55 厘米，保证每 667 平方米 2 万穴左右，每穴 3～4 苗，基本苗 6 万～8 万/667 平方米。③肥水管理。一般 667 平方米需纯氮 18～20 千克，配合施用磷钾肥，基蘖肥与穗粒肥之比安排为 6∶4 为宜。穗肥以促为主，促保兼顾。水浆管理要坚持浅水促蘖，够苗后分次适度搁田。孕穗及扬花阶段，保持浅水层，后期干干湿湿，成熟前 7 天断水。④防治病虫害。使用恶线清浸种，防治恶苗病、干尖线虫病；秧田期防治好条纹叶枯病、稻蓟马；大田期仍要抓好条纹

叶枯病防治，适时防治螟虫；防治穗颈瘟、枝梗瘟，必须在破口期用三环唑类农药防治一次，隔 5 ~ 7 天再防治一次。

适宜区域：适宜在江苏省苏中及宁镇扬丘陵地区中上等肥力条件下种植。

4. 千重浪 1 号

品种来源：常规粳稻，亲本为沈农 265/沈农 9715，沈阳农业大学水稻研究所选育。

特征特性：该品种全生育期 155 天左右，株高 105 厘米左右，分蘖力中等偏强，株型紧凑，叶色深绿。茎秆粗壮，根系发达，抗倒性好。穗型直立，穗长 19 ~ 20 厘米。有稀短芒，谷粒卵圆形，颖壳黄白色，穗顶略高于剑叶。每穗颖花 130 ~ 150 粒，结实率 95% 左右，千粒重 26 克。米质特优，经农业部稻米及制品检验中心测试，综合评价为国标 1 级优质米。该品种抗逆性强，适应性广，对稻瘟病的田间抗性为高抗。

产量表现：667 平方米产量较易达到 650 千克，高产田可达 750 ~ 800 千克。2005 年在沈阳东陵区、苏家屯区、新民市、辽中县、辽阳市、海城市、盘锦市试种，各地 667 平方米产量 600 ~ 810 千克，比对照品种增产 8.9% ~ 20.6%，平均增产 17.5%。

栽培要点：①适时育苗插秧，种子用 50℃ 以下温水浸泡 10 分钟，以防干尖线虫。每平方米播量 150 ~ 200 克以下。②插秧行穴距为 30 厘米 × 13 厘米或 30 厘米 × 17 厘米，每穴插 4 ~ 5 苗，以防后期穗数不足影响产量。③水肥管理。全生育期 667 平方米施标氮（硫酸铵）65 ~ 70 千克。氮肥采用少吃多餐施肥法，宜 3 段 5 次（底肥、蘖肥、调整肥、穗肥、粒肥）施入。667 平方米施磷酸二铵 10 千克，做基肥一次施入。重点施好分蘖肥，一般在移栽后 10 天左右 667 平方米施尿素 12.5 ~ 15 千克。钾肥 10 千克，分基肥和穗肥两次施入。灌水宜浅、湿、干间歇灌溉，后期断水不宜太早。④综防病虫草害。移栽后 10 天施除草剂封闭，一般每 667 平方米施用 60% 丁草胺乳油 150 毫升和 10% 农得时可湿性粉剂 20 克，以药土法或药肥法施入，施后保持 3 ~ 5 厘米水层 5 ~ 7 天。孕穗期和齐穗期需要防治稻瘟病。

适宜区域：适宜在辽宁等地区活动积温 3 100 ~ 3 200℃ 稻区种植。

5. 辽星 1 号

品种来源：粳型常规稻，亲本为辽粳 454/沈农 9017，辽宁省稻作研究所选育。

特征特性：在辽宁南部、京津地区种植全生育期 156.4 天，比对照金珠 1 号早熟 2.2 天。株高 106.5 厘米，穗长 15.5 厘米，每穗总粒数 109.9 粒，结实率 91.1%，千粒重 25.5 克。主要米质指标：整精米率 67.8%，垩白米率 9%，垩白度 0.8%，胶稠度 76 毫米，直链淀粉含量 16.6%，达到国家《优质稻谷》标准 1 级。抗性：苗瘟 3 级，叶瘟 4 级，穗颈瘟 5 级。

产量表现：2003 ~ 2004 年参加辽宁省区域试验，667 平方米产量分别为 642.0 千克和 640.6 千克，比对照品种分别增产 13.3% 和 13.0%，2004 年生产试验产量为 614.4 千克/667 平方米，比对照品种增产 10.3%。产量一般为 650 ~ 700 千克/667 平方米，高产田可达 800 千克/667 平方米以上。

栽培要点：①适时播种，辽宁南部、京津地区根据当地生产情况与金珠 1 号同期播种，旱育秧播种量每平方米 150 ~ 200 克，培育带蘖壮秧。②插秧行株距 29.7 厘米 × 13.2 厘米或 29.7 厘米 × 16.5 厘米，每穴 2 ~ 3 株谷苗或 3 ~ 4 株谷苗，每 667 平方米有效穗数

控制在 27 万 ~ 30 万穗。③肥水管理。中等肥力田块一般 667 平方米施纯氮 10 ~ 11 千克，二铵 10 千克，钾肥 15 千克，锌肥 1 ~ 1.5 千克，遵循"前促、中控、后保"原则。水分管理采用浅、湿、干相结合，后期断水不宜过早，一般在收获前 10 天左右撤水为宜。④病虫防治，播前严格种子消毒，以防恶苗病发生；大田生长期间，根据当地病虫害实际和发生动态，注意及时防治二化螟、稻瘟病等病虫害。

适宜区域：适宜在辽宁南部、新疆南部、北京、天津稻区种植。

6. 楚粳 27

品种来源：粳型常规稻，亲本为楚粳 22 号/合系 39 号，云南楚雄州农业科学研究所水稻育种栽培站选育。

特征特性：属中粳中熟品种，全生育期 170 ~ 175 天，株高 100 ~ 105 厘米。株叶型好，茎秆粗壮，分蘖力中等，成穗率较高。谷壳黄色，颖尖褐色、无芒、落粒性适中。穗粒数 130 ~ 150 粒，背子较密，结实率 80% ~ 85%，千粒重 23 ~ 24 克。稻米品质经农业部稻米制品及质量监督检验测试中心分析，糙米率 85%、精米率 78.6%、整精米率 78.3%、长宽比 1.5、碱消值 7.0 级、胶稠度 82 毫米、直链淀粉含量 17.5%、蛋白质含量 8.3%，这些指标达部颁优质米一级标准；垩白度 3.3% 达优质米二级标准。米粒似珍珠，食味品质好。叶穗瘟抗性强（叶瘟 4 级、穗瘟 1 级）。茎秆基部节间短，抗倒伏能力强。

产量表现：2003 年在云南弥渡试验示范种植，2004 年小面积推广，平均 667 平方米产量 750 千克以上，最高 667 平方米产量 850 千克，比对照合系 41 每 667 平方米产增 80 ~ 100 千克，增幅度 8% ~ 10%，增产极显著。一般平均 667 平方米产量可达 650 ~ 700 千克。

栽培要点：①培育旱壮秧，适时早栽。旱秧每 667 平方米秧田播种 40 ~ 45 千克。②合理密植。移栽时 667 平方米栽 2.5 万 ~ 3 万丛，每丛 2 苗。③肥水管理。施足底肥，早施分蘖肥，多施农家肥和复合肥，667 平方米施纯氮 13 ~ 17 千克，硫酸钾 10 千克，磷肥（普钙）40 千克。适时撤水晒田控苗。④防治病害。分蘖盛期注意选用 75% 的三环唑 30 克预防叶瘟，孕穗中期（大肚子苞）用井岗霉素 75 克预防稻曲病，炸苞 1% 时，667 平方米用 75% 的三环唑 30 克重点防治穗瘟，齐穗时再防治一次枝梗瘟。

适宜区域：适宜在云南滇中"中海拔"稻区种植。

7. 内 2 优 6 号

品种来源：三系籼型杂交稻，亲本为多系 1 号/明恢 63 的后代//IRBB60，中国水稻研究所选育。

特征特性：在长江中下游作一季中稻种植全生育期平均 137.8 天，比对照汕优 63 迟熟 3.2 天。株型紧凑，茎秆粗壮，长势繁茂。株高 114.2 厘米，穗长 26.1 厘米。每 667 平方米有效穗数 16.5 万穗，每穗总粒数 159.7 粒，结实率 73.3%，千粒重 31.5 克。米饭柔软，晶莹透亮，其食味品质可与北方粳稻相媲美，米质主要指标：整精米率 64.4%、长宽比 3.2、垩白粒率 29%、垩白度 3.9%、胶稠度 68 毫米、直链淀粉含量 15.1%，达到国家《优质稻谷》标准 3 级。抗性好，抗病又抗虫，抗性：稻瘟病平均 5.1 级，最高 9 级，抗性频率 70%；白叶枯病 9 级。

产量表现：2004 年参加长江中下游中籼迟熟组品种区域试验，平均 667 平方米产量

591.1 千克，比对照汕优 63 增产 4.9%（极显著）。2005 年续试，平均 667 平方米产量 566.8 千克，比对照汕优 63 增产 5.9%；两年区域试验平均 667 平方米产量 579.0 千克，比对照汕优 63 增产 5.4%。2005 年生产试验，平均 667 平方米产量 526.2 千克，比对照汕优 63 增产 4.1%。

栽培要点：①根据各地中籼生产季节适时播种，每 667 平方米秧田播种量 7.5 千克，每 667 平方米大田用种量 0.75 千克，稀播匀播培育带蘖壮秧，秧龄控制在 30 天内，6～7 叶。②合理密植，栽插规格 26.7 厘米×20 厘米左右，每 667 平方米插足 1.3 万穴，基本苗 6 万～7 万苗。③肥水管理：一般每 667 平方米施纯氮 10 千克左右，氮、磷、钾比例为 1：0.5：1。施足基肥，每 667 平方米施过磷酸钙 40～50 千克，适量施农家肥作基肥；早施追肥，移栽后 5～7 天内施总肥量的 70%，移栽后 15 天内施完其余的 30%；后期视苗情适施磷、钾肥。水浆管理上做到深水返青，浅水促蘖，够苗搁田，保水养花，灌浆成熟期干湿交替，不过早断水。④病虫防治：注意及时防治稻瘟病、白叶枯病等病虫害。

适宜区域：适宜在福建、江西、湖南、湖北、安徽、浙江、江苏的长江流域稻区（武陵山区除外）以及河南南部稻区的稻瘟病、白叶枯病轻发区作一季中稻种植。

8. 龙粳 18

品种来源：粳型常规稻，亲本为龙花 90 - 254/龙花 91 - 340，黑龙江省农业科学院水稻研究所选育。

特征特性：生育期 128～130 天，需≥10℃活动积温 2 380℃左右，较对照东农 416 早 1～2 天，为中早熟品种。株高 85.0 厘米左右，分蘖力强，叶色淡绿。成熟转色快，抗倒伏性强。每穗粒数 100 粒，空秕率 8.0%，千粒重 26.6 克。米质优，食味佳。抗稻瘟病。

产量表现：2003 年黑龙江省预备试验平均 667 平方米产量 553.6 千克，较对照东农 416 增产 8.5%。2004 年省区域试验平均 667 平方米产量为 553.1 千克，较对照东农 416 增产 9.4%。2005 年省区域试验平均 667 平方米产量为 531.7 千克，较对照东农 416 增产 8.6%。2004～2005 年区域试验平均 667 平方米产量 544.5 千克，较对照品种东农 416 平均增产 9.1%。2006 年生产试验，平均产量 533.0 千克，较对照品种东农 416 平均增产 10.7%。

栽培要点：适宜旱育稀植插秧栽培，一般 4 月 15 日至 4 月 25 日播种，5 月 15～25 日插秧，插植规格 30 厘米×13 厘米左右，每丛 3～4 株。中等肥力地块，一般施肥量每公顷施磷酸二铵 100 千克，尿素 200～300 千克，硫酸钾 100～150 千克。水层管理，插秧后保持浅水层，7 月初晒田，复水后间歇灌溉，8 月末停灌。根据病害虫预报，做好病虫防治，确保高产。

适宜区域：适宜在黑龙江省第二、第三积温带及吉林省北部和内蒙古东部栽培种植。

9. 淦鑫 688（昌优 11 号）

品种来源：籼型杂交稻，亲本为不育系天丰 A/恢复系昌恢 121，江西农业大学农学院选育。

特征特性：作晚稻种植全生育期 124 天左右，比汕优 46 长 1～2 天。植株高 100 厘米，株型紧凑，茎秆粗壮，叶挺色浓绿，抽穗整齐，成熟落色好。分蘖力强，单株成穗数 12 个左右，每 667 平方米有效穗数 19.7 万穗左右，大田成穗率 61.8%。穗长 21.2 厘米，

每穗总粒数 154.5 粒，每穗实粒数 116.5 粒，结实率 75.5%，千粒重 25.0 克。谷粒细长，长宽比 3.2。其米质达到国优 II 级，垩白少，晶莹透明，米香浓郁，特别是出米率高，外观与口感明显优于金优桂 99。对稻瘟病、白叶枯病抗性较强，抗倒伏，耐寒性好。

产量表现：2004 年江西省晚稻中熟组区试平均 667 平方米产量 526.7 千克，比汕优 46 增产 1.6%，2005 年平均 667 平方米产量 468.4 千克，比对照汕优 46 增产 5.0%。2004 年参加广东省梅州市晚造中迟熟组和 2005 年早造中迟熟组区试，平均 667 平方米产量分别为 474.1 千克和 484.8 千克，比对照汕优 122 增产 4.0% 和 3.9%，2004 年参加广西桂林市晚稻区试，比对照汕优 46 增产 12.3%，居参试组合第 1 位，2005 年平均 667 平方米产 515.3 千克，比对照 II 优 838 增产 4.8%。

栽培要点：①在长江流域作晚稻栽培一般 6 月中旬播种，稀播匀播培育壮秧，秧田 667 平方米播种量 10 千克，大田用种量 1～1.5 千克/667 平方米。②移栽秧龄控制在 35 天以内，采用 20 厘米×17 厘米或 23 厘米×13 厘米两种栽插规格，达到每 667 平方米丛数 2 万蔸，每丛要求插两粒谷的秧，基本苗 10 万～12 万苗。③合理施肥，大田以基肥为主，追肥为辅；以有机肥为主，化肥为辅，增施磷、钾肥。有机肥、磷肥及中微量肥料全做基肥，化肥氮、钾肥施肥比例为：基肥∶分蘖肥∶穗肥∶粒肥 = 5∶2∶2∶1。浅水插秧，浅水返青，活蔸后露田促根，遮泥水分蘖，够苗晒田，薄水抽穗，干干湿湿壮籽，割前 7～10 天开沟断水，切忌断水过早。④根据各地病虫预测预报，及时施药，以防为主，综合防治。抗病及时做好螟虫、稻曲病、白叶枯病、稻瘟病等病虫害的防治工作。

适宜区域：适宜在江西、湖北等长江流域作中、晚稻种植。

10. 丰两优 4 号

品种来源：两系籼型杂交稻。合肥丰乐种业股份有限公司选育。

特征特性：该品种生育期适中，在长江中下游作中稻种植全生育期 138 天左右，与汕优 63 相近。株叶形态好。该组合株型紧凑，株高 115 厘米左右，植株整齐一致，倒三叶直立，分蘖力较强。熟期落色好，秆青籽黄。结实率 80% 以上。米质优良，经农业部稻米及制品质量监督检验测试中心检测除直链淀粉外，其他各项指标都达二级以上标准。经安徽省农业科学院植保所统一检测，白叶枯 1 级，稻瘟病 5 级。

产量表现：2004 年参加安徽省中籼品种区域试验，平均 667 平方米产量 636.4 千克，比汕优 63 增产 8.9%，达极显著水平。2005 年平均 667 平方米产量 572.4 千克，比汕优 63 增产 9.0%，达极显著水平。一般大田 667 平方米产量 650 千克以上，肥力水平较好田块，667 平方米产量可达 800 千克以上。2006 年 9 月 13 日安徽省农业委员组织安徽农大、农业科学院及农委有关专家对肥西县官亭镇 2 公顷丰两优四号示范方进行实测验收，平均 667 平方米产量 781.6 千克，高产田块超过 800 千克。

栽培要点：①适期播种，培育壮秧。在安徽省作中稻栽培，4 月下旬至 5 月上旬播种，采取旱秧或湿润育秧，育成多蘖适龄壮秧。②适时移栽，合理密植。秧龄 30 天为宜，中上等肥力田块，栽插规格 17 厘米×26 厘米，每 667 平方米栽足 1.5 万穴；中等及肥力偏下的田块，适当增加密度。③肥力促控，协调群体。该组合属耐肥组合，氮肥施用总量 14～18 千克纯氮/667 平方米，普钙 40～50 千克/667 平方米，钾肥 15 千克/667 平方米；总用量的 60% 做基面肥。移栽活棵后每 667 平方米追 5～8 千克尿素促分蘖。烤田复水时

每 667 平方米追 3~5 千克穗粒肥，破口期每 667 平方米追 3~5 千克尿素做花粒肥，效果非常明显。科学管水、适时烤田。采取"浅水栽秧，寸水活棵，薄水分蘖，深水抽穗，后期干干湿湿"的灌溉方式。在肥力较好田块，每 667 平方米达 18 万~20 万株苗及时排水晒田，防止苗发过头。④综合防治病虫害。根据当地植保部门病虫预报及时防治，在抽穗期防治一次稻曲病效果十分显著。

适宜区域：适宜在安徽、河南、湖北、湖南、江苏及浙江等地作一季中稻种植。

11. Ⅱ优航 2 号

品种来源：籼型杂交稻，亲本为 Ⅱ - 32A/GK239 为母本，福建省农业科学院水稻研究所育成。

特征特性：全生育期 143 天，比汕优 63 长 3 天左右。株高 120 厘米左右，茎秆粗壮，生长繁茂，叶片较长大，穗型较大。平均每穗总粒数 180 粒左右，结实率 78% 以上，千粒重 27.5 克。米质 12 项指标中 9 项达部颁 2 级以上优质米标准。中抗稻瘟病，感白叶枯病。

产量表现：2003~2004 年两年安徽省中籼区域试验，平均 667 平方米产量分别为 526.7 千克和 618.8 千克，比对照汕优 63 分别增产 4.9% 和 7.5%，均达极显著；2005 年安徽省中籼生产试验，平均 667 平方米产量 565.1 千克，比汕优 63 增产 8.35%。一般 667 平方米产量 550 千克左右。

栽培要点：①作中稻种植 4 月底至 5 月上中旬播种，秧田 667 平方米播种量 15 千克左右，大田 667 平方米用种量 1.5 千克为宜。②秧龄 25~30 天，插植规格 20 厘米×20 厘米，667 平方米插足基本苗 10 万~12 万苗，确保 667 平方米有效穗达 16 万。③667 平方米用纯氮 10 千克，氮、磷、钾比例 1.0：0.5：1.0，以基肥为主，分蘖肥占 40%~45%，穗肥以钾肥为主。浅水勤灌，湿润稳长，够苗及时搁田，孕穗期开始复水，后期干湿壮籽，防断水过早；④注意防治病虫害。

适宜区域：适宜在福建省稻瘟病轻发区作中稻种植，安徽省一季稻白叶枯病轻发区种植。

12. 玉香油占

品种来源：籼型常规稻，TY36/IR100//IR100（TY36 是利用三系不育系 K18A 为受体，与玉米杂交的后代中，选育出来的稳定中间品系），广东省农业科学院水稻研究所选育。

特征特性：该品种为感温型优质香稻。早造（早稻）全生育期 126~128 天，与粤香占相当。叶色浓，抽穗整齐，穗大粒多，着粒密，熟色好，结实率较高。株高 105.6~106.4 厘米，穗长 21.1~21.6 厘米，667 平方米有效穗 20.3 万穗，每穗总粒数 128~136 粒，结实率 81.6%~86.0%，千粒重 22.6 克。稻米外观品质鉴定为早造一级至二级，整精米率 46.3%~47.0%，垩白粒率 13%，垩白度 2.6%~8.7%，直链淀粉含量 23.7%~26.3%，胶稠度 47~75 毫米，理化分 34~44 分。中抗稻瘟病，中 B、中 C 群和总抗性频率分别为 66.7%、77.8%、67.7%，病圃鉴定穗瘟、叶瘟均为 3 级；中感白叶枯病（5 级）。

产量表现：2003 年和 2004 年两年早造参加省区试，平均 667 平方米产量分别为 463.3

千克、518.2 千克，比对照种粤香占分别增产 5.6%、7.0%，2003 年增产不显著，2004 年增产极显著，除韶关、清远、肇庆试点一年增产外，其他试点两年增产。2004 年早造生产试验平均 667 平方米产量 488.3 千克，比对照种增产 2.5%。

栽培要点：①适时播植，早造宜于 3 月上旬初播种，4 月初移植；晚造 7 月中下旬播种，8 月初移植。插大秧早造秧龄约 30 天，抛秧秧龄约 16 天；晚造插大秧秧龄 15～18 天，抛秧秧龄约 12 天。②抛秧田每 667 平方米用种量 1.5～1.8 千克，要求每 667 平方米抛 1.7～1.8 万丛，需用秧盘 40 块左右。插秧田每 667 平方米用种量 2.5 千克，可用 20 厘米×17 厘米或 23 厘米×20 厘米插植规格，一般 667 平方米插基本苗 4 万～6 万。最高苗早造 28 万～30 万苗、晚造 27 万～29 万苗，争取有效穗达 18 万～21 万穗。③耐肥抗倒性较强，选择中等或中等肥力以上的地区种植，施足基肥，早施重施促蘗肥。早造本田期每 667 平方米施纯氮 10 千克左右，晚造本田期每 667 平方米施纯氮 12 千克左右。科学用水，以水调肥、调气、排毒，晚造在每次施促蘗肥前有意先灌后排以减少土层中因稻草分解时产生的酸性及有毒物质。分蘗达到有效穗苗数的 70%～80% 时便轻露田，够苗晒田；中后期干湿交替，促使水稻根系活力强、茎秆韧健、叶片挺直而增强植株的抗倒性；抽穗前至齐穗期保持浅水层；后期防止过早断水。④按常规做好稻瘟病、白叶枯病、稻纵卷叶螟等病虫草害的综合防治。前中期要预防稻蓟马、螟虫和飞虱，中后期要注意施药防治纹枯病、稻飞虱。要注意防治稻瘟病和白叶枯病。

适宜区域：适宜在广东省各地早、晚造种植，但粤北稻作区早造根据生育期布局慎重选择使用。

四、2009 年认定的超级稻特性

1. 龙粳 21

品种来源：粳型常规水稻，以龙交 91036 - 1 为母本，龙花 95361/龙花 91340 的 F1 为父本，黑龙江省农业科学院水稻研究所选育。2008 年黑龙江省审定，农业部 2009 年认定的超级稻品种。

特征特性：黑龙江省第二积温带种植出苗至成熟生育日数 133 天左右，与对照品种东农 416 同熟期，需≥10℃活动积温 2 516℃左右。主茎 12 片叶，株高约 88 厘米，穗长 16 厘米，每穗粒数 96 粒，千粒重 26.2 克。品质分析结果：出糙率 81.2%～83.7%，整精米率 63.5%～71.8%，垩白粒率 7.0%，垩白度 0.3%，直链淀粉含量（干基）17.0%～18.2%，胶稠度 73.5～80.0 毫米，食味品质 76～90 分。抗性接种鉴定结果：叶瘟 1 级，穗颈瘟 0～3 级。耐冷性鉴定处理空壳率 7.69%～12.04%。

产量表现：2006～2007 年区域试验平均公顷产量 8 080.3 千克，较对照品种东农 416 增产 8.3%；2007 年生产试验平均公顷产量 8302.2 千克，较对照品种东农 416 增产 10.1%。

栽培要点：①整地培肥：选择平整、保水、保肥、通透性好，有机制含量高的地块，实施秋翻春耙，深度 15～20 厘米。②旱育壮秧：以大中棚保温钵体育苗方式为主，4 月 15～20 日播种，用种量 20～25 千克/公顷，2～3 粒/钵，秧龄 30～35 天，培育 4.0～4.5 叶带蘗 1～2 个/株的壮秧。钵育中苗秧本比 1：（100～150）。③移栽：5 月 15～25 日插

秧，插秧规格 30×（10～12）丛/平方米。④施肥：一般情况下，高温年全年尿素用量为 275～325 千克/公顷，低温年为 225～250 千克/公顷。中等肥力地块，基肥施磷酸二铵 100 千克/公顷、尿素 125 千克/公顷、硫酸钾 100 千克/公顷，分蘖肥尿素 75 千克/公顷，穗肥施尿素 50 千克/公顷、硫酸钾 50 千克/公顷。⑤灌溉：田间水层管理为前期浅水，分蘖末期晒田，后期湿润灌溉，8 月末停灌。成熟后及时收获。⑥病虫草害防治：秧苗 1.5 叶期，用 0.3% 克枯星 1.5 毫升/平方米或瑞苗清 1.0 毫升/平方米，对水 2.5～3.0 千克/平方米喷洒防立枯病。用杀虫双防治二化螟；于孕穗、破口、齐穗三个时期用施保克或加收米等防治稻瘟病。该品种喜肥水，栽培时保证充足的养分供应，以达到高产增收的目的。

适宜区域：适宜在黑龙江省第二积温带插秧栽培。

2. 淮稻 11 号

品种来源：粳型常规稻，原名"淮 276"，江苏徐淮地区淮阴农业科学研究所以淮稻 9 号经系统选育，于 2004 年育成，属中熟中粳稻品种。2008 年江苏省审定，农业部 2009 年认定的超级稻品种。

特征特性：江苏省区试全生育期 156 天，较对照迟熟 1～2 天。株高 103.9 厘米，株型紧凑，长势较旺，穗型中等，分蘖力中等，叶色深绿，群体整齐度好，后期熟色好，抗倒性强。省区试平均每 667 平方米有效穗 18.4 万穗，每穗实粒数 123 粒，结实率 88.4%，千粒重 27.7 克。米质理化指标据农业部食品质量检测中心 2005 年检测，整精米率 72.0%，垩白粒率 10.0%，垩白度 1.0%，胶稠度 76.0 毫米，直链淀粉含量 18.4%，达到国标二级优质稻谷标准。接种鉴定中感白叶枯病，感穗颈瘟，高感纹枯病；条纹叶枯病 2006～2007 年田间种植鉴定最高穴发病率 24.4%（感病对照两年平均穴发病率 70.5%）。

产量水平：2005～2006 年参加江苏省区试，两年平均 667 平方米产 578.8 千克，较对照镇稻 88 增产 1.9%，2005 年增产不显著，2006 年增产极显著；2007 年生产试验平均 667 平方米产 629.3 千克，较对照增产 5.4%。

栽培要点：①适期播种，培育壮秧。一般 5 月上旬播种，湿润育秧每 667 平方米净秧板播量 20 千克左右，旱育秧每亩净秧板播量 30～40 千克，大田每 667 平方米用种量 3～4 千克。②适时移栽，合理密植。6 月上旬移栽，秧龄 30 天左右，一般每 667 平方米栽插 1.8 万穴左右，基本苗 6 万～7 万苗，肥力低的田块可适量多栽。③科学肥水管理。一般每 667 平方米施纯氮 16～18 千克，其中基肥与穗肥之比以 5.5 : 4.5 为宜，基肥在整地前施入，穗肥宜促保兼顾。水浆管理上，薄水栽秧、寸水活棵、浅水分蘖、深水抽穗扬花、后期干湿交替，每 667 平方米总苗数达 20 万左右时，分次适度搁田，控制高峰苗在 25 万～26 万苗，收获前 7 天断水。④病虫草害防治。播前用药剂浸种预防恶苗病和干尖线虫病等种传病害，秧田期和大田期注意防治灰飞虱、稻蓟马，中、后期要综合防治纹枯病、三化螟、纵卷叶螟、稻飞虱等。特别要注意穗颈稻瘟的防治。

适宜区域：适宜在江苏省淮北地区中上等肥力条件下种植。

3. 中嘉早 32 号

品种来源：籼型常规稻，以 01D1－1/G95－40 为母本，01D1－1 为父本，中国水稻研究所、嘉兴市农业科学研究院选育。2007 年湖南审定，农业部 2009 年认定的超级稻

品种。

特征特性：常规中熟早籼，在浙江、湖南省作双季早稻栽培，全生育期 106 天左右。株高 80 厘米左右，株型适中，生长平稳，熟期适宜，穗大粒大。省区试平均每 667 平方米有效穗 19.9 万穗，每穗总粒数 131.3 粒，结实率 81.9%，千粒重 26.9 克。米质指标：糙米率 81.8%，精米率 74.8%，整精米率 61.6%，粒长 6.0 毫米，长宽比 2.4，垩白粒率 100%，垩白度 20.2%，透明度 3 级，碱消值 6.0 级，胶稠度 64 毫米，直链淀粉含量 25.9%，蛋白质含量 9.6%。抗性鉴定结果：叶瘟 7 级，穗瘟 9 级，稻瘟病综合评级 8.5 级，高感稻瘟病；白叶枯病 7 级，感白叶枯病。

产量表现：2005 年省区试平均 667 平方米产 516.20 千克，比对照湘早籼 13 号增产 14.14%，极显著；2006 年续试平均 667 平方米产 529.25 千克，比对照株两优 819 增产 7.04%，极显著。两年区试平均亩产 522.73 千克，比对照增产 10.59%，日产 4.93 千克，比对照高 0.43 千克。

栽培要点：①适期播种。3 月下旬或 4 月初播种，每 667 平方米秧田播种量 40 千克左右，每 667 平方米大田用种量 5 千克左右。②适时移栽，合理密植。秧龄 28～33 天移栽，手插秧种植密度 16.6 厘米×13.3 厘米，每丛插 3～4 株苗，每 667 平方米基本苗 10 万～12 万。也可摆栽或点抛栽秧，密度每平方米约 30 穴（行穴距 17 厘米×20 厘米），基本苗 5～6 苗/穴。③科学肥水管理。每 667 平方米本田施纯氮 10～11 千克，磷肥（P_2O_5）4.5～5.0 千克，钾肥（K_2O）7～8 千克。如果施用有机肥、复合肥、碳酸氢铵等肥料，则应计算其养分含量。大田基肥在插秧前 1～2 天施用，667 平方米施尿素约 11 千克，磷肥 50 千克，氯化钾 7～8 千克；分蘖肥在插秧后 7～8 天施用，667 平方米施尿素 4～6 千克；促花肥在 5 月 13～15 日施用，667 平方米施尿素约 5 千克，氯化钾 7～8 千克；保花肥在 5 月 27～30 日施用，667 平方米施尿素 2～3 千克。水分管理，薄水抛（插）秧，浅水分蘖，干干湿湿到成熟。及时防治病虫害，特别注意加强对稻瘟病的防治。

适宜区域：适宜在浙江、湖南稻瘟病轻发的双季早稻区种植。

4. 扬两优 6 号

品种来源：籼型两系杂交稻，以广占 63－4S 母本，93－11 为父本。江苏里下河地区农业科学研究所选育。2005 年国家审定，农业部 2009 年认定的超级稻品种。

特征特性：在长江流域稻区单季稻种植全生育期 138.6 天，比对照Ⅱ优 725 短 2.1 天。株型适中，叶片挺且略宽长，叶色浓绿，叶鞘、颖尖无色。抽穗至齐穗时间较长，穗层欠整齐，穗部弯曲，谷粒细长有中短芒。分蘖力及田间生长势较强，耐寒性一般，后期转色一般。区域平均 667 平方米有效穗 17.3 万，株高 117.3 厘米，穗长 24.3 厘米，每穗总粒数 159.8 粒，实粒数 124.0 粒，结实率 77.6%，千粒重 27.4 克。米质较优，米质经农业部食品质量监督检验测试中心测定，出糙率 80.4%，整精米率 58.8%，垩白粒率 14%，垩白度 2.8%，直链淀粉含量 15.4%，胶稠度 83 毫米，长宽比 3.1，主要理化指标达国标三级优质稻谷质量标准。抗病性鉴定为高感穗颈稻瘟病，中抗白叶枯病。

产量表现：两年区域试验平均亩产 555.80 千克，比对照Ⅱ优 725 增产 4.87%。其中：2003 年 667 平方米产 558.73 千克，比Ⅱ优 725 增产 10.74%，极显著；2004 年亩产

552.86千克，比Ⅱ优725减产0.47%，不显著。

栽培要点：①适时稀播，培育多蘖壮秧。鄂北4月中旬播种，江汉平原、鄂东4月下旬播种。亩播种量7.5千克，秧大田比1：（8~10）。②合理密植，插足基本苗。秧龄30~35天，及时移栽，亩插1.8万~2.0万穴，每穴3~4个茎蘖苗。③科学肥水管理。氮、磷、钾配合，N肥根据目标产量需氮量、正常土壤供氮量、氮肥利用率确定总施氮量14千克/667平方米，N肥运筹按基蘖：穗=7：3，中期根据群体结构与数量及倒4、倒3叶色差诊断进行穗肥调控。基肥667平方米施尿素10千克、磷肥30~50千克、钾肥10~15千克；栽后3~2天，667平方米施尿素7.5千克，1周后看苗酌施平衡肥667平方米施尿素0~2.5千克。倒4叶期施亩用尿素10千克，氯化钾5~7.5千克或45%复合肥30千克。在倒2叶露尖，667平方米施尿素5千克。浅水勤灌，适时分次晒田，收割前一周断水。④注意防治稻瘟病、稻曲病和螟虫等病虫害。⑤适时收获，注意脱晒方式，以保证稻谷品质。

适宜区域：该品种适宜在福建、江西、湖南、湖北、安徽、浙江、江苏的长江流域稻区（武陵山区除外）以及河南南部稻区的稻瘟病轻发区作一季中稻种植。

5. 陆两优819

品种来源：籼型两系杂交稻，以陆18S为母本，华819为父本。湖南亚华种业科学研究院选育。2008年国家审定，农业部2009年认定的超级稻品种。

特征特性：在长江中下游作双季早稻种植全生育期平均107.2天，比对照浙733短0.9天。株型适中，分蘖力中等，耐肥性中等，每667平方米有效穗数22.5万穗，株高87.2厘米，穗长19.6厘米，每穗总粒数109.5粒，结实率83.1%，千粒重26.8克。米质主要指标：整精米率59.0%，长宽比3.4，垩白粒率72%，垩白度8.1%，胶稠度59毫米，直链淀粉含量20.4%。抗性鉴定为稻瘟病综合指数3.9级，穗瘟损失率最高7级，抗性频率55%；白叶枯病7级；褐飞虱5级，白背飞虱7级。

产量表现：2006年参加长江中下游早中熟早籼组品种区域试验，平均667平方米产503.7千克，比对照浙733增产9.68%（极显著）；2007年续试，平均667平方米产512.4千克，比对照浙733增产6.54%（极显著）；两年区域试验平均667平方米产508.0千克，比对照浙733增产8.08%，增产点比例85.3%。2007年生产试验，平均667平方米产455.0千克，比对照浙733增产4.75%。

栽培要点：①适时播种，培育壮秧。一般3月中下旬播种，秧田每667平方米播种量15千克，大田每667平方米用种量2~2.5千克，采用药剂浸种消毒，培育多蘖壮秧。②适时移栽。适宜软盘抛秧和小苗带土移栽，一般软盘抛秧3.1~3.5叶抛栽，旱育小苗3.5~4.0叶移栽，水育小苗4.5叶左右移栽，栽插密度以16.5厘米×20厘米为佳，每穴栽插2~3粒谷苗，或每平方米抛栽28~30粒谷苗。③肥水管理：需肥水平中等偏上，采用重施底肥、早施追肥的施肥方法。在中等肥力土壤，每667平方米本田施纯氮10~11千克，磷（P_2O_5）4.5~5.0千克，钾肥（K_2O）8~9千克。基667平方米施尿素约10千克，磷肥50千克，氯化钾7~8千克；分蘖肥在插秧后5~7天施用，667平方米施尿素5~6千克；促花肥在5月10~15日施用，667平方米施尿素约5千克，氯化钾7~8千克；保花肥在6月初月施用，667平方米施尿素2~3千克。分蘖期干湿相间促分蘖，

适时搁田控苗，孕穗期以湿为主，抽穗期保持浅水，灌浆期以润为主，干湿交替，后期切忌断水过早。④病虫防治。注意及时防治恶苗病、稻瘟病、白叶枯病、稻飞虱、螟虫、纹枯病等病虫害。

适宜区域：适宜在江西、湖南、湖北、安徽、浙江的稻瘟病、白叶枯病轻发的双季稻区作早稻种植。

6. 丰两优香一号

品种来源：籼型两系杂交稻，以广占63S为母本，丰香恢1号父本。合肥丰乐种业股份有限公司选育。2007年国家审定，农业部2009年认定的超级稻品种。

特征特性：该品种在长江中下游作一季中稻种植全生育期平均130.2天，比对照Ⅱ优838早熟3.5天。株型紧凑，剑叶挺直，熟期转色好。平均亩有效穗数16.2万穗，株高116.9厘米，穗长23.8厘米，每穗总粒数168.6粒，结实率82.0%，千粒重27.0克。米质主要指标为整精米率61.9%，长宽比3.0，垩白粒率36%，垩白度4.1%，胶稠度58毫米，直链淀粉含量16.3%。抗性鉴定结果为稻瘟病综合指数7.3级，穗瘟损失率最高9级；白叶枯病平均6级，最高7级。

产量表现：2005年参加长江中下游中籼迟熟组品种区域试验，平均667平方米产548.32千克，比对照Ⅱ优838增产5.56%（极显著）；2006年续试，平均667平方米产589.08千克，比对照Ⅱ优838增产6.76%（极显著）；两年区域试验平均667平方米产568.70千克，比对照Ⅱ优838增产6.17%。2006年生产试验，平均667平方米产570.31千克，比对照Ⅱ优838增产7.80%。

栽培要点：①培育壮秧：5月上中旬适时播种，采取旱秧或湿润育秧，培育多蘖壮秧。冬前就近大田选择疏松肥沃旱地或排水爽畅的稻田作苗床，按要求培肥，苗床净面积按秧大田比1∶20；播种前15~20天施肥、整畦；按亩大田1.25千克准备杂交稻种子、预先处理；整理好苗床择期稀播，每平方米净苗床播芽谷种子30~35克；秧龄35天左右。②合理密植：人工栽插亩栽1.57万~1.67万穴，每穴5~6个茎蘖苗，每667平方米7.5~9.0万基本茎蘖苗。③肥水管理：大田每667平方米施肥总量14~18千克纯氮（相当于农家肥20担，尿素16~18千克或碳铵45~50千克）、磷肥40~50千克、钾肥15千克。施肥总量的60%做基面肥，移栽活棵后每667平方米追施5~8千克尿素促分蘖，孕穗至破口期每667平方米追施3~5千克尿素作穗粒肥。科学管水，采取"浅水栽秧、寸水活棵、薄水分蘖、够苗搁田、深水抽穗、后期干干湿湿"的灌溉方式。④病虫防治：注意及时防治稻瘟病、白叶枯病、稻曲病等病虫害。

适宜区域：适宜在江西、湖南、湖北、安徽、浙江、江苏的长江流域稻区（武陵山区除外）以及福建北部、河南南部稻区的稻瘟病、白叶枯病轻发区作一季中稻种植。

7. 珞优8号（红莲优8号）

品种来源：籼型三系杂交稻，母本珞红3A（♀），父本为R8108（♂），武汉大学生命科学学院选育。2007年国家审定，农业部2009年认定的超级稻品种。

特征特性：在长江中下游作一季中稻种植全生育期平均138.8天，比对照汕优63迟熟4.2天。该品种株型适中，长势繁茂，剑叶较长，整齐度一般。区试每667平方米有效穗数17.2万穗，株高122.1厘米，穗长23.1厘米，每穗总粒数174.7粒，结实率

74.0%，千粒重 26.9 克。米质主要指标：整精米率 61.4%，长宽比 3.1，垩白粒率 22%，垩白度 4.1%，胶稠度 65 毫米，直链淀粉含量 22.7%，达到国家《优质稻谷》标准 3 级。抗性鉴定为稻瘟病综合指数 5.1 级，穗瘟损失率最高 9 级；白叶枯病 7 级。

产量表现： 2004 年参加长江中下游中籼迟熟组区域试验，平均 667 平方米产 574.04 千克，比对照汕优 63 增产 1.84%（显著）；2005 年续试，平均 667 平方米产 562.97 千克，比对照汕优 63 增产 5.21%（极显著）；两年区域试验平均 667 平方米产 568.50 千克，比对照汕优 63 增产 3.48%。2005 年参加生产试验，平均 667 平方米产 538.19 千克，比对照汕优 63 增产 5.95%。

栽培要点： ①培育壮秧。适时播种，一般在 5 月中下旬播种，秧田每 667 平方米播种量 8～10 千克，秧本比 1：（8～10），培育多蘖壮秧。②合理密植。秧龄 30 天移栽，每 667 平方米栽插 1.8 万穴左右，每穴栽插 2 丛秧苗。③肥水管理。施足基肥，多施磷、钾肥，酌施穗肥。一般氮肥总用量为每 667 平方米 12 千克左右，氮肥运筹按基、蘖、穗比例为 5：3：2。水分管理上，采取浅水分蘖、分段搁田、后期干干湿湿的方式。④病虫防治。注意及时防治稻瘟病、白叶枯病、稻曲病等病虫害。

适宜区域： 适宜在江西、湖南、湖北、安徽、浙江、江苏的长江流域稻区（武陵山区除外）以及福建北部、河南南部稻区的稻瘟病、白叶枯病轻发区作一季中稻种植。

8. 荣优 3 号（淦鑫 203）

品种来源： 籼型三系杂交稻，以荣丰 A 母本，R3 为父本。广东省农业科学院水稻研究所、江西现代种业有限责任公司和江西农业大学农学院选育。2009 年国家审定，农业部 2009 年认定的超级稻品种。

特征特性： 在长江中下游作双季早稻种植，全生育期平均 114.4 天，比对照金优 402 长 1.7 天。该品种株型适中，叶色淡绿，叶片挺直，剑叶短宽挺，熟期转色好，叶鞘、稃尖紫色，穗顶部间有短芒。每 667 平方米有效穗数 21.8 万穗，株高 95.5 厘米，穗长 18.4 厘米，每穗总粒数 103.5 粒，结实率 86.3%，千粒重 28.3 克。米质主要指标：整精米率 48.6%，长宽比 2.9，垩白粒率 49%，垩白度 12.1%，胶稠度 51 毫米，直链淀粉含量 20.9%。抗性鉴定为稻瘟病综合指数 4.7 级，穗瘟损失率最高 7 级，白叶枯病 5 级，褐飞虱 9 级，白背飞虱 9 级。

产量表现： 2007 年参加长江中下游迟熟早籼组品种区域试验，平均 667 平方米产 513.46 千克，比对照金优 402 增产 4.37%（极显著）；2008 年续试，平均 667 平方米产 528.49 千克，比对照金优 402 增产 4.94%（极显著）；两年区域试验平均 667 平方米产 520.97 千克，比对照金优 402 增产 4.66%，增产点比例 88.3%；2008 年生产试验，平均 667 平方米产 537.34 千克，比对照金优 402 增产 4.37%。

栽培要点： ①适时播种，培育壮秧。一般在江西、浙江等地在 3 月中下旬播种，旱育秧适当早播，大田每 667 平方米用种量育秧移栽为 1.5～2 千克，抛秧为 2～3 千克，秧田每 667 平方米播种量 10～15 千克，注意种子消毒处理，培育壮秧。②适时移栽，合理密植。适宜抛秧或小苗带土移栽，一般塑料软盘育秧 3.1～3.5 叶抛秧，水育秧 4.5～5.0 叶移栽，栽插规格为 13.3 厘米×16.7 厘米或 16.7 厘米×16.7 厘米，每穴 2 粒谷苗，每 667 平方米基本苗 8 万～10 万苗。③肥水管理。采用基肥足、早追肥、巧补穗肥方法。中等

肥力田块，本田每 667 平方米施氮 12 千克，磷（P_2O_5）5~6 千克，钾（K_2O）8~10 千克。基肥耙田前每 667 平方米施含 45% 的复合肥 40 千克或钙镁磷肥 40 千克、尿素 10 千克。分蘖肥在移栽后 5~7 天结合化学除草施分蘖肥，每 667 平方米施尿素 6~7 千克，氯化钾 10 千克。穗肥在倒 2 叶抽出期（约抽穗前 15 天）施穗肥，每 667 平方米施尿素 7~8 千克和氯化钾 5 千克。水分管理做到分蘖时干湿相间促分蘖，当每 667 平方米总苗数达到 25 万苗时及时晒田，孕穗期以湿为主，保持田面有水，后期干湿交替壮籽，保持根系活力，切忌脱水过早。④病虫防治：注意及时防治螟虫、稻瘟病、稻飞虱等病虫害。

适宜区域：适宜在江西平原地区、湖南以及福建北部、浙江中南部的稻瘟病轻发的双季稻区作早稻种植。

9. 金优 458

品种来源：籼型三系杂交水稻，以金 23A 为母本，R458 父本。江西省农业科学院水稻研究所选育。2008 年国家审定，农业部 2009 年认定的超级稻品种。

特征特性：在长江中下游作双季早稻种植全生育期平均 112.1 天，比对照金优 402 长 0.4 天。该品种株型适中，剑叶挺直，熟期转色好，每 667 平方米有效穗数 22.7 万穗，株高 91.3 厘米，穗长 20.6 厘米，每穗总粒数 109.3 粒，结实率 82.3%，千粒重 26.8 克。米质主要指标：整精米率 48.0%，长宽比 3.1，垩白粒率 73%，垩白度 10.4%，胶稠度 54 毫米，直链淀粉含量 18.0%。抗性鉴定为稻瘟病综合指数 5.5 级，穗瘟损失率最高 9 级，抗性频率 70%；白叶枯病 5 级。

产量表现：2005 年参加长江中下游迟熟早籼组品种区域试验，平均 667 平方米产 525.5 千克，比对照金优 402 增产 4.40%（极显著）；2006 年续试，平均 667 平方米产 503.3 千克，比对照金优 402 增产 2.27%（极显著）；两年区域试验平均 667 平方米产 514.4 千克，比对照金优 402 增产 3.34%，增产点比例 89.3%。2007 年生产试验，平均 667 平方米产 498.9 千克，比对照金优 402 增产 5.38%。

栽培要点：①适时播种，培育壮秧。一般在 3 月中下旬播种，药剂浸种消毒，稀播、匀播，农膜覆盖防寒，培育壮秧。秧田每 667 平方米播种量 15 千克；塑盘旱育，每 667 平方米大田备足种子 2.0~2.5 千克，每 667 平方米大田备足 434 孔塑料秧盘 65~70 片。②适时移栽，合理密植。秧龄 20~25 天、叶龄 4 叶左右移栽，栽插规格 16.5 厘米×20 厘米，每穴栽插 2~3 粒谷苗，每 667 平方米插足 8 万~10 万基本苗。③肥水管理。中等肥力田块，本田每 667 平方米施纯氮 12 千克，磷（P_2O_5）5~6 千克，钾（K_2O）8~10 千克。基肥耙田前每 667 平方米施含 45% 的复合肥 40 千克，或钙镁磷肥 40 千克、尿素 10 千克。分蘖肥在移栽后 5~7 天结合化学除草施分蘖肥，每 667 平方米施尿素 6~7 千克，氯化钾 10 千克。穗肥在倒 2 叶抽出期（约抽穗前 15 天）施穗肥，每 667 平方米施尿素 7~8 千克和氯化钾 5 千克。前期浅水，每穴苗数达到 15 苗时排水轻搁控苗，后期干湿交替。④病虫防治。5 月上中旬（分蘖盛期）防治二化螟。5 月下旬至 6 月上旬（分蘖末期至孕穗期）重点防治纹枯病和稻纵卷叶螟。6 月中旬（破口抽穗初期）重点防治稻瘟病、纹枯病、二化螟。6 月下旬至 7 月上中旬（穗期）重点防治纹枯病、稻飞虱。

适宜区域：适宜在江西、湖南以及福建北部、浙江中南部的稻瘟病轻发的双季稻区作早稻种植。

10. 春光1号

品种来源： 籼型三系杂交稻，以 G4A 为母本，春恢 350 父本。江西省农业科学院水稻研究所选育。2006 年江西审定，农业部 2009 年认定的超级稻品种。

特征特性： 在长江中下游作双季早稻种植全生育期 108.5 天，比对照浙 733 迟熟 1.5 天。该品种株型适中，株高 82.3 厘米，叶色绿，长势繁茂，整齐度一般，分蘖力一般，成穗率高，有效穗多，秆尖紫色，穗粒数较多，结实率高，熟期转色好。亩有效穗 22.4 万，每穗总粒数 102.8 粒，实粒数 85.4 粒，结实率 83.1%，千粒重 25.8 克。出糙率 81.3%，精米率 69.4%，整精米率 41.5%，垩白粒率 72%，垩白度 5.8%，直链淀粉含量 19.23%，胶稠度 65 毫米，粒长 6.9 毫米，粒型长宽比 3.1。稻瘟病抗性自然诱发鉴定为穗颈瘟最高为 9 级，高感稻瘟病。

产量表现： 2005～2006 年参加江西省水稻区试，2005 年平均 667 平方米产 504.28 千克，比对照浙 733 增产 9.43%，增产显著；2006 年平均 667 平方米产 463.21 千克，比对照浙 733 增产 7.94%，增产极显著。

栽培要点： ①适时播种，培育壮秧。一般在 3 月下旬播种，大田用种量 2.0 千克。湿润育秧秧田与大田比为 1：10；塑盘旱育每 667 平方米大田备足 561 孔塑料秧盘 45～50 片。②适时移栽，合理密植。秧龄 25 天左右，人工移栽密度 2.2 万丛/667 平方米，每丛 2～3 株。抛秧每 667 平方米抛足 2.2 万蔸；先满田抛 70%，捡出工作行后，抛剩下的 30%。③肥水管理。中等肥力田块，本田每 667 平方米施纯氮 11～12 千克，磷（P_2O_5）5～6 千克，钾（K_2O）8 千克。基肥耙田前每 667 平方米施含 45% 的复合肥 40 千克，或钙镁磷肥 40～50 千克、尿素 10～11 千克。分蘖肥在移栽后 5～7 天结合化学除草施分蘖肥，每 667 平方米施尿素 7～8 千克，氯化钾 8～10 千克。穗肥每 667 平方米施尿素 5～6 千克和氯化钾 5 千克。前期浅水，每穴苗数达到 15 苗时排水轻搁控苗，后期干湿交替。④病虫防治。5 月下旬至 6 月上旬（分蘖末期至孕穗期）重点防治纹枯病和稻纵卷叶螟。6 月中旬（破口抽穗初期）重点防治稻瘟病、纹枯病、二化螟。叶面喷施"爱苗"。6 月下旬至 7 月上中旬（穗期）重点防治纹枯病、稻飞虱。花后结合病虫防治，叶面喷施"爱苗"。

适宜地区： 江西省平原地区的稻瘟病轻发区种植。

五、2010 年认定的超级稻特性

1. 新稻18

品种来源： 粳型常规水稻，母本为盐粳 334－6，父本为（津星 1 号/豫粳 6 号）F_1，河南省新乡市农业科学院选育，农业部 2010 年认定的超级稻品种。

特征特性： 河南沿黄稻区种植全生育期 160 天左右。主茎 19～20 片叶，株高 106 厘米左右，穗长 15～17 厘米，二次枝梗聚集，每穗枝梗数 9～13 个，着粒密度较大，颖壳茸毛多，着有短芒；护颖长度中等；谷粒长、宽中等，阔卵形，种皮浅黄色。株型紧凑，茎秆粗壮，剑叶上举，叶鞘绿色，分蘖力较强，成熟落黄好。

2006 年江苏省农业科学院植物保护研究所接种鉴定，对稻瘟病菌代表小种 ZC15、

ZF₁、ZB21、ZD7、ZE3、ZG1 表现抗病（0 级）；对水稻穗颈瘟表现中抗（2 级）；对白叶枯病菌 PX079、JS－49－6 表现中抗（3 级）；对浙 173、KS－6－6 表现中感（5 级）；对纹枯病表现为抗。两年农业部食品质量监督检验测试中心（武汉）检测：出糙率 84.7%/85.8%，精米率 75.7%/78.7%，整精米率 68.9%/77.8%，垩白粒率 40%/67%，垩白度 4.8%/5.4%，粒长 4.7 毫米/4.8 毫米，直链淀粉 16.8%/16.2%，胶稠度 64 毫米/74 毫米，透明度 2 级。

产量表现： 2005 年河南省区域试验，平均 667 平方米产稻谷 593.6 千克，比对照豫粳 6 号增产 11.0%，差异极显著，居 15 个参试品种第 1 位；2006 年续试，平均 667 平方米产稻谷 613.7 千克，比对照豫粳 6 号增产 14.9%，差异极显著，居 14 个参试品种第 1 位；两年区试平均 667 平方米产稻谷 603.7 千克，比对照豫粳 6 号增产 12.9%。2006 年，河南生产试验，平均 667 平方米产稻谷 579.2 千克，比对照豫粳 6 号增产 10.2%。2008 年在河南沿黄稻区的原阳县祝楼乡百亩连片种植，由河南省农业厅组织专家对其示范方进行了现场验收，实收 667 平方米产量达 788.5 千克；2009 年在原阳县祝楼乡蒙城村千亩连片种植新稻 18 号，河南省科技厅组织有关专家对其千亩示范方进行现场测产，平均 667 平方米产 795.8 千克；2009 年 11 月 3 日由农业部科教司委托河南省农业厅对种植在江苏省连云港市的新稻 18 号百亩示范方进行了现场实割验收，平均 667 平方米产 807.8 千克。

栽培要点： ①适时播种：在播种前进行种子浸种处理．一般使用使百克或恶苗灵浸种防治恶苗病。在河南的北部、山东、江苏北部、安徽等黄淮粳稻区作麦茬稻种植适宜播种期是 5 月上旬；在河南的南部、江苏的东部等地适宜播种期是 5 月中旬。②稀播培育壮秧：一般采用湿润育秧方式。根据该品种特性，稀播培育适龄带蘖壮秧。每 667 平方米秧田播量 30 千克左右，秧龄 30~40 天。③宽行小墩插植：新稻 18 号分蘖力强，成穗多，适当放宽行距、减少穴插苗数，易于发挥和协调穗数及穗粒数对产量的贡献。高产栽培以行距 30 厘米，穴距 13 厘米，穴插 2~4 苗，每 667 平方米基本苗 6 万~7 万苗，有效穗 22 万~24 万为宜。④合理施肥：本田总施氮量控制在每 667 平方米 15 千克左右，一般基肥占 30%~40%，分蘖肥占 30%，穗肥占 20%~30%。氮磷钾比例 1：0.5：0.8，磷钾肥做基肥一次施入，适当增施锌肥。⑤科学灌水：前期浅水促苗，中期湿润稳长，够苗适当晒田；打苞孕穗期小水勤灌，灌浆成熟期浅水湿润交替灌溉。注意不要过早停水，以确保结实率和千粒重。⑥病虫害防治：抽穗前后注意防治稻纵卷叶螟、二化螟。同时做好稻瘟病的防治。后期着重预防稻飞虱的为害。

适宜区域： 河南沿黄稻区、山东南部、江苏淮北、安徽沿淮及淮北地区。

2. 扬粳 4038

品种来源： 早熟晚粳常规稻，母本为镇香 24×武运粳 8 号的杂交后代，父本为常 9363，江苏里下河地区农业科学研究所选育。2008 年江苏省审定，2010 年农业部认定为超级稻品种。

特征特性： 该品种在江苏沿江及苏南地区机插栽培全生育期 155 天左右，株高 105~110 厘米，主茎总叶片数 17 张左右，5~6 个伸长节间，叶片挺立，叶色深绿，受光姿态好，株型集散适中，生长青秀，穗型较大，半弯曲，二次枝粳多，分蘖性中等，抗倒性较好，籽粒灌浆速度快，结实性状优良，后期熟相青秆籽黄，籽粒落粒性好，穗粒结构协

调，一般每 667 平方米有效穗数 19 万 ~ 21 万，每穗粒数 140 ~ 150 粒，结实率 90% 以上，千粒重 27 ~ 28 克。接种鉴定中感白叶枯病，感穗颈瘟、纹枯病；抗条纹叶枯病（2006 ~ 2007 年田间种植鉴定最高穴发病率 16.1%，对照品种平均穴发病率 70.5%）；米质理化指标据农业部食品质量检测中心 2007 年检测，整精米率 62.6%，垩白粒率 23.0%，垩白度 1.4%，胶稠度 84.0 毫米，直链淀粉含量 17.1%，达到国标三级优质稻谷标准。

产量表现：2006 ~ 2007 年参加江苏省区试，两年平均 667 平方米产 656.7 千克，较对照武运粳 7 号增产 12.6%，两年增产均极显著；2007 年生产试验平均 667 平方米产 615.9 千克，较对照武运粳 7 号增产 18.0%。2007 年在姜堰市沈高镇河横村实施的机插高产示范方平均实收 667 平方米产量达 723 千克，高产田块达 784 千克。2009 年在沈高镇双徐农场实施的百亩攻关方平均 667 平方米产 786.3 千克，最高田块达 832.9 千克。

栽培要点：①适期早播。机插栽培一般在 5 月 20 ~ 30 日播种为宜。如播种过迟，生育期缩短，会使穗型变小，并影响安全成熟。②培育壮秧。选用培肥过筛细营养土或基质育秧，播种前晒种 1 ~ 2 天后进行药剂浸种，每盘播芽谷 140 克左右，秧田期实施湿育旱管。③合理密植。机插行距 30 厘米，株距 11.7 厘米，667 平方米插 1.9 万穴左右，每穴插基本苗 3 ~ 4 苗。在栽插前，应进行精细整地，确保田面平整、整洁，栽插时应保持土壤沉实与薄水浅插。④精确施肥。根据目标产量、土壤地力与肥料利用率，实施精确施肥，并注意有机无机合理搭配。中上等肥力土壤，目标 667 平方米产 700 千克左右田块一般 667 平方米大田施纯氮 20 ~ 22 千克，五氧化二磷 10 千克，氧化钾 10 千克。其中，基肥在麦秸秆全量还田基础上，667 平方米施过磷酸钙 30 ~ 40 千克、氯化钾 15 ~ 20 千克、尿素 12.5 ~ 15 千克或 45% 复合肥 40 ~ 45 千克；分蘖肥在机插后 5 ~ 7 天、7 ~ 10 天分别施尿素 5 ~ 7.5 千克；穗肥根据有效分蘖临界叶龄期群体数量及叶色状况合理使用，当有效分蘖临界叶龄期群体够穗数苗且叶色开始褪淡落黄，可在主茎叶龄余数为 4.0 ~ 3.5 叶时施用促花肥，每 667 平方米施尿素 10 千克，氯化钾 7.5 ~ 12.5 千克，在主茎余叶龄 2.0 叶时施用保花肥，每 667 平方米施尿素 5 千克或 45% 复合肥 15 千克。如群体不足，或叶色落黄较早，则应提早施用穗肥，并增加穗肥施用量，如群体过大，或叶色过深，则需推迟施穗肥，并减少穗肥施用量。⑤水浆管理。在机插后的第 1、第 2 叶龄期实施日灌夜露，晴灌阴露的间隙灌溉方式，分蘖期浅水勤灌，灌水水深以 3 厘米为宜，待期自然落干，再上新水；当田间茎蘖数达到穗数苗 80% 时开始自然断水多次轻搁田（搁到田边开大裂，田中开细裂后灌一次水再排水搁田，如此反复），通过多次轻搁田达到全田土壤沉实不陷脚，叶色褪淡为度；拔节后及时复水实施干湿交替的水分灌溉，直至收获前 7 天。⑥综合防治。秧田期要重点防治稻蓟马、灰飞虱及水稻条纹叶枯病；机插后及时化学除草，同时重点防治螟虫、稻飞虱、稻纵卷叶螟，用毒死蜱、三唑磷、甲维盐、锐劲特、噻嗪酮、杀虫双、阿维·毒等；病的防治，重点防治条纹叶枯病、纹枯病、稻瘟病与稻曲病等，用吡虫灵、锐劲特、井岗霉素、纹曲宁、己唑醇、三环唑、三唑酮、福美双等。⑦适时收割。当水稻籽粒 90% 谷粒黄熟时收割。

适宜区域：适宜在江苏沿江及苏南地区中上等肥力条件下作单季晚稻种植。

3. 宁粳 3 号

品种来源：早熟晚粳常规稻，原名"W006"，母本为宁粳 1 号，父本为宁粳 2 号，由

南京农业大学农学院选育而成。2008 年江苏省审定，2009 年安徽省审定，2010 年农业部认定为超级稻品种。

特征特性： 该品种在江苏沿江及苏南地区机插栽培全生育期 155 天左右，株高 95 厘米左右，主茎总叶片数 17 张左右，5～6 个伸长节间，株型紧凑，长势较旺，叶片挺举，叶色深绿，分蘖力较强，穗型中等，群体整齐度好，籽粒灌浆速度快，后期熟相好，抗倒性强，落粒性中等；667 平方米产 700 千克左右的高产田块产量结构一般每 667 平方米有效穗数 21 万～24 万，每穗粒数 120～140 粒，结实率 90% 以上，千粒重 26～28 克；接种鉴定中感白叶枯病（抗—中感）、感穗颈瘟（感—中抗）和纹枯病（感—抗）；条纹叶枯病发病指数较低（中感—中抗），大田表现抗条纹叶枯病较好，田间各种病害发生较轻或没有发生。米质理化指标据农业部食品质量检测中心 2007 年检测，整精米率 62.4%，垩白粒率 28.0%，垩白度 3.0%，胶稠度 82.0 毫米，直链淀粉含量 16.8%，米质达国标三级优质稻谷标准，口感较佳，有淡雅香味。

产量表现： 2006～2007 年参加江苏省区域试验，平均 667 平方米产 638.5 千克，较对照武运粳 7 号增产 9.4%，两年增产均极显著；2007 年生产试验平均 667 平方米产 607.8 千克，较对照武运粳 7 号增产 16.4%。2008 年在江苏如东、溧阳、兴化、姜堰等地均获得 667 平方米产 750 千克以上超高产实绩。

栽培要点： ①适期早播：机插栽培一般在 5 月 20～30 日播种为宜。如播种过迟，生育期缩短，会使穗型变小，并影响安全成熟。②培育壮秧：选用培肥过筛细营养土或基质育秧，播种前晒种 1～2 天后进行药剂浸种，每盘播芽谷 140 克左右，秧田期实施湿育旱管。③合理密植：机插行距 30 厘米，株距 11.7 厘米，667 平方米插 1.9 万穴左右，每穴插基本苗 3～4 本。在栽插前，应进行精细整地，确保田面平整、整洁，栽插时应保持土壤沉实与薄水浅插。④精确施肥：根据目标产量、土壤地力与肥料利用率，实施精确施肥，并注意有机无机合理搭配。中上等肥力土壤，目标 667 平方米产 700 千克左右田块一般 667 平方米大田施纯氮 18～20 千克，五氧化二磷 9～10 千克，氧化钾 10～12 千克。其中，基肥在麦秸秆全量还田基础上，667 平方米施过磷酸钙 30～40 千克、氯化钾 15～20 千克、尿素 10～12.5 千克或 45% 复合肥 35～40 千克；分蘖肥在机插后 5～7 天、7～10 天分别施尿素 5 千克；穗肥根据有效分蘖临界叶龄期群体数量及叶色状况合理使用，当有效分蘖临界叶龄期群体够穗数苗且叶色开始褪淡落黄，可在主茎叶龄余数为 4.0～3.5 叶时施用促花肥，每 667 平方米施尿素 10 千克，氯化钾 7.5～12.5 千克，在主茎余叶龄 2.0 叶时施用保花肥，每 667 平方米施尿素 5～7.5 千克或 45% 复合肥 15～20 千克。如群体不足，或叶色落黄较早，则应提早施用穗肥，并增加穗肥施用量，如群体过大，或叶色过深，则需推迟施穗肥，并减少穗肥施用量。⑤水浆管理：在机插后的第 1、第 2 叶龄期实施日灌夜露，晴灌阴露的间隙灌溉方式，分蘖期浅水勤灌，灌水水深以 3 厘米为宜，待期自然落干，再上新水；当田间茎蘖数达到穗数苗 80% 时开始自然断水多次轻搁田（搁到田边开大裂，田中开细裂后灌一次水再排水搁田，如此反复），通过多次轻搁田达到全田土壤沉实不陷脚，叶色褪淡为度；拔节后及时复水实施干湿交替的水分灌溉，直至收获前 7 天。⑥综合防治：秧田期要重点防治稻蓟马、灰飞虱及水稻条纹叶枯病；机插后及时化学除草，同时重点防治螟虫、稻飞虱、稻纵卷叶螟，用毒死蜱、三唑磷、甲维盐、锐劲

特、噻嗪酮、杀虫双、阿维·毒等；病的防治，重点防治条纹叶枯病、纹枯病、稻瘟病与稻曲病等，用吡虫灵、锐劲特、井岗霉素、纹曲宁、己唑醇、三环唑、三唑酮、福美双等。⑦适时收割。当水稻籽粒90%谷粒黄熟时收割。

适宜区域：适宜在江苏沿江及苏南地区，安徽淮南地区中上等肥力条件下作单季晚稻种植。

4. 南粳44

品种来源：早熟晚粳常规稻，原名"宁4009"，由江苏省农业科学院粮食作物研究所经南粳38系统选育而成。2007年江苏省审定，2010年农业部认定为超级稻品种。

特征特性：该品种在江苏沿江及苏南地区机插栽培全生育期155天左右，株高100厘米左右，主茎总叶片数17张左右，5~6个伸长节间，株型紧凑，长势较旺，叶片挺举，叶色浅绿，分蘖力较强，穗型中等，群体整齐度好，籽粒灌浆速度快，熟相好，抗倒性强；667平方米产700千克左右的高产田块产量结构一般每667平方米有效穗数20万~23万，每穗粒数130~150粒，结实率90%以上，千粒重26~27克；接种鉴定中感白叶枯病，感穗颈瘟，高感纹枯病；条纹叶枯病2005~2006年田间种植鉴定最高穴发病率19.5%（感病对照两年平均穴发病率87.6%）；品质据农业部食品质量检测中心2006年检测，整精米率62.0%，垩白粒率28.0%，垩白度2.2%，胶稠度78.0毫米，直链淀粉含量15.5%，米质理化指标达到国标三级优质稻谷标准。

产量表现：2005~2006年参加江苏省区试，两年平均667平方米产588.1千克，较对照武运粳7号增产0.1%；2006年生产试验平均667平方米产624.9千克，较对照增产7.1%。2007年在扬州高邮、邗江、江都、仪征等地示范种植138.1公顷，平均667平方米产699.3千克，比同等条件下大面积生产增产26.1%，其中高邮市司徒镇实施的百亩机插攻关方，经江苏省农林厅组织的实产验收，平均667平方米产782.7千克。

栽培要点：①适期早播。机插栽培一般在5月20~30日播种为宜。如播种过迟，生育期缩短，会使穗型变小，并影响安全成熟。②培育壮秧。选用培肥过筛细营养土或基质育秧，播种前晒种1~2天后进行药剂浸种，每盘播芽谷140克左右，秧田期实施湿育旱管。③合理密植。机插行距30厘米，株距11.7厘米，亩插1.9万穴左右，每穴插基本苗3~4本。在栽插前，应进行精细整地，确保田面平整、整洁，栽插时应保持土壤沉实与薄水浅插。④精确施肥。根据目标产量、土壤地力与肥料利用率，实施精确施肥，并注意有机无机合理搭配。中上等肥力土壤，目标667平方米产700千克左右田块一般亩大田施纯氮18~20千克，五氧化二磷9~10千克，氧化钾10~12千克。其中，基肥在麦秸秆全量还田基础上，667平方米施过磷酸钙30~40千克、氯化钾15~20千克、尿素10~12.5千克或45%复合肥35~40千克；分蘖肥在机插后5~7天、7~10天分别施尿素5千克；穗肥根据有效分蘖临界叶龄期群体数量及叶色状况合理使用，当有效分蘖临界叶龄期群体够穗数苗且叶色开始褪淡落黄，可在主茎叶龄余数为4.0~3.5叶时施用促花肥，每667平方米施尿素10千克，氯化钾7.5~12.5千克，在主茎余叶龄2.0叶时施用保花肥，每667平方米施尿素5~7.5千克或45%复合肥15~20千克。如群体不足，或叶色落黄较早，则应提早施用穗肥，并增加穗肥施用量，如群体过大，或叶色过深，则需推迟施穗肥，并减少穗肥施用量。⑤水浆管理。在机插后的第1、第2叶龄期实施日灌夜露，晴灌

阴露的间隙灌溉方式，分蘖期浅水勤灌，灌水水深以 3 厘米为宜，待期自然落干，再上新水；当田间茎蘖数达到穗数苗 80% 时开始自然断水多次轻搁田（搁到田边开大裂，田中开细裂后灌一次水再排水搁田，如此反复），通过多次轻搁田达到全田土壤沉实不陷脚，叶色褪淡为度；拔节后及时复水实施干湿交替的水分灌溉，直至收获前 7 天。⑥综合防治。秧田期要重点防治稻蓟马、灰飞虱及水稻条纹叶枯病；机插后及时化学除草，同时重点防治螟虫、稻飞虱、稻纵卷叶螟，用毒死蜱、三唑磷、甲维盐、锐劲特、噻嗪酮、杀虫双、阿维·毒等；病的防治，重点防治条纹叶枯病、纹枯病、稻瘟病与稻曲病等，用吡虫灵、锐劲特、井岗霉素、纹曲宁、己唑醇、三环唑、三唑酮、福美双等。⑦适时收割。当水稻籽粒 90% 谷粒黄熟时收割。

适宜区域：适宜在江苏沿江及苏南地区中上等肥力条件下作单季晚稻种植。

5. 中嘉早 17

品种来源：籼型常规稻，品种来源为中选 181／嘉育 253，中国水稻研究所与浙江省嘉兴市农业科学研究院选育。

特征特性：中嘉早 17 在长江中下游作双季早稻种植，播种期在 3 月中下旬，生育期 110 天左右，比对照浙 733 长 1~2 天。株型适中，长势较繁茂，叶色较绿，叶姿挺，分蘖力中等，谷粒椭圆形，落粒性中等，后期转色好。平均 667 平方米有效穗 19.9 万千克，成穗率 74.6%，株高 87.4 厘米，穗长 17.6 厘米，每穗总粒数 131.9 粒，实粒数 114.7 粒，结实率 87.0%，千粒重 26.0 克。经农业部稻米及制品质量监督检测中心 2006~2007 年米质检测，2 年平均整精米率 54.6%，长宽比 2.3，垩白粒率 98.3%，垩白度 21.1%，透明度 4 级，胶稠度 83 毫米，直链淀粉含量 26.8%，其两年米质指标均达到食用稻品种品质部颁 6 等。中抗稻瘟病，感白叶枯病。

产量表现：2007 年参加长江中下游早中熟早籼组品种区域试验，平均 667 平方米产 531.40 千克，比对照浙 733 增产 10.50%（极显著）；2008 年平均 667 平方米产 503.88 千克，比对照浙 733 增产 7.70%（极显著）；2 年区域试验平均 667 平方米产增产点比例 91.2%；2008 年生产试验，平均 667 平方米产 517.88 千克，比对照浙 733 增产 14.71%。在浙江、湖南、湖北、江西和安徽等省示范推广，表现高产稳产、抗性较好、适应性广等特点，平均 667 平方米产有望达到 500 千克以上，高产田块 667 平方米产有望突破 600 千克。2009 年百亩示范以 652.26 千克的平均 667 平方米产年获浙江农业吉尼斯早稻百亩示范方纪录挑战赛第一名，并以 704.35 千克的最高 667 平方米产刷新了由浙江省江山市农技推广中心保持的 698.5 千克的纪录。2011 年，江西鄱阳县珠湖农场万亩高产创建示范片经专家组现场抽样测产，亩产达 653 千克。2011 年，浙江省衢江区高家镇百亩示范，验收平均 667 平方米产达 593.6 千克。

栽培要点：①适时播种。中嘉早主要在长江中下游双季稻区作早稻种植，播种期一般在 3 月中下旬为宜。②培育壮秧。每 667 平方米播种量控制在 7~10 千克，大田每 667 平方米用种量 0.7~1.0 千克，秧本比 1：10。③合理密植。每 667 平方米栽 1.85 万丛（行株距 20 厘米×18 厘米），每丛插 3 本。每 667 平方米落田苗达 5.5 万株。在移栽时，还要注意尽可能带泥浅栽。选择阴天或晴天下午移栽，以减少败苗现象。④科学施肥。根据田块土壤肥力及目标产量合理施肥。中等肥力土壤，一般每 667 平方米施纯氮 12 千克，

氮肥施用重前期、控后期，基肥、蘖肥和穗肥的比例为 50：30：20，合理配施施磷肥（过磷酸钙 20～25 千克）和钾肥（氯化钾 10～15 千克），有条件的地方可增施每 667 平方米 500 千克有机肥做基肥，用拖拉机旋耕入土层。可少施或不施分蘖肥，而从分蘖末期到剑叶露尖前即当稻苗出现脱力发黄现象时，看苗施接力肥或穗肥。⑤水浆管理。在浅水插秧、深水返青、浅水促蘖的基础上，80% 穗数苗时开始排水轻搁田（搁到田边开大裂，田中开细裂后灌一次水再排水搁田，如此反复），后期改用间隙灌溉，不再长期建立水层。⑥综合防治。秧田期要重点防治稻蓟马；插种后及时化学除草。中嘉早 17 易感白叶枯病、稻瘟病，要重点做好叶枯病和稻瘟病的防治，并用锐劲特、杀虫双和扑虱灵等重点防治螟虫、稻飞虱、稻纵卷叶螟等虫害。⑦适时收割。在不影响晚稻种植的前期下，在 80%～90% 谷粒黄熟时收割。

适宜区域：适宜在江西、湖南、安徽、浙江的稻瘟病、白叶枯病轻发的双季稻区作早稻种植。

6. 合美占

品种来源：感温籼型常规稻品种，亲本为丰美占/合丝占，广东省农业科学院水稻研究所选育。

特征特性：早造平均全生育期 129～130 天，比粤香占迟熟 2 天。株型适中，叶色浓绿，抽穗整齐，结实率高，后期熟色好，抗倒性、苗期耐寒性中等。抗寒性模拟鉴定孕穗期为中弱，开花期为中弱。株高 97.7～99.9 厘米，穗长 20.7～21.5 厘米，亩有效穗 22.6 万～23.2 万，每穗总粒数 117.2～117.8 粒，结实率 85.0%～86.1%，千粒重 18.8～19.6 克。早造米质达省标优质 3 级，未达国标优质等级，整精米率 61.3%，垩白粒率 24%，垩白度 6.1%，直链淀粉 16.8%，胶稠度 70 毫米，食味品质分 9 分。中感稻瘟病，中 B、中 C 群和总抗性频率分别为 57.1%、72.2%、68.5%，病圃鉴定穗瘟 5.7 级，叶瘟 3 级；中抗白叶枯病（3 级）。

产量表现：2006 年早造区试，平均 667 平方米产 420.39 千克，比对照种粤香占增产 9.11%，增产极显著；2007 年早造复试，平均 667 平方米产 424.57 千克，比对照种增产 9.41%，增产极显著。2007 年早造生产试验平均 667 平方米产 445 千克，比对照种增产 4.18%。日产量 3.23～3.30 千克。

栽培要点：①适时播种。广东省潮汕地区和西南部在 2 月下旬，中南部地区在 3 月上旬。早季播种后应采用尼龙薄膜覆盖，以防冷害。②培育壮秧。采用大田常规育中大苗秧，本田用种量 1.5～2.0 千克/667 平方米，秧田播种量 10～12 千克/667 平方米。采用塑料软盘育秧，亩用种量为 2 千克。若用 502 穴的秧盘育秧，需秧盘 38～40 个。若用 561 穴的秧盘，需秧盘 34～36 个。③合理密植。插大秧早造秧龄约 30 天，抛秧秧龄约 16 天；晚造插大秧秧龄 15～18 天，抛秧秧龄约 12 天。插秧田可用 20 厘米×20 厘米或 23 厘米×20 厘米插植规格，每穴插 3～4 粒谷苗，一般 667 平方米插基本苗 5 万～6 万苗。抛秧田要求每 667 平方米抛 1.7 万～1.8 万丛。④科学施肥。早季：中等地力总施氮量约 10 千克/667 平方米。基肥 667 平方米施湿润腐熟土杂肥 500 千克或复合肥 15 千克+过磷酸钙 15 千克。移栽后 4～5 天 667 平方米施尿素 5 千克。移栽后 10～12 天 667 平方米施尿素 6 千克+氯化钾 6 千克。幼穗分化 1～2 期 667 平方米施尿素 4 千克+氯化钾 7.5 千克。

晚造：中等地力总施氮量 12 千克/667 平方米。基肥 667 平方米施湿润腐熟土杂肥 600 千克或复合肥 20 千克 + 过磷酸钙 15 千克。移栽后 2~3 天 667 平方米施尿素 5 千克。移栽后 8~9 天 667 平方米施尿素 7 千克 + 氯化钾 6 千克。幼穗分化 1~2 期 667 平方米施尿素 6 千克 + 氯化钾 7.5 千克。后期视苗情 667 平方米施尿素 2~3 千克。⑤水浆管理。在浅水插秧、寸水返青、薄水促蘖的基础上，分蘖达到有效穗苗数的 80% 时便轻露田，够苗晒田；中后期干湿交替，促使水稻根系活力强、茎秆韧健、叶片挺直而增强植株的抗倒性；抽穗前至齐穗期保持浅水层；后期防止过早断水。⑥综合防治。秧田期要重点防治稻蓟马；插种后及时化学除草。前期：抛秧前统一组织毒杀田鼠和福寿螺（667 平方米用密达 0.5 千克），结合第一次追肥施除草剂（每 667 平方米用丁苄 60~80 克或稻无草 35 克），分蘖盛期施井岗霉素防治纹枯病（667 平方米用井岗霉素 250 克对水 100 千克喷施），并抓好三化螟、稻纵卷叶螟（稻虫一次净 + 病穗灵）的防治。中期：667 平方米用纹霉清 250 毫升和蚜虱净 10 克对水 100 千克喷施防治纹枯病和稻飞虱，并注意防治稻纵卷叶螟、白叶枯和细菌性条斑病等。后期：破口期、齐穗期均要喷药防治穗颈瘟、纹枯病、三化螟等，抽穗后注意防治稻飞虱，以免造成穿顶，影响产量。杀菌剂，瘟克星 60 克/667 平方米，纹霉清 250 毫升/667 平方米。杀虫剂，90% 杀虫丹 40~50 克/667 平方米，10% 吡虫啉 10 克/667 平方米，或每次 667 平方米用乐斯本 40 毫升，对水 60 千克喷施。成熟中后期要密切防治"稻曲病"，667 平方米用瘟格新 60 克或 75% 三环唑 30 克对水 60 千克喷施。⑦适时收割。早季在 80% 谷粒黄熟、晚季在 90% 谷粒黄熟时收割。

适宜区域：适宜广东省中南和西南稻作区的平原地区早、晚造种植。

7. 桂两优 2 号

品种来源：感温型两系杂交籼稻，由广西农业科学院水稻研究所选育，2008 年通过广西壮族自治区农作物品种审定委员会审定。

栽培特性：在桂南早稻种植，全生育期 124 天左右，比对照特优 63 早熟 4 天。主要农艺性状（平均值）表现：株型紧凑、叶片短直、熟期转色好，每 667 平方米有效穗数 18.9 万穗，株高 112.2 厘米，穗长 23.2 厘米，每穗总粒数 158.0 粒，结实率 83.0%，千粒重 21.6 克。米质主要指标：糙米率 82.7%，整精米率 69.0%，长宽比 2.7，垩白米率 86%，垩白度 15.0%，胶稠度 80 毫米，直链淀粉含量 24.4%；抗性：苗叶瘟 6 级，穗瘟 7 级，穗瘟损失指数 46.2%，稻瘟病抗性综合指数 6.8；白叶枯病致病Ⅳ型 7 级，Ⅴ型 5 级。

产量表现：2006 年参加桂南稻作区早稻迟熟组初试，5 个试点平均 667 平方米产 469.50 千克，比对照特优 63 增产 8.20%；2007 年续试，5 个试点平均 667 平方米产 552.74 千克，比对照特优 63 增产 8.44%（极显著）；两年试验平均 667 平方米产 511.12 千克，比对照特优 63 增产 8.32%，增产点比例 100%。2007 年生产试验平均 667 平方米产 559.38 千克，比对照特优 63 增产 8.1%。

栽培要点：①适合选择中高水肥田块种植，充分发挥其增产潜力。②适时播种和移栽：早造 3 月上旬播种，适宜移栽秧龄以 4.5~5.0 叶为宜，抛秧叶龄 3.5~4.0 叶为宜；晚造以 7 月上旬播种，适宜移栽秧龄 18~25 天，抛秧叶龄 3.0~3.5 叶为宜；667 平方米插（抛）1.8 万~2.0 万蔸，每蔸插 2~3 粒谷秧。③肥水管理：早施重施分蘖肥，适时

补施穗粒肥；本田每 667 平方米基肥施农家肥 1 000～1 200 千克，氮：磷：钾比例为 1：0.45：0.8，每 667 平方米施纯氮 15 千克、五氧化二磷 7 千克、氧化钾 12 千克；基肥和分蘖肥量占总氮肥用量 70% 左右。生长前期浅水灌溉促分蘖，移栽后 20～25 天总苗数达 20 万～22 万即可露晒田。④做好病虫害的综合防治工作。

适应范围： 该品种符合广西水稻品种审定标准，通过审定，可在桂南稻作区作早稻种植。

8. 培两优 3076

品种来源： 培两优 3076 由湖北省农业科学院粮食作物研究所选育，2006 年通过湖北省农作物品种审定委员会审定。

特征特性： 株高 118 厘米，株型紧凑、分蘖力强、耐肥、抗倒性强。株型适中，茎秆韧性较好，部分茎节轻微外露，抗倒性较强。剑叶长挺微内卷，叶色浓绿，叶鞘紫色。穗层欠整齐，谷粒长型，秤尖紫色，少数谷粒有短芒，灌浆期间部分谷粒颖壳呈紫红色。分蘖力一般，生长势较强，成熟时叶青籽黄。区域试验中 667 平方米有效穗 17.4 万，株高 119.1 厘米，穗长 24.9 厘米，每穗总粒数 175.1 粒，实粒数 131.7 粒，结实率 75.2%，千粒重 25.31 克。全生育期 135.7 天，比 II 优 725 短 2.7 天。抗病性鉴定为高感穗颈稻瘟病，感白叶枯病。

产量表现： 2004～2005 年两年区域试验，平均 667 平方米产 564.54 千克，比对照 II 优 725 增产 1.82%。其中：2004 年 667 平方米产 545.75 千克，比 II 优 725 减产 0.81%，不显著；2005 年 667 平方米产 583.33 千克，比 II 优 725 增产 4.41%，极显著。稻米品质经农业部食品质量监督检验测试中心测定，出糙率 81.0%，整精米率 66.8%，垩白粒率 20%，垩白度 2.0%，直链淀粉含量 20.45%，胶稠度 51 毫米，长宽比 3.0，主要理化指标达到国标二级优质稻谷质量标准。

栽培要点： ①适时播种。鄂北 4 月中、下旬播种，江汉平原、鄂东 4 月底至 5 月初播种，秧田亩播种量 10 千克，匀播稀播，培育带蘖壮秧。②及时移栽，合理密植。秧龄 30 天左右，株行距 16.5 厘米×26.7 厘米，每穴插 2～3 粒谷苗，亩插基本苗 9 万～12 万苗。③科学肥水管理。一般 667 平方米施纯氮 12～15 千克，氮、磷、钾比例为 1：0.45：0.8；早施分蘖肥，促进早发；酌施穗粒肥，以钾肥为主，提高结实率。浅水勤灌，667 平方米苗数达 22 万～22 万及时排水晒田，后期忌断水过早。④注意防治稻瘟病、白叶枯病、稻曲病、螟虫及稻飞虱等病虫害。⑤适时收获，注意脱晒方式，确保稻谷品质。

适宜区域： 适于湖北省鄂西南山区以外的地区作中稻种植。

9. 五优 308

品种来源： 籼型三系杂交稻，亲本为五丰 A/广恢 308，广东省农业科学院水稻研究所选育。

特征特性： 在广东省种植早造平均全生育期 125～127 天，与中 9 优 207 相当。株型中集，分蘖力和抗倒力中强，有效穗多，剑叶短小，穗大粒多，后期熟色好。在长江中下游作双季晚稻种植，全生育期平均 112.2 天，比对照金优 207 长 1.7 天，遇低温略有包颈。株型适中，每 667 平方米有效穗数 19.4 万穗，株高 99.6 厘米，穗长 21.7 厘米，每穗总粒数 157.3 粒，结实率 73.3%，千粒重 23.6 克。抗性：稻瘟病综合指数 5.1 级，穗

瘟损失率最高9级，抗性频率85%；白叶枯病平均6级，最高7级；褐飞虱5级。米质主要指标：整精米率59.1%，长宽比2.9，垩白粒率6%，垩白度0.8%，胶稠度58毫米，直链淀粉含量20.6%，达到国家《优质稻谷》标准1级。

产量表现： 2005年、2006年早造参加广东省区试，平均667平方米产分别为491.2千克和438.6千克，分别比对照种中9优207增产17.30%和13.84%，增产均达显著水平；2006年参加长江中下游早熟晚籼组品种区域试验，平均667平方米产512.0千克，比对照金优207增产9.48%（极显著）；2007年续试，平均667平方米产497.0千克，比对照金优207增产3.95%（极显著）；两年区域试验平均667平方米产504.5千克，比对照金优207增产6.68%，增产点比例80.8%。2007年生产试验，平均667平方米产511.7千克，比对照金优207增产0.29%。受国家农业部委托，广东省农业厅对杂交稻五优308在广东省兴宁市百亩示范片进行产量实割验收。667平方米产量达到722.6千克。

栽培要点： ①适时播种：广东省潮汕地区和西南部在2月下旬播种，中南部地区在3月上旬播种，粤北地区3月中旬播种。早季播种后应采用尼龙薄膜覆盖，以防冷害。②培育壮秧：采用大田育中苗秧，本田用种量1.0～1.2千克/667平方米，秧田播种量8～10千克/667平方米。采用塑料软盘育秧，667平方米用种量为1.5千克。若用502穴的秧盘育秧，需秧盘38～40个。若用561穴的秧盘，需秧盘34～36个。③合理密植：插大秧早造秧龄约30天，抛秧秧龄约16天；晚造插大秧秧龄15～18天，抛秧秧龄约12天。插秧田可用20.0厘米×20厘米或20厘米×23厘米插植规格，一般667平方米插基本苗4万～6万苗。抛秧田要求每667平方米抛1.7万～1.8万丛。④科学施肥：早季：中等地力总施氮量约9千克/667平方米。基肥667平方米施湿润腐熟土杂肥500千克或复合肥15千克＋过磷酸钙15千克。移栽后4～5天667平方米施尿素4～5千克。移栽后10～12天667平方米施尿素5～6千克＋氯化钾6千克。幼穗分化1～2期667平方米施尿素4千克＋氯化钾7.5千克。晚造：中等地力总施氮量11～12千克/667平方米。基肥667平方米施湿润腐熟土杂肥600千克或复合肥20千克＋过磷酸钙15千克。移栽后2～3天667平方米施尿素5千克。移栽后8～9天667平方米施尿素6～7千克＋氯化钾6千克。幼穗分化1～2期667平方米施尿素5～6千克＋氯化钾7.5千克。后期视苗情667平方米施尿素2～3千克。⑤水浆管理：在浅水插秧、寸水返青、薄水促蘖的基础上，分蘖达到有效穗苗数的80%时便轻露田，够苗晒田；中后期干湿交替，促使水稻根系活力强、茎秆韧健、叶片挺直而增强植株的抗倒性；抽穗前至齐穗期保持浅水层；后期防止过早断水。⑥综合防治：秧田期要重点防治稻蓟马；插种后及时化学除草。前期：抛秧前统一组织毒杀田鼠和福寿螺（667平方米用密达0.5千克），结合第一次追肥施除草剂（每667平方米用丁苄60～80克或稻无草35克），分蘖盛期施井岗霉素防治纹枯病（667平方米用井岗霉素5两对水100千克喷施），并抓好三化螟、稻纵卷叶螟（稻虫一次净＋病穗灵）的防治。中期：亩用纹霉清250毫升和蚜虱净10克对水100千克喷施防治纹枯病和稻飞虱，并注意防治稻纵卷叶螟、白叶枯和细菌性条斑病等。后期：破口期、齐穗期均要喷药防治穗颈瘟、纹枯病、三化螟等，抽穗后注意防治稻飞虱，以免造成穿顶，影响产量。杀菌剂，瘟克星60克/667平方米，纹霉清250毫升/667平方米。杀虫剂，90%杀虫丹40～50克/667平方米，10%吡虫啉10克/667平方米，或每次亩用乐斯本40毫升，对水60千克

喷施。成熟中后期要密切防治"稻曲病"，667 平方米用瘟格新 60 克或 75% 三环唑 30 克对水 60 千克喷施。⑦适时收割。早季在 80% 谷粒黄熟、晚季在 90% 谷粒黄熟时收割。

适宜区域： 适宜广东省粤北和中北稻作区早、晚造种植。适宜在长江以南的双季稻区作晚稻种植。

10. 五丰优 T025

品种来源： 籼型三系杂交水稻，母本五丰 A，父本昌恢 T025，江西农业大学农学院选育。2008 年江西审定。2010 年农业部认定为超级稻品种。

特征特性： 该品种属籼型三系杂交水稻。在长江中下游作双季晚稻种植，全生育期平均 112.3 天，比对照金优 207 长 1.4 天。株型适中，叶姿挺直，熟期转色好，叶鞘、稃尖紫色，每 667 平方米有效穗数 18.8 万穗，株高 103.3 厘米，穗长 22.8 厘米，每穗总粒数 174.6 粒，结实率 77.7%，千粒重 22.8 克。米质优，米质主要指标，整精米率 56.1%，长宽比 2.9，垩白粒率 29%，垩白度 4.7%，胶稠度 52 毫米，直链淀粉含量 22.5%，达到国家《优质稻谷》标准 3 级。高感稻瘟病，感白叶枯病，高感褐飞虱。抗性稻瘟病综合指数 5.5 级，穗瘟损失率最高级 9 级；白叶枯病 7 级；褐飞虱 9 级。

产量表现： 2007 年参加长江中下游晚籼早熟组品种区域试验，平均 667 平方米产 501.1 千克，比对照金优 207 增产 3.2%（极显著）；2008 年续试，平均 667 平方米产 501.5 千克，比对照金优 207 增产 0.8%（不显著）。两年区域试验平均 667 平方米产 501.3 千克，比对照金优 207 增产 2.0%，增产点比率 55.4%。2009 年生产试验，平均 667 平方米产 490.11 千克，比对照金优 207 增产 14.0%。

栽培要点： ①培养壮秧：采用塑盘育秧或湿润育秧。塑盘育秧，每 667 平方米大田配足 434 孔秧盘 65 片；湿润育秧按秧田：大田为 1：10 配足秧田。每 667 平方米大田用种量 1.25 千克。②适龄早栽，保证密度：塑盘育秧秧龄 20 天左右进行抛栽，湿润育秧秧龄 25 天左右进行移栽。抛栽提倡点抛，每 667 平方米大田抛足 2.0 万~2.2 万蔸；移栽采用 13.3 厘米×26.7 厘米或 16.7 厘米×20 厘米的株行距，每 667 平方米大田保证 1.8 万~2.0 万蔸，每蔸 2 粒谷苗。③肥水管理：每 667 平方米大田施氮（N）14 千克，磷（P_2O_5）5~6 千克，钾（K_2O）12 千克。在稻草还田基础上，每 667 平方米施含氮磷钾 45% 的复合肥 40 千克或尿素 13~14 千克、钙镁磷肥 40 千克作基肥。在移（抛）栽后 5~7 天结合化学除草施分蘖肥，每 667 平方米施尿素 5 千克，氯化钾 12.5 千克。在倒 2 叶抽出期（约抽穗前 15~18 天）施穗肥，每 667 平方米施尿素 10~12 千克和氯化钾 5~6 千克。薄水抛（插），浅水活棵，湿润分蘖，达到 16 万~18 万/667 平方米苗时开始晒田，足水保胎，有水抽穗扬花，干湿灌浆，收割前 7 天左右断水。④病虫害防治：秧田期注意防治稻蓟马、稻飞虱、二化螟和三化螟；移栽前秧田 3~5 天喷施一次长效农药，秧苗带药下田。分蘖期注意防治二化螟；孕穗期注意防治纹枯病、稻纵卷叶螟和细菌性条斑病，破口抽穗初期以防治二化螟、稻飞虱、稻曲病为重点。稻蓟马和叶蝉可用 20% 吡虫啉进行防治；稻曲病在水稻抽穗前 5~10 天，每 667 平方米用 12.55% 纹霉清水剂 400~500 毫升，或用 5% 井冈霉素水剂 400~500 毫升，对水 50 千克喷雾；细菌性条斑病，每 667 平方米用 10% 叶枯净（杀枯净）可湿性粉剂 200 倍液，或用 50% 敌枯唑（叶枯灵）可湿性粉剂 1 000 倍液 50 千克喷雾进行防治。杂草防治每 667 平方米可选用 30% 丁苄 100~120

克或 35% 苄嘧 20～30 克等除草剂与分蘖肥拌匀后撒施，并保持浅水层 5 天。

适种区域：适宜在江西、湖南、湖北、浙江以及安徽长江以南的稻瘟病、白叶枯病轻发的双季稻区作晚稻种植。

11. 新丰优 22

品种来源：籼型三系杂交水稻，母本新丰 A（父本浙恢 22，江西大众种业有限公司选育。2007 年江西审定，2010 年农业部认定超级稻品种。

特征特性：全生育期 114.7 天，比对照金优 402 迟熟 3.2 天。该品种株型适中，叶色浓绿，剑叶窄挺，长势繁茂，分蘖力强，有效穗较多，稃尖无色，穗粒数较多，结实率高，熟期转色好。株高 97.2 厘米，667 平方米有效穗 21.4 万穗，每穗总粒数 109.2 粒，实粒数 88.7 粒，结实率 81.2%，千粒重 26.3 克。出糙率 82.6%，精米率 68.1%，整精米率 52.0%，垩白粒率 15%，垩白度 1.5%，直链淀粉 19.22%，胶稠度 62 毫米，粒长 7.0 毫米，粒型长宽比 3.2。米质达国优 3 级。稻瘟病抗性自然诱发鉴定：穗颈瘟为 9 级，高感稻瘟病。

产量表现：2006～2007 年参加江西省水稻区试，2006 年平均 667 平方米产 470.52 千克，比对照金优 402 增产 6.19%，显著；2007 年平均 667 平方米产 483.88 千克，比对照金优 402 增产 4.99%，显著。两年平均 667 平方米产 477.20 千克，比对照金优 402 增产 5.58%。

栽培要点：①培育壮秧。3 月 20 播种，每 667 平方米大田备足种子 2.0 千克，移栽前 2～3 天施送嫁肥，按每片秧盘 3 克尿素和 3 克氯化钾，对水 300 克喷施，施肥后用清水再喷一次。提倡采用塑盘育秧和旱床育秧。塑盘育秧，每 667 平方米大田配足 434 孔秧盘 70 片或 564 孔秧盘 50 片。②适龄早栽，保证密度。秧龄 25 天左右进行抛（移）栽。提倡点抛，每 667 平方米大田抛 2.2 万～2.5 万蔸；移栽采用 13.3 厘米×23.3 厘米的株行距，每 667 平方米大田保证 2.0 万蔸以上，每蔸 3 粒谷苗。③肥水管理。中等肥力田块，本田每 667 平方米施氮（N）11 千克，磷（P_2O_5）5～6 千克，钾（K_2O）8～10 千克。红花草田穗肥氮酌情少施。基肥在耙田前每 667 平方米施含 45% 的复合肥 30 千克，或钙镁磷肥 40 千克、尿素 10 千克。分蘖肥在移栽后 5～7 天结合化学除草施分蘖肥，每 667 平方米施尿素 8～10 千克，氯化钾 10 千克。穗肥在倒 2 叶抽出期（约抽穗前 15 天）施尿素 5～6 千克氯化钾 8～10 千克。无水或薄水移栽，薄水返青，湿润分蘖，达到 18 万～20 万苗/667 平方米晒田，保水孕穗扬花，干湿灌浆，收割前 5 天断水。④病虫草害防治。移栽前秧田 3～5 天喷施一次长效农药，秧苗带药下田。移栽后 5～7 天，每 667 平方米可选用 30% 丁苄 100～120 克或 35% 苄嘧 20～30 克等除草剂与分蘖肥拌匀后撒施，并保持浅水层 5 天。5 月上中旬（分蘖盛期）防治二化螟。5 月下旬至 6 月上旬（分蘖末期至孕穗期）重点防治纹枯病和稻纵卷叶螟。6 月中旬（破口抽穗初期）重点防治稻瘟病、纹枯病、二化螟。6 月下旬至 7 月上中旬（穗期）重点防治纹枯病、稻飞虱。

适宜区域：赣中南稻瘟病轻发区种植。

12. 天优 3301

品种来源：籼型三系杂交稻，亲本为天丰 A×闽恢 3301，福建省农业科学院生物技术研究所、广东省农业科学院水稻研究所选育。

特征特性：该品种属籼型三系杂交水稻。在长江中下游作一季中稻种植，全生育期平均 133.3 天，比对照Ⅱ优 838 短 1.7 天。株型适中，长势繁茂，熟期转色好，每 667 平方米有效穗数 16.5 万穗，株高 118.9 厘米，穗长 24.3 厘米，每穗总粒数 165.2 粒，结实率 81.3%，千粒重 29.7 克。抗性：稻瘟病综合指数 3.3 级，穗瘟损失率最高级 5 级；白叶枯病 9 级；褐飞虱 7 级；耐寒性一般。米质主要指标：整精米率 47.9%，长宽比 3.1，垩白粒率 36%，垩白度 6.0%，胶稠度 79 毫米，直链淀粉含量 23.2%。

产量表现：2006 年参加福建省晚稻 C 组区试，平均 667 平方米产 504.73 千克，比对照汕优 63 增产 14.04%，达极显著水平；2007 年续试，平均 667 平方米产 502.21 千克，比对照汕优 63 增产 13.74%，达极显著水平。2007 年晚稻生产试验平均 667 平方米产 519.64 千克，比对照汕优 63 增产 12.81%。2007 年参加长江中下游中籼迟熟组品种区域试验，平均 667 平方米产 586.4 千克，比对照Ⅱ优 838 增产 4.4%（极显著）；2008 年续试，平均 667 平方米产 610.1 千克，比对照Ⅱ优 838 增产 8.0%（极显著）。两年区域试验平均 667 平方米产 598.3 千克，比对照Ⅱ优 838 增产 6.19%，增产点比率 83.3%。2009 年生产试验，平均 667 平方米产 581.1 千克，比对照Ⅱ优 838 增产 6.9%。2008 年，福建省科技厅委托福建省农业科学院组织专家对尤溪县"天优 3301"百亩示范片进行产量验收，平均 667 平方米产达 893.27 千克，高产田块 667 平方米产量达 978.33 千克。

栽培要点：①适时播种：一般在 5 月 15～30 日播种为宜。如播种过迟，生育期缩短，会使穗型变小。②培育壮秧：秧田播种量 6～7.5 千克/667 平方米，大田 667 平方米用种量 1.0～1.2 千克，秧本比 1∶10。③合理密植：插大秧秧龄控制在 30 天内，株行距 20 厘米×20 厘米或 20 厘米×23 厘米，亩插 1.6 万～1.7 万穴，每穴插 2 粒谷苗。在移栽时，还要注意尽可能带泥浅栽。选择阴天或晴天下午移栽，以减少败苗现象。④科学施肥：中等地力总施氮量约 10 千克/667 平方米。基肥 667 平方米施湿润腐熟土杂肥 500 千克或复合肥 15 千克＋过磷酸钙 15 千克。移栽后 4～5 天 667 平方米施尿素 5 千克。移栽后 10～12 天 667 平方米施尿素 5～6 千克＋氯化钾 6 千克。幼穗分化 1～2 期 667 平方米施尿素 4 千克＋氯化钾 7.5 千克。后期视苗情 667 平方米施尿素 2～3 千克。⑤水浆管理：在浅水插秧、寸水返青、薄水促蘖的基础上，分蘖达到有效穗苗数的 80% 时便轻露田，够苗晒田；中后期干湿交替，促使水稻根系活力强、茎秆韧健、叶片挺直而增强植株的抗倒性；抽穗前至齐穗期保持浅水层；后期防止过早断水。⑥综合防治：秧田期要重点防治稻蓟马；插种后及时化学除草。前期：抛秧前统一组织毒杀田鼠和福寿螺（667 平方米用密达 0.5 千克），结合第一次追肥施除草剂（每 667 平方米用丁苄 60～80 克或稻无草 35 克），分蘖盛期施井岗霉素防治纹枯病（667 平方米用井岗霉素 0.5 千克对水 100 千克喷施），并抓好三化螟、稻纵卷叶螟（稻虫一次净＋病穗灵）的防治。中期：亩用纹霉清 250 毫升和蚜虱净 10 克对水 100 千克喷施防治纹枯病和稻飞虱，并注意防治稻纵卷叶螟、白叶枯和细菌性条斑病等。后期：破口期、齐穗期均要喷药防治穗颈瘟、纹枯病、三化螟等，抽穗后注意防治稻飞虱，以免造成穿顶，影响产量。杀菌剂，瘟克星 60 克/667 平方米，纹霉清 250 毫升/667 平方米。杀虫剂，90% 杀虫丹 40～50 克/667 平方米，10% 吡虫啉 10 克/667 平方米，或每次 667 平方米用乐斯本 40 毫升，对水 60 千克喷施。成熟中后期要密切防治"稻曲病"，667 平方米用瘟格新 60 克或 75% 三环唑 30 克对水 60 千克喷施。⑦适

时收割。天优 3301 穗型大，籽粒二次灌浆明显，如过早收割，影响产量。收割过迟，则易使植株基部叶片枯烂，又易倒伏，因此特别强调在 80%～90% 谷粒黄熟时收割。

适宜区域：适宜在江西、湖南、湖北、安徽、浙江、江苏的长江流域稻区（武陵山区除外）以及福建北部、河南南部稻区的白叶枯病轻发区作一季中稻种植。

六、2011 年认定的超级稻特性

1. 沈农 9816

品种来源：粳型常规水稻，母本江西丝苗/辽粳 454//辽粳 454，父本辽粳 454，沈阳农业大学选育。2008 年辽宁审定，2011 年被农业部认定为超级稻品种。

特征特性：在沈阳以南种植生育期 157 天左右，属中晚熟品种。苗期叶色浓绿，叶片挺直，株高 100.8 厘米，株型紧凑，分蘖力中等偏强，主茎 15 片叶，半直立穗型，穗长 17 厘米，穗粒数 139.1 粒，千粒重 22.6 克，颖壳黄白色，偶有稀短芒。经农业部稻米及制品质量监督检验测试中心（杭州）测定，糙米率 80.9%，精米率 72.1%，整精米率 69.4%，粒长 4.7 毫米，籽粒长宽比 1.7，垩白粒率 11%，垩白度 1.5%，透明度 1 级，碱消值 7.0 级，胶稠度 84 毫米，直链淀粉 17.7%，蛋白质 8.4%，米质优。经田间穗颈瘟病情鉴定调查，中抗穗颈瘟。

产量表现：2006～2007 年参加辽宁省水稻中晚熟组区域试验，14 点次增产，1 点次减产，两年平均 667 平方米产 597.8 千克，比对照辽粳 294（辽粳 9 号）增产 5.4%；2007 年参加同组生产试验，平均 667 平方米产 609.0 千克，比对照辽粳 9 号增产 3.7%。

栽培要点：①培育壮秧：4 月上旬播种，用优质壮秧剂配制育苗营养土，插秧前施送嫁肥，每平方米施硫铵 50 克。苗床出现表土发白或早晨稻苗不吐水时浇水。②合理密植：5 月中旬插秧，行株距 30 厘米×（13.3～16.6）厘米，每穴 3～5 苗。③科学施肥：平衡施肥，增施有机肥，施足基肥，早施追肥，避免偏施氮肥，增施磷、钾肥，老稻田适当施用硅肥。移栽前每 667 平方米施农家肥 1 500～2 000 千克、尿素 14 千克和 14 千克磷酸二铵、7 千克钾肥、1 千克锌肥、20 千克硅肥；5 月末至 6 月初施第一次分蘖肥，每 667 平方米施尿素 14 千克，7 千克钾肥；7 月中旬施穗肥，每 667 平方米尿素 7 千克；8 月 10 日前后视稻田长势长相施粒肥，长势差的地块每 667 平方米施尿素 2 千克左右。④水浆管理：3～5 厘米浅水返青；3 厘米以内浅水分蘖；分蘖后期长势旺的田块适度晒田。长穗期浅湿间歇、以浅为主，遇低温时深水护苗。抽穗开花阶段保持 3 厘米浅水层；灌浆阶段干湿交替、以湿为主；蜡熟阶段干湿交替、以干为主。⑤病虫草防治：播种前用恶苗净或咪酰胺等严格进行种子消毒，防治恶苗病；移栽后 5～7 天化学药剂封闭保持浅水层 5～7 天。移栽后发现稻水象甲啃食水稻叶片时施药，如果用药后 7～10 天，仍发现有较多成虫时，再次用药；每 667 平方米用 20% 三唑磷乳油 100～150 毫升，按说明对水喷雾。二化螟在一代幼虫卵孵化高峰期（6 月下旬和 8 月上旬）重点防控。每 667 平方米用 18% 杀虫双撒滴剂 200～250 毫升对水 50 千克，按说明对水喷雾。7 月中下旬用富士一号乳油或瘟纹净可湿性粉剂对水喷雾防叶瘟；抽穗前 5～7 天施富士一号防治穗颈瘟。纹枯病每 667 平方米用 5% 井岗霉素水剂 150 毫升，或用 40% 瘟纹净粉剂 80～100 克，对水喷雾，隔7～10 天再喷一次。稻曲病防治抽穗前 5～7 天喷施稻丰灵，或用 50% DT 杀菌剂 150 克，

对水喷雾。

适宜区域：适宜在沈阳以南中晚熟稻区种植。

2. 南粳 45

品种来源：迟熟中粳常规稻，原名"宁32213"，江苏省农业科学院粮食作物研究所以中粳315/盐334-6//武运粳8号选育而成。2009年江苏省审定，2011年农业部认定为超级稻品种。

特征特性：该品种在江苏苏中及宁镇扬丘陵地区作机插栽培全生育期145天左右，株高105厘米左右，主茎总叶片数16张左右，5个伸长节间，株型较紧凑，长势较旺，叶色淡绿，分蘖力较强，穗型中等，群体整齐度较好，后期熟相佳，抗倒性强，产量高。667平方米产700千克以上的产量结构一般每667平方米有效穗数21万~24万，每穗粒数130~150粒，结实率90%以上，千粒重28~29克；接种鉴定中抗白叶枯病，感穗颈瘟，高感纹枯病；条纹叶枯病2006~2008年田间种植鉴定最高穴发病率23.3（感病对照3年平均穴发病率69.6%）；米质理化指标据农业部食品质量检测中心2006年检测，整精米率70.7%，垩白粒率25.0%，垩白度1.5%，胶稠度80.0毫米，直链淀粉含量16.2%，达国标三级优质稻谷标准。

产量表现：2006~2007年参加江苏省区试，两年平均667平方米产603.1千克，2006年较对照武育粳3号增产10.6%，2007年较对照扬辐粳8号增产7.9%，两年增产均极显著；2008年生产试验平均667平方米产618.8千克，较扬辐粳8号增产6.3%。2009年江宁淳化街道百亩机插高产示范方经江苏省农业委员会组织的专家验收，实收667平方米产731.2千克，2009年镇江新区百亩机插攻关方实收667平方米产797千克，2010年江宁百亩旱育稀植攻关方实收667平方米产799.3千克。

栽培要点：①适期早播：机插栽培一般在5月25日至6月5日播种为宜。如播种过迟，生育期缩短，会使穗型变小，并影响安全成熟。②培育壮秧：选用培肥过筛细营养土或基质育秧，播种前晒种1~2天后进行药剂浸种，每盘播芽谷140克左右，秧田期实施湿育旱管。③合理密植：机插行距30厘米，株距10~13厘米，亩插1.7万~1.9万穴，每穴插基本苗3~4本。在栽插前，应进行精细整地，确保田面平整、整洁，栽插时应保持土壤沉实与薄水浅插。④精确施肥：根据目标产量、土壤地力与肥料利用率，实施精确施肥，并注意有机无机合理搭配。中上等肥力土壤，目标亩产700千克左右田块一般667平方米大田施纯氮18~20千克，五氧化二磷5~6千克，氧化钾9~10千克。其中，基肥在麦秸秆全量还田基础上，667平方米施45%复合肥25~30千克及尿素5~7.5千克；分蘖肥在机插后5~7天、7~12天分别施尿素5~7.5千克；穗肥在主茎叶龄余数为4.0~3.5叶时施用促花肥，每667平方米施45%复合肥20千克及尿素5~7.5千克，在主茎余叶龄2.0叶时施用保花肥，每667平方米施尿素5~7.5千克或45%复合肥10~15千克。具体施肥时间与施肥量还应根据群体苗情与叶色灵活掌握，如在有效分蘖临界叶龄期，群体不足，或叶色落黄较早，则应适当提早施用穗肥与加大穗肥用量，如群体过大，或叶色过深，则需推迟施穗肥，并减少穗肥用量。⑤水浆管理：在机插后的第1、第2叶龄期实施日灌夜露，晴灌阴露的间隙灌溉方式，分蘖期浅水勤灌，灌水水深以3厘米为宜，待期自然落干，再上新水；当田间茎蘖数达到穗数苗80%时开始自然断水多次轻搁田（搁到

田边开大裂，田中开细裂后灌一次水再排水搁田，如此反复），通过多次轻搁田达到全田土壤沉实不陷脚，叶色褪淡为度；拔节后及时复水实施干湿交替的水分灌溉，直至收获前7天。⑥综合防治。秧田期要重点防治稻蓟马、灰飞虱及水稻条纹叶枯病；机插后及时化学除草，同时重点防治螟虫、稻飞虱、稻纵卷叶螟，用毒死蜱、三唑磷、甲维盐、锐劲特、噻嗪酮、杀虫双、阿维·毒等；病的防治，重点防治条纹叶枯病、纹枯病、稻瘟病与稻曲病等，用吡虫灵、锐劲特、井岗霉素、纹曲宁、己唑醇、三环唑、三唑酮、福美双等。⑦适时收割。当水稻籽粒90%谷粒黄熟时收割。

适宜区域：适于江苏苏中及宁镇扬丘陵地区中上等肥力条件下作单季晚稻种植。

3. 武运粳 24 号

品种来源：迟熟中粳常规稻，原名"泰粳394"，母本农垦57/桂华黄，父本9746，常州市武进区农业科学研究所选育。2010年江苏省审定，2011年农业部认定为超级稻品种。

特征特性：该品种在江苏苏中及宁镇扬丘陵地区作机插栽培全生育期150天左右，株高100厘米左右，主茎总叶片数16～17张，5～6个伸长节间，株型集散适中，长势较旺，分蘖力较强，穗型中等，着粒密度中等，籽粒灌浆具轻微二次灌浆，易脱粒，后期熟相好，抗倒性强，667平方米产700千克左右的高产田块产量结构一般每667平方米有效穗数21万～24万，每穗粒数130～150粒，结实率90%以上，千粒重26～27克；接种鉴定：中抗白叶枯病，感穗颈瘟、纹枯病，中感条纹叶枯病，2007～2009年田间种植鉴定最高穴发病率24.3%（感病对照三年平均穴发病率60.55%）；品质理化指标根据农业部食品质量检测中心2009年检测，整精米率75.2%，垩白粒率20.0%，垩白度2.0%，胶稠度82.0毫米，直链淀粉含量15.2%，达到国标二级优质稻谷标准。

产量表现：2007～2008年参加江苏省区试，2年平均667平方米产607.5千克，2007年较对照扬辐粳8号增产9.4%，2008年较对照淮稻9号增产3.2%，2年增产均达极显著水平；2009年生产试验平均667平方米产627.0千克，较对照扬辐粳8号增产10.6%。2009～2010年江苏兴化钓鱼镇钓鱼村、姚家村、姜堰河横村百亩高产攻关方平均667平方米产750千克，2010年兴化市钓鱼镇钓鱼村千亩示范方平均667平方米产710千克，2010年江苏（武进）农科所高产攻关667平方米产825.9千克。

栽培要点：①适期早播：机插栽培一般在5月20～30日播种为宜。如播种过迟，生育期缩短，会使穗型变小，并影响安全成熟。②培育壮秧：选用培肥过筛细营养土或基质育秧，播种前晒种1～2天后进行药剂浸种，每盘播芽谷140克左右，秧田期实施湿育旱管。③合理密植：机插行距30厘米，株距10～13厘米，667平方米插1.7万～1.9万穴，每穴插基本苗3～4本。在栽插前，应进行精细整地，确保田面平整、整洁，栽插时应保持土壤沉实与薄水浅插。④精确施肥：根据目标产量、土壤地力与肥料利用率，实施精确施肥，并注意有机无机合理搭配。中上等肥力土壤，目标667平方米产700千克左右田块一般667平方米大田施纯氮19～21千克，五氧化二磷5～6千克，氧化钾9～10千克。其中，基肥在麦秸秆全量还田基础上，667平方米施45%复合肥25～30千克；分蘖肥在机插后5～7天、7～12天分别施尿素7.5千克；穗肥在主茎叶龄余数为4.0～3.5叶时施用促花肥，每667平方米施45%复合肥15千克及尿素7.5～10千克，在主茎余叶龄2.0叶

时施用保花肥，每 667 平方米施尿素 7.5～10 千克。具体施肥时间与施肥量还应根据群体苗情与叶色灵活掌握，如在有效分蘖临界叶龄期，群体不足，或叶色落黄较早，则应适当提早施用穗肥与加大穗肥用量，如群体过大，或叶色过深，则需推迟施穗肥，并减少穗肥用量。⑤水浆管理：在机插后的第 1、第 2 叶龄期实施日灌夜露，晴灌阴露的间隙灌溉方式，分蘖期浅水勤灌，灌水水深以 3 厘米为宜，待期自然落干，再上新水；当田间茎蘖数达到穗数苗 80% 时开始自然断水多次轻搁田（搁到田边开大裂，田中开细裂后灌一次水再排水搁田，如此反复），通过多次轻搁田达到全田土壤沉实不陷脚，叶色褪淡为度；拔节后及时复水实施干湿交替的水分灌溉，直至收获前 7 天。⑥综合防治：秧田期要重点防治稻蓟马、灰飞虱及水稻条纹叶枯病；机插后及时化学除草，同时重点防治螟虫、稻飞虱、稻纵卷叶螟，用毒死蜱、三唑磷、甲维盐、锐劲特、噻嗪酮、杀虫双、阿维·毒等；病的防治，重点防治条纹叶枯病、纹枯病、稻瘟病与稻曲病等，用吡虫灵、锐劲特、井岗霉素、纹曲宁、己唑醇、三环唑、三唑酮、福美双等。⑦适时收割。当水稻籽粒 90% 谷粒黄熟时收割。

适宜区域： 适于江苏苏中及宁镇扬丘陵地区中上等肥力条件下作单季晚稻种植。

4. 甬优 12

品种来源： 三系籼粳杂交稻，甬粳 2 号 A×F5032。浙江省宁波市农业科学研究院、宁波市种子有限公司等选育。2011 年被农业部认定为超级稻品种。

特征特性： 甬优 12 在长江中下游作单季晚稻种植，全生育期平均 152.7 天，比对照秀水 63 长 5.3 天。甬优 12 感光性强，提早播种，生育期还会延长。甬优 12 生长整齐，植株较高，平均株高 120.9 厘米，株型较紧凑，剑叶挺直而内卷，叶色浓绿，茎秆粗壮；分蘖力中等，穗大粒多，着粒密，穗基部枝梗散生；谷壳黄亮，偶有顶芒，颖尖无色，谷粒短圆形。抗倒伏能力强，熟期转色较好。区试平均 667 平方米有效穗 12.3 万穗，成穗率 57.1%，穗长 20.7 厘米，每穗总粒数 327.0 粒，实粒数 236.8 粒，结实率 72.4%，千粒重 22.5 克。经农业部稻米及制品质量监督检测中心 2007～2008 年两年米质检测，平均整精米率 68.8%，长宽比 2.1，垩白粒率 29.7%，垩白度 5.1%，透明度 3 级，胶稠度 75.0 毫米，直链淀粉含量 14.7%，两年米质指标分别达到食用稻品种品质部颁 5 等和 4 等。中抗稻瘟病和条纹叶枯病，中感白叶枯病，感褐稻虱。因穗部着粒较紧，始齐穗时间较长，较易发生稻曲病。

产量表现： 2007 年浙江省单季杂交晚粳稻区试，平均 667 平方米产 554.6 千克，比对照秀水 09 增产 11.3%；2008 年省单季杂交晚粳稻区试，平均 667 平方米产 576.1 千克，比对照秀水 09 增产 21.4%，达极显著水平；两年省区试平均 667 平方米产 565.4 千克，比对照增产 16.2%。2009 年省生产试验平均 667 平方米产 603.7 千克，比对照增产 22.7%。甬优 12 产量潜力大，大面积种植 667 平方米产可达 700 千克。2008 年，甬优 12 号以 667 平方米产 836.39 千克的骄人成绩摘得浙江省农业吉尼斯水稻 667 平方米产量之冠，2010 年甬优 12，667 平方米产 858.5 千克，创造全省水稻高产纪录。2011 年 12 月浙江省农业厅组织专家对永康市石柱镇 1.08 亩甬优 12 超级稻测产验收，实际产量高达 936.9 千克/667 平方米，首次突破 667 平方米产量 900 千克的超高产水平。

栽培要点： ①适时播种：在浙江省一般 5 月中下旬播种，甬优 12 感光性强，如播种

过迟，生育期缩短，会使穗型变小。②培育壮秧：每667平方米秧田播种量控制在6~7千克，大田用种量0.6~0.7千克，秧本比1:10；机插每盘播种量70~80克，每667平方米20盘，每667平方米用种量约1.5千克。③合理密植：栽前1周进行干湿翻耕，晒垡，翻耕30厘米深。移栽前1天先旋耕，后灌浅水耙平，带水耙平不宜多次，以平为度，待泥土沉实后移栽。手插秧每667平方米移栽1.1万丛（行株距30厘米×20厘米）为宜，每丛插基本苗1本。在移栽时，还要注意尽可能带泥浅栽。机插每667平方米1.2万~1.4万丛，行距30厘米，株距16~18厘米。选择阴天或晴天下午移栽，以减少败苗现象。④科学施肥：原则施足有机肥，增施磷、钾肥，适当控制中后期氮肥。总施氮量在15千克/667平方米左右。基蘖与穗肥比6:4。基肥：667平方米施15~20担栏肥或667平方米施饼肥50千克，钙镁磷肥40千克，复合肥20千克，2千克尿素。基肥中饼肥50千克和钙镁磷肥40千克在翻耕前施，复合肥和尿素在移栽前面施。分蘖肥：在栽后5~6天，667平方米施复合肥10千克和5千克尿素。并结合杂草防治，拌除草剂混施。分蘖中后期，根据苗情施肥，促进全田生长平衡。穗肥：在第一节间定长，倒4叶露尖时，根据田块苗情，667平方米施10千克复合肥和2千克尿素。倒2叶露尖时，667平方米施5千克尿素。后期根据水稻生长状况适量施复合肥，齐穗期喷爱苗15~20毫升，花后结合病虫防治，叶面喷施磷酸二氢钾（浓度0.2%）。甬优12要适当控制基本苗和氮肥用量，加强对稻曲病的防治。⑤水浆管理：灌浅水层（3厘米）移栽活棵，到施分蘖肥时要求地面已无水层，结合施分蘖肥灌浅水层。然后，按田间有浅水层4~5天，无水层4~5天的周期灌水。当苗数达到穗数苗数80%时（12万苗/667平方米）开始轻搁田，采用多次轻搁田，控制最高蘖数为穗数苗的1.3~1.4倍。营养生长过旺时适当重搁田，控制苗峰，使最高苗不超过21万。达到叶色转淡，叶片挺直，苗峰下降。倒4叶叶龄期，结合施穗肥复水，采用干干湿湿，直至成熟。移栽后15天左右田间基本无水层时，用耘田工具进行耘田搅土送气除草，促进根系深长。⑥综合防治：在施分蘖肥时，可用丁苄等除草剂，拌匀施下，做好杂草防治。秧田重点防治稻蓟马和灰飞虱，消毒种子清水洗净后，用吡虫啉拌种再播种，1~2叶期用毒死蜱等喷雾严防灰飞虱等害虫，移栽前2~3天喷施吗胍乙酸铜和毒死蜱、吡虫啉等，带药下田。本田分蘖到抽穗重点防治螟虫，稻飞虱，抽穗后注意纵卷叶螟。病害重点防治纹枯病，7月下旬开始用爱苗等预防纹枯病兼治菌核病。如遇台风应关注细条病和白叶枯病发生和防治。

适宜区域：适宜在浙江、上海和江苏南部的稻瘟病轻发的晚粳稻区作单季晚稻种植。

5. 陵两优268

品种来源：籼型两系杂交水稻。湖南隆平种业有限公司、国家杂交水稻工程技术研究中心选育，2008年通过国家农作物品种审定委员会审定。

特征特性：在长江中下游作双季早稻种植，全生育期平均112.2天，比对照金优402长0.3天。株型适中，茎秆粗壮，剑叶短挺，每667平方米有效穗数22.8万穗，株高87.7厘米，穗长19.0厘米，每穗总粒数104.7粒，结实率87.1%，千粒重26.5克。抗性：稻瘟病综合指数5.3级，穗瘟损失率最高7级，抗性频率90%；白叶枯病平均6级，最高7级；褐飞虱3级，白背飞虱3级。米质主要指标：整精米率66.5%，长宽比3.2，垩白粒率39%，垩白度4.4%，胶稠度79毫米，直链淀粉含量12.3%。

产量表现： 2006 年参加长江中下游迟熟早籼组品种区域试验，平均 667 平方米产 511.1 千克，比对照金优 402 增产 3.86%（极显著）；2007 年续试，平均 667 平方米产 528.3 千克，比对照金优 402 增产 7.40%（极显著）；两年区域试验平均 667 平方米产 519.7 千克，比对照金优 402 增产 5.63%，增产点比例 81.0%。2007 年生产试验，平均 667 平方米产 514.1 千克，比对照金优 402 增产 8.60%。

栽培要点： ①秧田每 667 平方米播种量为 15 千克，大田每 667 平方米用种量为 2 ~ 2.5 千克，采用药剂浸种消毒，培育多蘖壮秧。②适宜软盘抛秧和小苗带土移栽，一般软盘抛秧 3.1 ~ 3.5 叶抛栽，旱育小苗 3.5 ~ 4.0 叶移栽，水育小苗 5 叶左右移栽。插植密度以 16.5 厘米 × 20 厘米为佳，每穴栽插 2 ~ 3 粒谷苗。③在中等肥力土壤，每 667 平方米施25% 水稻专用复混肥 40 千克底肥，移栽后 5 ~ 7 天结合施用除草剂每 667 平方米追施尿素 7.5 千克，幼穗分化初期每 667 平方米施氯化钾 7.5 ~ 10 千克，后期看苗适当补施穗肥。④分蘖期干湿相间促分蘖，每 667 平方米总苗数达到 22 万时及时落水晒田，孕穗期以湿为主，灌浆期以润为主，后期切忌断水过早。⑤注意及时防治恶苗病、稻瘟病、白叶枯病、螟虫、纹枯病等病虫害。

适宜区域： 适合于在湖南、江西、湖北等双季稻地区作早稻种植。

6. 准两优 1141

品种来源： 两系迟熟杂交中籼，湖南隆平种业有限公司、国家杂交水稻工程技术研究中心选育，2008 年通过湖南省农作物品种审定委员会审定。

特征特性： 在湖南作中稻栽培，全生育期 145 天。株高约 122 厘米，株型适中，叶下禾，分蘖力一般，抽穗整齐，叶色淡绿，叶片宽、长，叶略披。叶鞘、稃尖无色。谷粒长粒型，有短顶芒，落色较好。省区试结果：每 667 平方米有效穗 15.3 万穗，每穗总粒数 150 粒，结实率 88%，千粒重 32.9 克。抗性：叶瘟 4 级，穗瘟 9 级，损失率 32.2%，稻瘟病综合评级 6，高感穗稻瘟病；抗寒能力较强，抗高温能力较好。米质：糙米率 79.2%，精米率 70.5%，整精米率 46.6%，粒长 7.3 毫米，长宽比 3.2，垩白粒率 50%，垩白度 7.9%，透明度 2 级，碱消值 4.5 级，胶稠度 79 毫米，直链淀粉含量 23.0%，蛋白质含量 8.2%。

产量表现： 2006 年省区试平均 667 平方米产 582.7 千克，比对照 II 优 58 增产 7.7%，极显著；2007 年续试平均 667 平方米产 576.8 千克，比对照增产 9.1%，极显著。两年省区试平均 667 平方米产 579.7 千克，比对照增产 8.4%，日产量 3.98 千克，比对照高 0.3 千克。

栽培要点： 在湖南山丘区作中稻栽培，在 4 月中旬播种，每 667 平方米秧田播种量 15 千克，每 667 平方米大田用种量 1.5 千克。适时移栽，合理密植，秧龄控制在 30 天以内，插植密度 20 厘米 × 23.3 厘米或 20 厘米 × 26.7 厘米，施足基肥，早施追肥。及时晒田控蘖，后期湿润灌溉，抽穗扬花后不要脱水过早。注意病虫害特别是纹枯病防治。

适宜区域： 适宜在湖南 800 米以下的稻瘟病轻发区作中稻种植。

7. 徽两优 6 号

品种来源： 两系杂交中籼稻组合，亲本：1892S（培矮 64S 变异单株选）× 扬稻 6 号选，安徽省农业科学院水稻研究所选育，2008 年安徽省审定委员会审定；2011 年被农业

部认定的超级稻品种。

特征特性： 熟期适中，产量高，米质较优，中抗白叶枯病，中抗稻瘟病。全生育期135 天左右。区试 667 平方米产量 582.43 千克，比汕优 63 增产 9.48%，达极显著水平。株高 116.0 厘米，每穗总粒数 181.3～200 粒，结实率 80.7%，千粒重 27.7 克，中抗白叶枯病，中抗稻瘟病，株型较紧凑，茎秆粗壮，抗倒性强，后期转色好。丰产、稳产性综合评价好，品质符合部颁三级食用稻品质标准。

产量表现： 2006 年、2007 年两年安徽省区试结果株高 118 厘米左右，667 平方米有效穗 15 万左右，穗总粒数 194 粒左右，结实率 80% 左右，穗实粒数 156 粒左右，千粒重 27 克左右，全生育期 136 天左右，比对照品种（汕优 63）迟 3～4 天。2006 年省区试 667 平方米产 585 千克，较对照品种增产 9.5%（极显著）；2007 年区试 667 平方米产 619 千克，较对照品种增产 6.5%（极显著）。两年区试平均 667 平方米产 602 千克，较对照品种增产 7.9%。2007 年生产试验 667 平方米产 606 千克，较对照品种增产 10%。

栽培要点： 5 月上中旬按茬口适时播种，30～35 天秧龄。30 厘米 ×（13.3～15）厘米阔行窄株合理密植，中上等肥力田块 667 平方米 5 万～6 万基本苗，秧龄偏长或中等及肥力偏下的田块适当增加基本苗。施足基肥，早施少施分蘖肥，适施穗肥；大田每 667 平方米施纯氮 15～17 千克，氮、磷、钾比例为 1∶0.5∶1，磷肥和 50% 钾肥用作基肥，50% 钾肥作保花肥，氮肥按 5∶1∶2∶2 比例分别作基肥、分蘖肥、促花肥、保花肥。采取"浅水栽秧、寸水活棵、薄水分蘖、深水抽穗、后期干干湿湿"的灌溉方式，每 667 平方米达 18 万苗时及时排水晒田控苗，扬花期保持浅水层，后期切忌断水过早。病虫防治上注意及时防治稻瘟病、白叶枯病、稻飞虱、稻曲病等病虫害。

适宜区域： 适宜在安徽及同类地区一季中稻种植。

8.03 优 66

品种来源： 籼型三系杂交早稻，母本 03A，父本早恢 66，江西省农业科学院水稻研究所选育。2007 年江西审定，农业部 2011 年认定的超级稻品种。

特征特性： 早籼中熟偏早类型，在江西作双季早稻种植，全生育期 108～109 天，比对照浙 733 迟熟 0.4 天。株高 84.9 厘米，667 平方米有效穗 25.0 万穗，每穗总粒数 84.2 粒，实粒数 69.6 粒，结实率 82.7%，千粒重 26.5 克。出糙率 80.6%，精米率 69.3%，整精米率 45.4%，垩白粒率 92%，垩白度 13.8%，直链淀粉 18.00%，胶稠度 70 毫米，粒长 7.4 毫米，粒型长宽比 3.2。稻瘟病抗性自然诱发鉴定：穗颈瘟为 9 级，高感稻瘟病。

产量表现： 2006～2007 年参加江西省水稻区试，2006 年平均 667 平方米产 462.50 千克，比对照浙 733 增产 6.41%，显著；2007 年平均 667 平方米产 479.67 千克，比对照浙733 增产 3.09%。两年平均 667 平方米产 471.09 千克，比对照浙 733 增产 4.50%。

栽培要点： ①培育壮秧。3 月 20～25 日播种，每 667 平方米大田备足种子 2.0 千克，移栽前 2～3 天施送嫁肥，按每片秧盘 3 克尿素和 3 克氯化钾，对水 300 克喷施，施肥后用清水再喷一次。育秧提倡软盘旱育，每盘用育秧肥或壮秧剂 10～15 克，将其中 1/2 与干细土拌匀后均匀施入秧畦，另 1/2 摆盘后装进秧盘孔穴中。每 667 平方米大田备足 561 孔塑料秧盘 45～50 片。②适龄早栽，保证密度。秧龄 25 天左右进行抛（移）栽。提倡

点抛，每 667 平方米大田抛 2.2 万蔸；移栽采用 13.3 厘米 ×23.3 厘米或 16.7 厘米 ×20 厘米的株行距，每 667 平方米大田保证 2.0 万蔸，每蔸 3 粒谷苗。③肥水管理。中等肥力田块，本田每 667 平方米施氮（N）11 千克，磷（P_2O_5）5~6 千克，钾（K_2O）8~10 千克。红花草田穗肥氮酌情少施。基肥在耙田前每 667 平方米施含 45% 的复合肥 30 千克，或钙镁磷肥 40 千克、尿素 10 千克。分蘖肥在移栽后 5~7 天结合化学除草施分蘖肥，每 667 平方米施尿素 8~10 千克，氯化钾 10 千克。穗肥在倒 2 叶抽出期（约抽穗前 15 天）施尿素 5~6 千克氯化钾 8~10 千克。无水或薄水移栽，薄水返青，湿润分蘖，达到 18 万~20 万苗/667 平方米晒田，保水孕穗扬花，干湿灌浆，收割前 5 天断水。④病虫草害防治。移栽前秧田 3~5 天喷施一次长效农药，秧苗带药下田。移栽后 5~7 天，每 667 平方米可选用 30% 丁苄 100~120 克或 35% 苄嘧 20~30 克等除草剂与分蘖肥拌匀后撒施，并保持浅水层 5 天。5 月上中旬（分蘖盛期）防治二化螟。5 月下旬至 6 月上旬（分蘖末期至孕穗期）重点防治纹枯病和稻纵卷叶螟。6 月中旬（破口抽穗初期）重点防治稻瘟病、纹枯病、二化螟。6 月下旬至 7 月上中旬（穗期）重点防治纹枯病、稻飞虱。

适宜区域：江西省稻瘟病轻发区。

9. 特优 582

品种来源：籼型三系杂交稻，亲本为龙特浦 A× 桂 582，广西农业科学院水稻研究所选育。

特征特性：该品种属感温型三系杂交水稻，广西桂南早稻种植，全生育期 124 天左右，比对照特优 63 早熟 2~3 天。主要农艺性状表现：株叶型紧凑，叶片浓绿，叶鞘、柱头、稃尖紫色，剑叶挺直，每 667 平方米有效穗数 16.5 万，株高 108.0 厘米，穗长 23.2 厘米，每穗总粒数 167.4 粒，结实率 82.6%，千粒重 24.9 克。米质主要指标：糙米率 82.3%，整精米率 70.9%，长宽比 2.2，垩白米率 96%，垩白度 23.8%，胶稠度 38 毫米，直链淀粉含量 21.6%；抗性：苗叶瘟 5 级，穗瘟 9 级，穗瘟损失指数 42.8%，稻瘟病抗性综合指数 6.5；白叶枯病致病Ⅳ型 7 级，Ⅴ型 9 级。

产量表现：2007 年参加广西桂南稻作区早稻迟熟组初试，六个试点平均 667 平方米产 510.23 千克，比对照特优 63 增产 6.08%；2008 年复试，六个试点平均 667 平方米产 551.78 千克，比对照特优 63 增产 9.23%（极显著）；两年试验平均 667 平方米产 531.01 千克，比对照特优 63 增产 7.66%。2007~2008 年在北流、平南、钦州等地试种展示，平均 667 平方米产 564.7 千克，比对照特优 63 增产 8.07%。受农业部委托，2010 年广西壮族自治区农业厅组织专家验收，"特优 582"百亩连片示范方平均 667 平方米产 721.3 千克。

栽培要点：①适时播种。广西桂南稻作区早季 2 月下旬播种，桂中稻作区在 3 月上旬播种。早季播种后应采用尼龙薄膜覆盖，以防冷害。②培育壮秧。采用大田育中苗秧的，本田用种量 1.0~1.2 千克/667 平方米，秧田播种量 8~10 千克/667 平方米。采用塑料软盘育秧的，667 平方米用种量为 1.5 千克，若用 502 穴的秧盘育秧，需秧盘 38~40 个，若用 561 穴的秧盘，需秧盘 34~36 个。③合理密植。插大秧早造秧龄 4.5~5 片（约 25 天），抛秧秧龄 3.5~4 片（约 16 天）。插秧田可用 20.0 厘米 ×16.7 厘米或 20 厘米 ×20.0 厘米插植规格，一般每科插 2 粒谷秧，667 平方米插基本苗 4 万~6 万。抛秧田要求

每 667 平方米抛 1.7 万～1.8 万穴。④科学施肥。中等地力总施氮量约 10 千克/667 平方米。基肥 667 平方米施湿润腐熟土杂肥 500 千克或复合肥 15 千克 + 过磷酸钙 15 千克。移栽后 4～5 天 667 平方米施尿素 5 千克。移栽后 10～12 天 667 平方米施尿素 5～6 千克 + 氯化钾 6 千克。幼穗分化 1～2 期 667 平方米施尿素 4 千克 + 氯化钾 7.5 千克。⑤水浆管理。在浅水插秧、寸水返青、薄水促蘖的基础上，分蘖达到有效穗苗数的 80% 时便轻露田，够苗晒田；中后期干湿交替，促使水稻根系活力强、茎秆韧健、叶片挺直而增强植株的抗倒性；抽穗前至齐穗期保持浅水层；后期防止过早断水。⑥综合防治：秧田期要重点防治稻蓟马；插种后及时化学除草。前期：抛秧前统一组织毒杀田鼠和福寿螺（667 平方米用密达 0.5 千克），结合第一次追肥施除草剂（每 667 平方米用丁苄 60～80 克或稻无草 35 克），分蘖盛期施井岗霉素防治纹枯病（667 平方米用井岗霉素 250 克对水 100 千克喷施），并抓好三化螟、稻纵卷叶螟（稻虫一次净 + 病穗灵）的防治。中期：667 平方米用纹霉清 250 毫升和蚜虱净 10 克对水 100 千克喷施防治纹枯病和稻飞虱，并注意防治稻纵卷叶螟、白叶枯和细菌性条斑病等。后期：破口期、齐穗期均要喷药防治穗颈瘟、纹枯病、三化螟等，抽穗后注意防治稻飞虱，以免造成穿顶，影响产量。杀菌剂，瘟克星 60 克/667 平方米，纹霉清 250 毫升/667 平方米。杀虫剂，90% 杀虫丹 40～50 克/667 平方米，10% 吡虫啉 10 克/667 平方米，或每次 667 平方米用乐斯本 40 毫升，对水 60 千克喷施。成熟中后期要密切防治"稻曲病"，667 平方米用瘟格新 60 克或 75% 三环唑 30 克对水 60 千克喷施。⑦适时收获。特优 582 穗型大，籽粒二次灌浆明显，如过早收割，影响产量。收割过迟，则易使植株基部叶片枯烂，又易倒伏，因此特别强调在 80%～90% 谷粒黄熟时收割。

　　适宜区域：可在广西桂南稻作区作早稻或桂中稻作区作早稻种植。

第二章　华南稻区超级稻品种栽培技术模式图

一、早稻超级稻品种配套栽培技术模式图

1. 天优998早季手插高产栽培技术模式图

月份	2月	3月			4月			5月			6月			7月			8月	
	下	上	中	下	上	中	下	上	中	下	上	中	下	上	中	下	上	中
节气	雨水	惊蛰		春分	清明		谷雨	立夏		小满	芒种		夏至	小暑		大暑	立秋	

产量构成：每667平方米产量550千克产量结构；有效穗数18~20穗，每穗总粒数140~145粒，干粒重25.2±0.2克，结实率85%左右。

生育时期：秧田期(31±1)天；有效分蘖期4/10~5/1；6/5前拔节；6/5~12抽穗；6/12~7/8成熟。播种3/1~10，移栽4/1~10。

主茎叶龄期：0　1　2　……　10　11　12　13　14　15

茎蘖动态：移栽叶龄5~6叶，单株带蘖3个以上，移栽667平方米茎蘖苗8万~10万，拔节期叶龄667平方米茎蘖数24万~28万，抽穗期每667平方米茎蘖数20万~21万，成熟期每667平方米穗数17万~19万。

育秧：2月底至3月上旬播种，秧龄30~32天。清水选种，秧龄8~10千克/667平方米，秧本比8~10。密度1.6万~1.7万尺/667平方米，规格(20~23)厘米×(17~20)厘米。

施肥：基肥一般667平方米施复合肥(N：P：K含量分别为15：15：15)20千克/667平方米。在2叶1心时结合灌水上秧板，667平方米施3~4千克尿素混合磷钾肥。在4叶期根据秧苗生长状况施肥，生长较弱、叶色较少的，667平方米施4~5千克尿素。分蘖肥在移栽后3~4天，667平方米施8千克尿素，在拔秧旺的可不施。起身肥，在拔秧前3~4天，667平方米施8千克尿素，促进发根。

插回青肥后4~5天施回青肥；667平方米施氮素4~5千克，可与除草剂混施。插后10~12天施培蘖肥；占总氮量的30%左右，667平方米施尿素5~6千克加氯化钾6千克。

回青肥占总氮肥量的20%左右，667平方米施氮素4~5千克。穗肥占总氮量的20%的，667平方米施尿素5~6千克加氯化钾6千克。

在到二叶一龄期根据水稻生长状况施穗粒肥占总氮肥的20%左右，一般667平方米施尿素5千克左右加氯化钾7.5千克。

花后结合病虫防治，叶面喷施磷酸二氢钾。

肥料运筹总体原则；培肥苗床，施足基肥，施断奶肥，重施起身肥；还田配合，氮磷钾配合。总施氮量：10千克。

灌溉：2叶1心期前沟灌，以后上水进行浅灌，并保持板水层。

栽后灌浅水层活棵，到施分蘖肥时要求地面已无水层，结合施分蘖肥灌水，然后，按田间有浅水层4天，无水层5~6天灌水。

当苗数到穗数苗数80%时开始晒田，采用多次轻晒田，营养生长过旺时适当重晒田，控制苗峰。

复水后湿润灌溉，保持浅水层。

保持干干湿湿湿润灌溉。

病虫草防治：播种前用25%施保克2500倍浸种，苗期用吡虫啉和福戈防治稻飞虱，稻蓟马，移栽前3天用福戈施。

根据病虫测报用吡虫啉虫双，防治稻飞虱，稻蓟马防治在施分蘖肥时结合并于丁节除草剂混施。根据田间病虫发生用吡虫啉和井冈霉素，防治纹枯病，杀虫双和井冈霉素，稻飞虱，稻纹枯病，兼治纹枯病。

在到二叶一龄期用吡虫啉，井冈霉素，稻素，三环唑等防治稻纵卷叶螟，飞虱，纹枯病，稻曲病和稻温病等。

抽穗前2~3天用吡虫啉素，三环唑等防治稻纵卷叶螟，飞虱，纹枯病，稻曲病和稻温病等。

策略：突出纹枯病的防治，强化稻纵卷叶螟，三化螟稻瘟病的防治，在加强预测预报的基础上，采用高效低毒低残留农药，结合生物农药的无公害防治技术。

2. 天优998早季抛秧高产栽培技术模式图

月份	2月	3月			4月			5月			6月			7月			8月	
	下	上	中	下	上	中	下	上	中	下	上	中	下	上	中	下	上	中
节气	雨水	惊蛰		春分	清明		谷雨	立夏		小满	芒种		夏至	小暑		大暑	立秋	

产量构成：每667平方米产量550千克的产量结构：有效穗数18～20万穗，每穗总粒数135～145粒，结实率85%左右，千粒重25.2克±0.2。

生育时期：3/1～10播种　秧田期（26±2）天　3/27～10移栽　有效分蘖期4/10～5/1　6/5前拔节　6/5～12抽穗　6/12～7/8成熟（播种、移栽、孕穗、抽穗、成熟）

主茎叶龄期：0　1　2　3　4　5　6　7　8　9　10　11　12　13　14　15

茎蘖动态：移栽叶龄4～5叶，移栽667平方米茎蘖苗8万～10万，拔节每667平方米茎蘖数24万～28万，抽穗期每667平方米茎蘖数20万～21万，成熟期每667平方米穗数18万～19万。

育秧：2月底至3月上旬播种，秧龄25～28天，清水选种，每667平方米大田用种量1.2千克，在秧苗1叶1心期每667平方米本田秧盘用15%多效唑对水1千克喷施。采用塑料软盘育秧，每667平方米大田用秧盘38～40个（502孔），采取浆播湿育苗的方法。

栽插：密度1.7万～1.8万丛/667平方米，均匀抛植。

施肥：
- 基肥一般667平方米施复合肥（N：P：K含量分别为15：15：15）15千克/667平方米，适时追肥，在播种后7～8天每667平方米秧苗施复合肥5千克。
- 插后4～5天施回青肥：回青肥占总氮量的20%左右，667平方米施尿素4～5千克，可与除草剂混施。插后10～12天施始蘖肥：占总氮量的30%左右，667平方米施尿素5～6千克加氯化钾6千克。
- 在到二叶一龄期根据水稻生长状况施穗肥占总氮的20%左右，一般667平方米施尿素5千克左右加氯化钾7.5千克。
- 花后结合病虫防治，叶面喷施磷酸二氢钾。
- 肥料运筹总体原则：培肥苗床，施足基肥、早施断身肥、重起身肥、起身肥、氮磷钾配合。总施氮量：10千克。

灌溉：
- 播种后秧田灌沟水，保持秧畦畦面湿润，抛秧前2天排水，易于起秧和抛秧。
- 栽后灌浅水层活棵，分蘖肥时要求地面已无水层，结合无水施肥，然后，按田间有浅水层3～4天，无水灌水层5～6天灌水。
- 当苗数到计划穗数80%时开始搁田，采用多次轻搁田，营养生长过旺时适当重搁田，控制旺苗高峰。
- 复水后湿润灌溉，保持浅水层。
- 保持干干湿湿湿润灌溉。

病虫草防治：
- 播种前用25%施保克2500倍浸种，苗期用吡虫啉和福戈防治稻飞虱、稻蓟马，移栽前3天用福戈喷施。
- 根据虫情测报用吡虫啉＋杀虫双，防治稻飞虱，杂草防治用在施分蘖肥结合拌丁苄除草剂混施，根据田间病虫发生情况用吡虫啉、稻飞虱，杀虫双和井冈井霉素，兼治纹枯病。
- 抽穗前2～3天用吡虫啉、三环唑、稻飞马、稻曲病和稻瘟病等。
- 抽穗前用虫螨虫＋杀虫双，防治稻飞虱、稻纵卷叶螟、纹枯病、稻曲病等。
- 策略：突出纹枯病的防治，强化稻纵卷叶螟、三化螟、稻瘟病为主的农业综合防治，采用保健栽培为加强病虫预测预报的基础上，采用高效低毒低残留农药，结合生物农药的无公害防治技术。

3. 桂农占早季手插高产栽培技术模式图

月份	2月	3月			4月			5月			6月			7月			8月	
	下	上	中	下	上	中	下	上	中	下	上	中	下	上	中	下	上	中
节气	雨水	惊蛰		春分	清明		谷雨	立夏		小满	芒种		夏至	小暑		大暑	立秋	
主茎叶龄期	0	1	2	3	4	5	6	7	8	9	10	11	12	13	14	15	16	

产量构成： 667平方米产量550千克的产量结构：667平方米有效穗数20万~21万穗，每穗总粒数140~145粒，结实率85%左右，千粒重22.3±0.2克。

生育时期： 3/1~10播种 ｜ 秧田期30~35天 ｜ 4/1~10移栽 ｜ 有效分蘖期4/10~5/1 ｜ 5/15前拔节 ｜ 6/5~12抽穗 ｜ 6/12~7/15成熟

茎蘖动态： 移栽叶龄5~6叶，移栽667平方米茎蘖苗5万~6万，拔节期每667平方米茎蘖数25万~28万，抽穗期每667平方米茎蘖数22万~24万，成熟期每667平方米穗数22万。

育秧： 2月底至3月下旬播种，秧龄30~35天。清水选种，规格（20~23）厘米×（17~20）厘米。密度1.6万~1.8万丛/667平方米。播量15~20千克/667平方米，秧本比8~10。

栽插： 2叶1心期前沟灌，以后上水进行浅灌，并保持秧板水层。

施肥：
- 基肥一般667平方米施复合肥（N：P：K含量分别为15：15：15）20千克/667平方米。在2叶1心时结合谷灌水上秧板，667平方米施3~4千克尿素混少量磷钾肥。在4叶期根据秧苗生长状况施肥，生长较弱、叶色较少的，667平方米施4~5千克尿素混3~4千克氯化钾，生长较旺的可不施。667平方米施8千克尿素，促进发根。
- 插后4~5天施分蘖肥：回青肥与第1次分蘖肥可同施，一般667平方米施尿素5~6千克，占总氮肥量的20%左右。插后10~12天施始蘖肥：占总氮肥：667平方米施尿素6~7千克加氯化钾7~8千克。
- 在到二叶二叶龄期根据水稻生长状况施穗肥占总氮肥的20%左右，一般667平方米施尿素6千克左右加氯化钾7.5千克。
- 花后结合病虫防治，叶面喷施磷酸二氢钾。
- 肥料运筹总体原则：培肥苗床，施足基肥，早施断奶肥，重施起身肥，若秆还田，配合施氮磷钾。总施氮量：12千克。

灌溉：
- 栽后灌浅水层活棵，到施分蘖肥时要求地面已无水层，结合施分蘖肥灌水。然后，按田间有浅水层3~4天，无水3~4天，667平方米灌水层5~6天灌水。
- 当苗数到穗苗数80%时开始搁田，采用多次轻搁田，生长过旺时适当重搁田，控制苗峰。
- 复水后湿润灌溉，保持浅水层。
- 保持干干湿湿润灌溉。

病虫草防治：
- 播种前用25%施保克2500倍液浸种，苗期用吡虫啉和福戈防治稻飞虱，稻蓟马，移栽前3天用福戈喷施。
- 根据病虫测报用吡虫啉＋杀虫双，防治蓟虫，稻飞虱。杂草防治在施分蘖肥时结合丁苄除草剂混施。根据田间病发生用吡虫啉，防治蓟马，稻飞虱。
- 抽穗前2~3天用吡虫啉，井冈霉素三环唑防治稻纵卷叶螟，纹枯病，稻飞虱，杀虫双和井冈霉素，兼治纹枯病。
- 用井冈霉素和吡虫啉防治纹枯病和稻飞虱。
- 策略：突出纹枯病的防治，稻纵卷叶螟、三化螟、稻瘟病的防治，采用综合健栽培为主的农业防治，在加强预测预报的基础上，采用高效低毒低残留农药，结合生物农药的无公害防治技术。

4. 桂农占早季抛秧高产栽培技术模式图

月份	2月	3月			4月			5月			6月			7月			8月	
	下	上	中	下	上	中	下	上	中	下	上	中	下	上	中	下	上	中
节气	雨水	惊蛰		春分	清明		谷雨	立夏		小满	芒种		夏至	小暑		大暑	立秋	
产量构成	667平方米产量550千克的产量结构：每667平方米有效穗数20万～21万穗，每穗总粒数140～145粒，结实率85%，千粒重22.3±0.2克。																	
生育时期		3/1～10播种；秧田期30～35天；4/1～10移栽；有效分蘖期4/10～5/1；5/15前拔节；6/5～12抽穗；6/12～7/15成熟																
主茎叶龄期		0　1　2　3　4　5　6　7　8　9　10　11　12　13　14　15　16																
茎蘖动态	移栽叶龄4～5叶，移栽667平方米基本苗5万～6万，拔节期每667平方米茎蘖数25～28万，抽穗期每667平方米茎蘖数22万～24万，成熟期每667平方米穗数20万～22万。																	
育秧	2月底至3月上旬播种，秧龄25～28天。清水选种，每667平方米大田用种量1.5千克。采用塑料软盘育秧，每667平方米大田用秧盘38～40个（502孔），采取浆播湿育的方法。																	
栽插	密度1.6万～1.8万/667平方米，均匀抛植。																	
施肥	基肥一般667平方米施复合肥（N：P：K含量分别为15：15：15）15千克/667平方米。适时追肥，在播后7～8天每667平方米秧苗施复合肥5千克。	插后4～5天施回青肥：回青肥占总氮量的20%左右，667平方米施尿素5～6千克，可与除草剂混施。插后10～12天施始蘖肥：占总施氮量的30%左右，667平方米施尿素6～7千克加氯化钾7～8千克。						在到二叶一心龄期根据水稻生长状况施穗肥占总氮量的20%左右，一般667平方米施尿素6千克左右加氯化钾7.5千克。						花后结合病虫防治，叶面喷施磷酸二氢钾。			肥料运筹总体原则：培肥苗床，施足基肥，早施断奶肥，重施起身肥；秸秆还田，氮磷钾配合；总施氮量：12千克。	
灌溉	播种后秧田灌水，保持秧畦湿润。抛秧前2天排水，促使畦面干爽，易于起秧和抛秧。	栽后浅水层活棵，到施分蘖肥时要求地面已无水层，结合施分蘖肥灌浅水。然后，稻3～4天，无水层5～6天灌水。						当苗数到穗数苗数80%时开始晒田，多次轻搁田，生长过旺时适当重搁田，控制苗峰。			复水后湿润灌溉，保持浅水层。			保持干湿湿润灌溉。				
病虫草防治	播种前用25%施保克2500倍浸种，苗期用吡虫啉和福戈防治稻飞虱、稻蓟马，移栽前3天用福戈喷施。	根据病虫测报用吡虫啉+杀虫双，防治稻飞虱。杂草防治在施分蘖肥时结合拌丁苄除草剂混施。						根据病虫测报用吡虫啉等防治稻飞虱，防治稻纵卷叶螟、稻曲病和稻瘟病等。			抽穗前2～3天用吡虫啉、井冈霉素、三环唑等防治稻纵卷叶螟、稻瘟病、纹枯病，杀虫双和井冈霉素，兼治纹枯病。			用井冈霉素和吡虫啉防治纹枯病和稻飞虱。			策略：突出纹枯病的防治，强化稻瘟病、三化螟、稻纵卷叶螟、稻瘟病的防治，采用综合健栽病培为主的农业预防措施，在加强测报的基础上，采用低毒低残留农药，结合生物防治的无公害防治技术。	

5. 合美占早季抛栽高产栽培技术模式图

月份	2月 上	2月 中	2月 下	3月 上	3月 中	3月 下	4月 上	4月 中	4月 下	5月 上	5月 中	5月 下	6月 上	6月 中	6月 下	7月 上	7月 中	7月 下
节气	立春	雨水		惊蛰	春分		清明	谷雨		立夏	小满		芒种	夏至		小暑	大暑	
产量构成	抛栽667平方米产量600千克的产量结构：667平方米有效穗数22万～23万，每穗粒数160～170粒，结实率85%左右，千粒重19±0.2克。																	
生育时期	2月底至3月初播种			秧田期(20±3)天			3月底至4月初抛植		有效分蘖期4月初至4月中旬			5/5～10拔节			6/5～10抽穗		7/8～15成熟	
主茎叶龄期	0	1	2	3	4	5	6	7	8	9	10	11	12	13	14	15		

茎蘖动态： 移栽叶龄4～5叶，一般不带分蘖，移栽667平方米穗苗5～6万，成熟期每667平方米穗数22万～23万。移栽667平方米茎蘖苗5～6万，拔节期每667平方米茎蘖32万～34万，抽穗期每667平方米茎蘖24万～26万，成熟期每667平方米茎蘖24万～26万，苗保证5万～6万基本苗。并

育秧： 秧地应选择地势高、近水源，不积水，运秧方便的稻田。667平方米用种量为2千克，若用502穴的秧盘，若用561穴的秧盘。把2～3个秧盘紧靠放在畦面上，轻压入泥内，然后把土杂肥或土杂泥浆均匀刮平，不要刮抹，采用塑料薄膜覆盖。按常规育秧的做法，将秧板耙平、早施腐熟有机质肥料。每667平方米大田需秧地8平方米，每667平方米大田需秧盘38～40个，需秧盘34～36个，将干谷或已催芽的种子均匀地播在秧盘上，刮平，再用工作行中的泥浆淋盖或手抹在秧盘上，将已催芽的种子均匀地播在秧盘上。播种后秧田灌沟水，保持秧畦湿润，抛秧前两天排水，促使畦面干爽，易于起秧和抛秧。

抛植： 选择无风多云天或阴好天下午适龄抛栽，均匀抛植，先抛70%，余下的30%点撒结合，移密补疏。按每3米检起出40厘米的操作行或作开行手产均匀。苗密1.7万～1.8万穴，

施肥： 培肥秧床：秧床每平方米施腐熟农家肥3～4千克/平方米，每平方米施过磷酸钙50～60克，氯化钾15～20克，667平方米秧田过磷酸钙50～60克，氯化钾15～20克，并耙翻1～2次，将土肥充分混匀。本田基肥：基肥667平方米施湿润腐熟土杂肥500千克或每667平方米施尿素对水100克尿素对牛60克，送嫁肥15千克，过磷酸钙15克，磷酸钙15克，钾6千克。分蘖肥：移栽后4～5天每667平方米施尿素7.5千克，移栽后10～12天667平方米施尿素15千克，氯化钾6千克，钾6千克。促花肥：幼穗分化1～2期667平方米施尿素3～4千克，氯化钾7.5千克。保花肥：幼穗分化1.5叶龄期667平方米施尿素2～3千克。肥料运筹总体原则：中等肥力本田总施纯氮量折算每667平方米约10千克，纯氮磷钾比例为1：(0.3～0.4)：(0.8～1)。N肥运筹按基蘖肥：穗肥=8：2，中期根据群体结构与数量及叶色诊断进行穗肥调控。

灌溉： 塑料软盘浆播湿育　寸水活棵　浅水促蘖　够苗(≥80%)　排　干　晒　田　跟　间　灌　湿　交　替　断水硬田

病虫草害防治：

1. 种子处理：浸种前晒种2小时，用强氯精450～500倍药液浸种4～6小时进行种子消毒。送嫁药：移栽前3～5天，667平方米秧田用40%福戈12～16克对秧苗50～60克，氯化钾15～20克，磷酸钙15克，同时预防秧田三化螟、稻纵卷叶螟和稻象甲。

2. 大田化除：水稻移栽前2天，每667平方米用12%恶草酮乳油200毫升直接均匀喷洒稻田或结合667平方米第一次追肥丁草60～80克均匀撒施。

3. 大田追肥：移栽后第一次追肥667平方米用丁草35克对牛素撒施。

1. 分蘖末期至孕穗期：水稻667平方米用40%福戈稻纵卷叶螟、纹枯病，667平方米用40%福戈8～10克加20%稻瘟灵毫升对水50千克均匀喷雾。孕穗至破口期：重点防治稻纵卷叶螟、纹枯病，预防稻曲病和稻瘟病，667平方米用70克加25%噻嗪酮90%杀虫单70克加20%纹霉清60～100毫升对水50千克均匀喷雾。稻曲病预防需在破口前10～15天进行，重发年份667平方米再用14%络氨铜水剂250毫升补治一次。

2. 抽穗扬花期孕穗期：重点防治稻飞虱，纹枯病，达防治指标，667平方米用40%福戈8～10克加20%纹霉清60～100毫升对水50千克均匀喷雾。

3. 抽穗期灌浆初期：重点防治稻飞虱、纹枯病及稻瘟病，667平方米用40%毒死蜱乳油100毫升对水50千克加70克加25%噻嗪酮90%杀虫单70克加20%纹霉清60～100毫升对水50千克均匀喷雾。灌浆中后期(6月下旬)重点查治迁飞性稻飞虱，每667平方米可选用25%噻嗪酮4～5克加40%毒死蜱乳剂120毫升对水60千克防治。

6. 五优308早季抛栽高产栽培技术模式图

月份	2月			3月			4月			5月			6月			7月		
节气	立春	雨水	惊蛰	春分	清明	谷雨	立夏	小满	芒种	夏至	小暑	大暑

产量构成：抛栽667平方米产量600千克的产量结构：667平方米有效穗数20万～21万，每穗粒数150～180粒，结实率80%左右，千粒重23.5±0.3克。

生育时期：2月底～3月初播种　秧田期（20±3）天　3月底至4月初抛栽　有效分蘖期4月初至4月中旬　5/5～8拔节　6/5～8抽穗　7/8～10成熟

主茎叶龄期：0　1　2　3　4　5　6　7　8　9　10　11　12　13　14　15

茎蘖动态：移栽叶龄4～5叶，一般不带分蘖，移栽667平方米茎蘖苗5万～6万，拔节期每667平方米茎蘖32万～34万，抽穗期每667平方米茎蘖22万～24万，成熟期每667平方米穗数20万～21万。

育秧：秧地应选择地势高、近水源、不积水、运秧方便的稻田，每667平方米大田需秧地8平方米。按常规育秧的做法，将秧地耙平，早施腐熟有机质肥料，培阳秧田。667平方米大田用种量为1.5千克，若用502孔的秧盘育秧，每667平方米大田需秧盘38～40个，若用561穴的秧盘，需秧盘34～36个。起畦，把2～3个秧盘紧靠放在畦面上，轻压入泥内，然后把工作行的泥板刮在盘上，刮平，将已催芽的种子均匀地播在秧盘上，再用工作行中的泥浆水进行理芽或用木板轻压埋芽，不要刮抹。播种后秧田灌沟水，保持秧畦湿润，抛秧前两天干爽，促使畦面干爽，易于起秧和抛秧。采用塑料薄膜覆盖，以防冷害。

抛植：选择无大风多云天气好天下午适龄抛栽；均匀抛植，先抛70%，余下的30%点撒结合，移密补稀；苗栽1.7万～1.8万穴，苗保证5万～6万穴苗。并按每3米检出3米的操作行或开丰产沟。

施肥：
培阳秧苗床：移栽前苗床施腐熟农家肥3～4千克/平方米，栽前2天每平方米施过磷酸钙50～60克、氯化钾15～20克，拌翻1～2次，将土肥充分混匀。

本田基肥：移栽前2天每平方米施湿润腐熟土杂肥500千克或每667平方米施肥15千克、过磷酸钙15千克。

本田追肥：移栽667平方米施尿素15千克、氯化钾7.5千克。

分蘖肥：移栽后4～5天每667平方米施尿素4～5千克。促花肥：幼穗分化1～2期667平方米施尿素3～4千克、氯化钾7.5千克。保花肥：倒1.5期667平方米施尿素2千克。

肥料运筹总体原则：中等肥力本田总施纯氮量折算每667平方米9～10千克，氮磷钾比例为1：（0.3～0.4）：（0.8～1）。N肥运筹按基蘖肥：穗=8：2，中期根据群体结构与数量及叶色诊断进行穗肥调控。

灌溉：塑料软盘浆播湿育 寸水活棵浅水促蘖（够穗苗≥80%）晒田 间歇灌溉 干湿交替 断水硬田

病虫草害防治：
1. 种子处理：浸种前晒种2小时，用强氯精450～500倍药液浸种4～6小时进行种子消毒。
2. 送嫁药：移栽前3～5天，每667平方米秧苗用40%福戈12～16克对水50～60千克，均匀喷雾防秧田三化螟、稻纵卷叶螟、稻飞虱和稻象甲，同时起壮秧作用。

大田化除：水稻移栽前2天，每667平方米大田用接连12%恶草酮乳油200毫升进行喷雾或每667平方米直播稻田或结合第一次追肥60～80克对水35克排尿素撒施。

1. 分蘖至孕穗期：重点防治稻纵卷叶螟、纹枯病，达防治指标，每667平方米用40%福戈8～10克对水50千克均匀喷雾。
2. 孕穗至破口期：重点防治稻纵卷叶螟、三化螟、纹枯病，预防稻曲病和稻瘟病，每667平方米用40%毒死蜱100毫升加25%络氨铜250毫升或加稻瘟灵100毫升，重发年份前一周后每667平方米再用14%络氨铜水剂250毫升补治一次。
3. 抽穗期至灌浆初期：重点防治稻飞虱、稻纵卷叶螟、纹枯病及稻瘟病等穗期病害，视病虫情报，每667平方米用90%杀虫单70克加25%噻虫嗪4～5克单70克加20%纹霉清60～100毫升对水50千克均匀喷雾。
4. 灌浆中后期（6月下旬）重点防治稻飞虱，每667平方米查治正飞性的稻飞虱，可选用25%噻虫嗪在散粒剂4～5千克加40%毒死蜱120毫升对水60千克喷雾防治。

7. 玉香油占早季抛栽高产栽培技术模式图

月份	2月			3月			4月			5月			6月			7月		
	上	中	下	上	中	下	上	中	下	上	中	下	上	中	下	上	中	下
节气	立春	雨水		惊蛰		春分	清明		谷雨	立夏		小满	芒种		夏至	小暑		大暑
主茎叶龄期	0		1	2	3	4	5	6	7	8	9	10	11	12	13	14	15	

产量构成： 抛栽667平方米产量600千克的产量结构：667平方米有效穗数20万～21万，每穗粒数150～155粒，结实率85%左右，千粒重22.6±0.2克。

生育时期： 2月底至3月初播种；3月底至4月初抛栽；有效分蘖期4月中旬；拔节5/3～8；抽穗6/3～8；成熟7/5～10。

茎蘖动态： 移栽叶龄4～5叶，一般不带分蘖，移栽667平方米茎蘖苗7万～8万，拔节期每667平方米茎蘖30万～32万，抽穗期每667平方米茎蘖22万～23万，成熟期每667平方米穗数20万～21万。

育秧： 秧地应选择地势高、不积水、近水源、运种方便的稻田，将秧地耙平，早施腐熟有机肥料，培肥秧田。667平方米秧田用种量为2千克，若用502穴的秧盘育秧，需秧盘34～36个，排干田水，把2～3个秧盘紧靠放在畦面上，轻压入泥，再用工作行中的泥浆水进行塌谷理秧或用木板轻压理秧，将已催芽的种子均匀地播在秧盘上，刮平，不要刮床。采用塑料薄膜覆盖，播种后秧田灌沟水，保持秧畦湿润，抛秧前两天排干田水，促使畦面干爽，易于起秧和抛秧。

抛植： 选择无风无云多云天气或晴好天下午适龄抛栽；均匀抛植，先抛70%，余下的30%点撒结合，移密补稀；亩栽1.7万～1.8万穴，亩保证5万～6万基本苗。并按每3米检出40厘米的操作行或开丰产沟。

施肥：
- 培肥苗床：要求年前培肥苗床，施腐熟农家肥3～4千克每平方米，施后耕翻入土中，播种前15～20天每平方米施过磷酸钙50～60克，氯化钾15～20克，氯化铵15～20克，稻丰素1～2次，将土肥充分混匀。
- 本田基肥：移栽前2天每667平方米施湿润腐熟复合肥500千克或每667平方米施尿素15千克，氯化钾15千克，过磷酸钙50千克。
- 移栽苗床追肥：苗床追肥，移栽前2天每平方米施尿素100克对水对浇"送嫁肥"，并送水透。
- 大田化除：水稻移栽前2天，每667平方米用12%恶草酮乳油200毫升直接均匀撒施于稻田或结合第一次追肥每667平方米用丁苄60～80克或稻草隆35克拌尿素撒施。
- 分蘖肥：移栽后4～5天每667平方米施尿素4～5千克，氯化钾7.5千克，移栽后10～12天每667平方米施尿素5～6千克，氯化钾5～6千克。
- 促花肥：幼穗分化1～2期667平方米施尿素4～5千克，氯化钾7.5千克。
- 保花肥：倒1.5叶期667平方米施素2～3千克。
- 肥料运筹总体原则：中等肥力本田总施纯氮量折算每667平方米约10千克，氮磷钾比例为1：(0.3～0.4)：(0.8～1)。N肥运筹基蘖肥：穗=8:2，中期根据群体结构与叶色适当进行穗肥调控。

灌溉： 塑料软盘浆播湿育 → 寸水活棵 → 浅水促蘖 → 够苗晒田（够穗苗≥80%）→ 干湿交替 → 断水硬田

病虫草防治：
1. 种子处理：浸种前晒种2小时，用强氯精450～500倍药液浸种6小时进行种子消毒。
2. 送嫁药：移栽前3～5天，667平方米秧苗用40%福戈12～16克对秧苗50～60克，均匀喷雾防治秧田三化螟、稻纵卷叶螟、稻飞虱和稻象甲，同时起到壮苗作用。
3. 分蘖末期至孕穗期：重点防治稻纵卷叶螟、纹枯病，达防治指标，每667平方米用40%福戈8～10克加20%纹霉清100毫升对水50千克均匀喷雾。孕穗末期至破口期：重点防治稻纵卷叶螟、稻飞虱、纹枯病、稻曲病，每667平方米用40%毒死蜱100毫升加90%杀虫单70克加25%纹霉清250毫升加14%络氨铜水剂250毫升对水50千克均匀喷雾。稻曲病预防需在破口前10～15天进行，每667平方米用14%络氨铜水剂250毫升均匀喷洒一次。
4. 抽穗期至灌浆初期：重点防治稻飞虱、稻纵卷叶螟、稻粒黑粉病及稻曲病，视病虫情报，每667平方米用40%毒死蜱乳油100毫升加25%噻虫嗪70克加20%纹霉清60～100毫升均匀喷雾。灌浆中后期（6月下旬）：重点查治灰飞虱，每667平方米可选用25%噻虫嗪40%毒虫水分散粒剂4～5克加40%毒死蜱120毫升对水60千克喷雾防治。

8. 天优122 早季抛栽高产栽培技术模式图

月份	2月		3月			4月			5月			6月			7月		
节气	立春	雨水	惊蛰	春分	清明	谷雨	立夏	小满	芒种	夏至	小暑		夏至		小暑	大暑	

产量构成： 抛栽667平方米产量600千克的产量结构：667平方米有效穗数18万~19万，每穗粒数140~150粒，结实率85%左右，千粒重26±0.3克。

生育时期： 秧田期（30±3）天；2月底至3月初播种；3月底至4月初抛栽；有效分蘖期4月初至4月中旬；5/5~8拔节；6/5~8抽穗；7/8~10成熟。

主茎叶龄期： 0 1 2 3 4 5 6 7 8 9 10 11 12 13 14 15

茎蘖动态： 移栽叶龄4~5叶，一般不带分蘖，移栽667平方米茎蘖苗4万~5万，拔节期每667平方米茎蘖30万~31万，抽穗期每667平方米茎蘖19万~20万，成熟期每667平方米穗数18万~19万。

育秧： 秧地应选择地势高、不积水、近水源、运秧方便的稻田，按常规育秧的做法，将秧地耙烂耙平，早施腐熟有机质肥料，培肥秧田。667平方米用种量为1.5千克，若用502穴的秧盘，每667平方米大田需秧盘38~40个，需用561穴的秧盘34~36个。把2~3个秧盘靠放在睡面上，然后把工作行的泥浆垫底，将已催芽的种子均匀手抹在秧盘上，刮平，再用工作行中的泥浆或用木板轻压埋芽，抛秧前两天再排水，促使睡面干爽，易于起秧和抛秧。采用塑料薄膜覆盖，以防冷害。保持秧面睡沟湿润，播种后秧田灌水。

抛植： 选择无风多云或晴好天下午适龄抛栽，均匀抛植；先抛70%，余下的30%点撒结合，移栽补稀；苗栽1.8万~1.9万穴，苗保证4万~5万基本苗。并按每3米检出40厘米宽的操作行或开手产沟。

施肥：
培肥基床：要求本田培肥苗床，施腐熟农家肥3~4千克/平方米，栽前2天每平方米施尿素7.5~10克，施后耕翻土拌，播种前秧5~60克，每平方米秧过磷酸钙10~12克。移栽时每667平方米施尿素15~20克，氯化钾15~20克，耕翻1~2次，将土肥充分混匀。

本田基肥：每平方米施湿润腐熟稻草100克，移栽后10~12天667平方米施尿素15千克，过磷酸钙15千克，氯化钾6千克。

分蘖肥：移栽后4~5天667平方米施尿素4千克。

促花肥：移栽后幼穗分化1~2期，667平方米施尿素4千克，氯化钾7.5千克。

保花肥：幼穗分化1.5倒1~2期，叶期667平方米施尿素4千克，氯化钾5千克，尿素2千克。

肥料运筹总体原则：中等肥力本田总施氮按基肥：分蘖肥：穗肥=8:1:1。纯氮折算每667平方米8~9千克，氮磷钾比例=1:0.4:1。N肥按基量及叶色诊断行懒肥调控。磷：穗=8:2，中期根据叶色诊断行懒肥调控。

灌溉： 塑料软盘浆播湿育 → 浅水促蘖 → 寸水活棵 → 够苗（≥80%）晒田 → 干湿交替 → 断水硬田。

病虫草害防治：

大田化除：水稻移栽前2天，每667平方米用12%恶草酮乳油200毫升直接均匀撒施于稻田或结合第一次追肥每667平方米用丁苄60~80克或稻无草35克拌尿素撒施，同时起到止虫作用。

1. 分蘖末期至孕穗期：重点防治稻飞虱、纹枯病、稻纵卷叶螟，达防治指标，每667平方米用40%福戈8~10克加20%纹霉清60~100毫升对水50千克均匀喷雾。

2. 孕穗末期至破口期：重点防治稻飞虱、纹枯病，预防稻瘟病和稻曲病，每667平方米用40%毒死蜱100毫升加25%吡蚜酮水分散粒剂4~5克对水50千克均匀喷雾。稻曲病预防需在破口前10~15天进行，重发年份一周后每667平方米再用14%络氨铜水剂250毫升补治一次。

3. 抽穗期至灌浆初期：重点防治稻飞虱、稻纵卷叶螟、纹枯病及稻瘟病，视病虫情报，每667平方米用70克加25%吡蚜酮90%杀虫单70克加40%毒死蜱乳油100毫升加5克加20%纹霉清60~100毫升对水50千克均匀喷雾。灌浆中后期（6月下旬）重点查治飞虱性均稻飞虱，每667平方米用25%吡蚜酮水分散粒剂4~5克加40%毒死蜱120毫升对水60千克均匀喷雾防治。

9. 培杂泰丰早季抛栽高产栽培技术模式图

月份	2月 上	2月 中	2月 下	3月 上	3月 中	3月 下	4月 上	4月 中	4月 下	5月 上	5月 中	5月 下	6月 上	6月 中	6月 下	7月 上	7月 中	7月 下
节气	立春		雨水	惊蛰		春分	清明		谷雨	立夏		小满	芒种		夏至	小暑		大暑
产量构成	抛栽 667 平方米产量 600 千克的产量结构：667 平方米有效穗数 19 万～20 万，每穗粒数 175～185 粒，结实率 80% 左右，千粒重（21.5±0.2）克。																	
生育时期	2 月底至 3 月初播种		秧田期（30±3）天		3 月底至 4 月初抛栽		有效分蘖期 4 月初至 4 月中旬			5/7～10 拔节			6/7～10 抽穗			7/9～11 成熟		
主茎叶龄期				0	1	2	3	4	5	6 7 8	9 10 11	12	13	14	15			
茎蘖动态	移栽叶龄 4～5 叶，一般不带分蘖，移栽 667 平方米茎蘖苗 5 万～6 万，拔节期每 667 平方米茎蘖 30 万～32 万，抽穗期每 667 平方米茎蘖 20 万～21 万，成熟期每 667 平方米穗数 19 万～20 万。																	
育秧	秧地应选择地势高、近水源，不积水，运秧方便的稻田，667 平方米大田需秧地 8 平方米。按常规育种的做法，将秧地耙把平，早施腐熟有机质肥料，培肥秧田。667 平方米用种量为 1.5 千克，若用 502 穴的秧盘需秧盘 38～40 个，需秧盘 34～36 个。排干田水，再用工作行起畦，把 2～3 个秧盘紧靠放在畦面上，轻压压实在秧盘上，将已催芽的种子均匀地播在秧盘在畦上，刮平，保持秧畦面湿润，中的泥浆水进行畦面轻压芽或用手抹在秧盘上，不要刮抹，播种后秧田灌润水，以防冷害。采用塑料薄膜覆盖，易于起秧和抛秧。																	
抛植	选择无风多云天气或晴好天下午适龄抛栽，均匀抛植，先抛 70%，余下的 30% 点撒结合，移密补稀，苗栽 1.7 万～1.8 万穴，苗保证 5 万～6 万基本苗。并按每 3 米检拾出 40 厘米宽行或开丰产沟，并抛每 3 米的操作行或开丰产沟。																	
施肥	培肥苗床：要求苗床前培肥苗床，施用腐熟农家肥 3～4 千克/平方米，施后耕翻入土中，播种前 15～20 天每平方米施过磷酸钙 50～60 克，氯化钾 15～20 克，尿素 15～20 克，氯化钾 15～20 克，耕翻 1～2 次，将土肥充分混匀。			苗床追肥：苗床追肥 2 天栽前 2 天每平方米追 7.5～10 克尿素对水 100 倍作"送嫁肥"，并浇透水。			本田基肥：移栽本田基肥 667 平方米施湿润腐熟土杂肥 500 千克或复合肥 15 千克，过磷酸钙 15 千克。			分蘖肥：移栽后 4～5 天 667 平方米施尿素 10～12 天 667 平方米施尿素 6 千克，氯化钾 6 千克。			促花肥：幼穗分化 1～2 期 667 平方米施尿素 5 千克，氯化钾 7.5 千克。			保花肥：中等肥力水田总施纯氮每 667 平方米 11 千克，（0.8～1）：磷钾比例 1：（0.3～0.4）：（穗=8：2，中期根据氮肥运筹与穗肥施 2～3 千克。	肥料运筹总体原则：中等肥力水田总施纯氮每 667 平方米 11 千克，N 肥运筹按基蘖：穗=8：2，中期根据群体结构与数量及叶色诊断进行调控。					
灌溉	塑料软盘薄播壮育 → 浅水抛栽促蘖 → 寸水促蘖 → 间歇（移穗苗≥80%）→ 分蘖（移穗苗≥80%）→ 搁田 → 灌浆 → 干 湿 交 替 → 断水硬田																	
病虫草防治	1. 种子处理：浸种前晒种 2 小时，用强氯精 450～500 倍药液浸种 4～6 小时进行种子消毒。 2. 送嫁药：移栽前 3～5 天，667 平方米秧苗用 40% 福戈 12～16 克对水 50～60 克，均匀喷雾防秧田三化螟、稻纵卷叶螟、稻飞虱和稻象甲，同时起出苗作用。			大田化除：水稻移栽前 2 天，每 667 平方米用 12% 恶草酮乳油 200 毫升均匀撒施于稻田或结合第一次追肥每 667 平方米用丁•苄 60～80 克或稻无草 35 克拌尿素撒施。			1. 分蘖末期至孕穗期：重点防治稻纵卷叶螟、纹枯病，达防治指标，每 667 平方米用 40% 福戈 8～10 克加 20% 纹霉清 60～100 毫升对水 50 千克均匀喷雾。 2. 孕穗至破口期：重点防治纹枯病、稻飞虱，每 667 平方米用 70 克加稻纵卷叶螟、三化螟，预防稻曲病和稻瘟病，稻 667 平方米用 40% 毒虫腈 100 毫升加 90% 杀虫单 70 克加 25% 噻嗪酮 250 克对水 50 千克均匀喷雾，重发年份每 667 平方米再加 14% 络氨铜预防稻曲病在破口前 10～15 天进行，重发年份每 667 平方米用 14% 络氨铜水剂 250 毫升各治一次。			3. 抽穗期至灌浆初期：重点防治稻飞虱、稻纵卷叶螟，纹枯病及稻曲病，每 667 平方米用 40% 毒死蜱乳油 100 毫升加 90% 杀虫单 70 克加 25% 噻嗪酮对水 50 千克均匀喷雾。 4. 灌浆中后期（6 月下旬）重点防治飞虱的稻飞虱，每 667 平方米可选用 25% 噻虫嗪 4～5 克加 40% 毒死蜱 120 毫升对水 60 千克喷雾防治。						

10. 特优582早季抛栽高产栽培技术模式图

月份	2月			3月			4月			5月			6月			7月		
	上	中	下	上	中	下	上	中	下	上	中	下	上	中	下	上	中	下
节气	立春		雨水	惊蛰		春分	清明		谷雨	立夏		小满	芒种		夏至	小暑		大暑
主茎叶龄期	0		1	2	3	4	5	6	7	8	9	10	11	12	13	14	15	

产量构成： 抛栽667平方米产量650千克的产量结构：抛栽667平方米有效穗数17万~18万，每穗粒数170~180粒，结实率85%左右，千粒重(25±0.2)克。

生育时期： 3月上旬播种 秧田期(30±3)天 4月初抛栽 有效分蘖期4月初至4月中旬 5/5~8拔节 6/5~8抽穗 7/8~10成熟

茎蘖动态： 移栽叶龄4~4.5叶，一般不带分蘖，移栽667平方米茎蘖5万~6万，拔节期每平方米茎蘖28万~30万，抽穗期每667平方米茎蘖19万~20万，成熟期每667平方米穗数17万~18万。

育秧： 秧地应选择地势高，不积水，近水源，运秧方便的稻田。按常规育种的做法，将秧地耙平耙碎，每667平方米大田需种地8平方米。若用502的秧盘育秧，每667平方米大田需谷秧40~44个，需秧盘36~40个。把2~3个秧盘放在秧板上，将已催芽的种子均匀地播在秧盘上，刮平，保持秧畦湿润。播种后秧畦内的泥浆进行埋或用木板轻压埋田。采用塑料薄膜覆盖，不要刮抹。易于起秧和抛秧。

抛植： 选择无风多云天或晴好天下午适龄抛栽；均匀抛植，先抛70%，余下的30%点插结合，移密补稀；苗栽1.8万~2.0万穴，苗保证5万~6万基本苗。并按每3米检出出40厘米宽的操作行或丰产沟。

施肥：
- 培肥苗床：要求年前培肥苗床，每667平方米施腐熟农家肥3~4千克/平方米，施后耕翻入土中，播种前15~20天每平方米施过磷酸钙50~60克，氯化钾15~20克，耕翻1~2次，将土壤充分混匀。
- 送嫁药：移栽前3~5天，每667平方米秧苗用40%福戈12~16克对水50~60千克，防秧田三化螟、稻纵卷叶螟，同时起到送苗作用。
- 本田基肥：移栽前2天每平方米施湿润南熟土杂复合肥500千克或豆饼合肥15千克，过磷酸钙15千克，氯化钾6千克。
- 分蘖肥：移栽后4~5天667平方米施尿素5千克，移栽后10~12天667平方米施尿素4千克，氯化钾5~7.5千克，氯5千克。
- 促花肥：分化1~2期667平方米施尿素7.5千克。
- 保花肥：倒1.5叶期667平方米施尿素2~3千克。

肥料运筹总体原则：中等肥力本田总施用纯氮量折算每667平方米11~12千克；(0.8)，氮磷钾比例为1：(0.3~0.4)：(0.3~0.4)；N运筹按基蘖肥=穗8:2，(倒3叶一色)中后期根据群体结构与数量及倒4，倒3叶一色差异诊断进行穗肥调控。

灌溉： (移栽苗≥80%) 寸水活棵 浅水促蘖 干湿交替 断水硬田
1. 分蘖未期至孕穗期：水稻移栽前2天，大田667平方米用12%恶草酮乳油200克对水8~10克均匀撒施；田或结合第一次追肥每667平方米用丁•苄60~80克或稻无草35克拌尿素撒施。(移栽苗≥80%)

病虫草害防治：
1. 分蘖未期：重点防治稻飞虱、纵卷叶螟，达防治指标，每667平方米用40%毒死蜱100毫升对水50千克均匀喷雾。
2. 孕穗至破口期：重点防治稻纵卷叶螟、纹枯病、稻飞虱，预防稻曲病，每667平方米用70克单70%纹霉清90%杀虫单70克加25%噻虫嗪4~5克加20%纹霉清预防稻曲病在破口前10~15天进行，重发年份每667平方米再用14%络氨铜水剂250毫升升对水60千克喷雾防治一次。
3. 抽穗期至灌浆初期：重点防治稻飞虱、稻纵卷叶螟，纹枯病及稻瘟病等穗期病害，视病虫情报，每667平方米用40%杀虫单70克乳油100毫升加90%杀虫单70克加25%噻虫嗪4~5克加20%纹霉清60~100毫升对水50千克均匀喷雾。
4. 灌浆中后期(6月下旬)重点查治飞虱性稻飞虱，每667平方米可选用25%噻虫嗪120毫升对水60千克喷雾防治。

11. 桂两优2号早季手插高产栽培技术模式图

月份	3月 上旬	3月 中旬	3月 下旬	4月 上旬	4月 中旬	4月 下旬	5月 上旬	5月 中旬	5月 下旬	6月 上旬	6月 中旬	6月 下旬	7月 上旬	7月 中旬	7月 下旬
产量构成	全生育期125~130天，叶片数14.5~15叶，有效穗数22万~24万/667平方米，产量构成为：目标产量720千克/667平方米，每穗160粒左右，千粒重21~22克，结实率85%以上。														
生育期	2/下旬准备秧田	3/5~10播种		4/5~10移栽	4/10~4/25 有效分蘖期		5/20前拔节	长穗期30天			6/14~18抽穗	灌浆结实期35天			7/20前后成熟
育秧	大田用种量：1.0~1.5千克/667平方米。旱育秧40~45克/平方米，湿润育秧15~20克/平方米。														
栽插	方式：人工划行插秧。行穴距：23.1厘米×23.1厘米或19.8厘米×26.4厘米；基本苗2~3苗；旱育秧2~3苗/穴。														
施肥	秧田培肥：667平方米施30%复合肥20千克、尿素15千克。	3叶期：667平方米施尿素20千克。		大田基肥：667平方米施尿素约13千克、磷肥50千克、氯化钾10千克。	起身肥：667平方米施尿素5~7千克。		分蘖肥：667平方米施尿素5~6千克、氯化钾9~10千克。	促花肥：667平方米施尿素5~6千克、氯化钾9~10千克。		保花肥：667平方米施尿素2~3千克。		说明：◆每667平方米本田施纯氮12~13千克、磷肥（P_2O_5）5.0~5.5千克、钾肥（K_2O）10~11千克。◆如果施用有机肥、复合肥、碳酸氢铵等肥料，则应计算其养分含量。			
灌溉	移栽田深水活苗			浅水分蘖	晒田控蘖（在有效分蘖终止期开腰沟和围沟排水晒田）		湿润长穗			有水抽穗		干湿壮籽			
病虫草防治	播种前：用强氯精或咪鲜胺浸种，或者用种衣剂包衣种子。		移栽前：拔秧前3~5天施长效农药，秧苗带药下田。	移栽后3~5天：移栽稻除草剂，或者抛栽稻除草剂等，均可拌肥或者拌砂子撒施。		分蘖末期至孕穗期：每667平方米用25%扑虱灵粉剂60~80克加20%阿维·唑磷60~80毫升加40%纹霉星120克，对水40千克喷雾。			抽穗期至灌浆初期：每667平方米用40%毒死蜱乳油100毫升加90%杀虫单70克加20%吡虫啉加10%纹霉星4克加10%真灵水乳剂120毫升，对水40千克喷雾。			说明：◆具体防治时间按照当地植保部门的病虫情报确定，以提高防治效果。◆用足水量。			

注：大田基肥在插秧前1~2天施用；起身肥在插秧前4天施用；分蘖肥在插秧后5~7天施用；促花肥在6月15~20日施用；保花肥在7月10日前后施用。

二、晚稻超级稻品种配套栽培技术模式图

1. 天优998晚季手插高产栽培技术模式图

月份	7月			8月			9月			10月			11月			12月
节气	小暑	大暑	立秋	处暑	白露	秋分	寒露	霜降	立冬	小雪	大雪					

产量构成：667平方米产量650千克的产量结构：每667平方米有效穗数20万~21万穗，每穗总粒数150~155粒，结实率85%，干粒重25.2±0.2克。

生育时期：7/15播种 秧田期18~20天 8/5~10移栽 有效分蘖期8/10~9/10 9/15前拔节 10/5孕穗 10/10~11/20抽穗 成熟

主茎叶龄期：0 1 2 3 4 5 6 7 8 9 10 11 12 13 14

茎蘖动态：移栽叶龄期5~6叶，单株带蘖3个以上，移栽667平方米茎蘖苗5万~6万，拔节期每667平方米茎蘖数25万~30万，抽穗期每667平方米茎蘖数19万~20万，成熟期每667平方米穗数18万~19万。

育秧：7月中下旬播种，秧龄18~20天。清水选种，播量8~10千克/667平方米，秧本比8~10。密度1.8万~2.0万丛/667平方米。规格（20~23）厘米×17厘米。

栽插：2叶1心期前沟灌，以后上水进行浅灌，并保持板浅水层。

施肥：基肥一般667平方米施复合肥（N：P：K含量分别为15：15：15）20千克/667平方米。在2叶1心时结合灌水上秧板，667平方米施3~4千克尿素混少量磷钾肥，在4叶1期根据秧苗生长状况施肥，生长较弱的、叶色较少的，667平方米施4~5千克尿素，分蘖较差、生长较旺的可不施，在移栽前3~4天，667平方米施8千克尿素，促迟发根。

基肥占总氮肥量的30%左右，667平方米施湿润腐熟土杂肥500千克或生菜花生茎30千克，过磷酸钙30千克，基肥中的氮肥占20%左右，一般667平方米施磷肥作面肥施用，插后2~3天施回青肥。回青肥占总氮肥量的20%左右，667平方米施尿素5~6千克，插后7~8天施始穗肥：占总氮量的30%左右，667平方米施尿素6~7千克加氯化钾6千克。

在到二叶叶龄期根据施穗肥：生长状况施穗肥占总氮量的20%左右，一般667平方米施尿素5~6千克左右加氯化钾7.5千克。

肥料运筹总体原则：培肥苗床，施足基肥，早施断奶肥，重施起身肥；稻秆还田，氮磷钾配合。总施氮量：12千克。

灌溉：栽后灌浅水层活棵，到施分蘖肥时要求面已无水层，结合施分蘖肥无水灌，然后，按田间有浅水层3~4天，无水层5~6天灌水。

当苗数到穗数苗数80%时开始搁田，采用多次轻搁田，营养生长过旺时适当重搁田，控制苗峰。

复水后湿润灌溉，保持浅水层。

保持干干湿湿润灌溉。

病虫草防治：播种前用25%施保克2500倍浸种，用吡虫啉和福戈防治稻飞虱，稻蓟马，移栽前3天用福戈喷施。

根据病虫测报用吡虫啉+杀虫双，防治稻纵卷叶螟、稻飞虱，防治效果好。

根据田间病虫发生用吡虫啉，等药防治在稻分蘖期施用丁苄除草剂混施，杀虫双和井冈霉素，兼治纹枯病。

抽穗前2~3天用吡虫啉、环唑等防治稻纵卷叶螟和稻曲病、稻瘟病等。

井冈霉素、稻飞虱、纹枯。

花后结合病虫防治叶面喷施磷酸二氢钾。

抽穗期

策略：突出纹枯病、南方黑条矮缩病的防治，强化稻纵卷叶螟的防治，采用农业综合防病，稻曲病和稻瘟病以保健栽培为主，在加强预测预报基础上采用高效低毒低残留农药，结合生物农药的无公害防治技术。

2. 天优998晚季抛秧高产栽培技术模式图

月份	7月			8月			9月			10月			11月			12月
	上	中	下	上	中	下	上	中	下	上	中	下	上	中	下	
节气	小暑		大暑	立秋		处暑	白露		秋分	寒露		霜降	立冬		小雪	大雪
产量构成	667平方米产650千克的产量结构：每667平方米有效穗数20.5万~21.5万穗，每穗总粒数140~150粒，结实率85%，千粒重25.2±0.2克。															
生育时期	7/15播种 秧田期16~18天 8/3~5移栽				有效分蘖期8/5~9/5 9/10前拔节					10/5抽穗 10/10~11/20成熟						
主茎叶龄期	0	1	2	3	4	5 6	7 8	9 10	11 12	13 14						
茎蘖动态	移栽叶龄4~5叶，移栽667平方米茎蘖苗5万~6万，拔节期每667平方米茎蘖数25万~30万，抽穗期每667平方米茎蘖数19万~20万，成熟期每667平方米穗数18万~19万。															
育秧	清水选种，每667平方米大田用种量1.2千克。采用塑料软盘育秧，每667平方米大田秧用秧盘40~44个（502孔），采取浆播湿润育秧。心期每667平方米秧用15%多效唑对水1千克喷施。在秧苗1叶1心期，采取浆播湿润育秧的方法。															
栽插	密度1.8万~2.0万丛/667平方米，均匀抛植。															
施肥	基肥一般667平方米施复合肥（N：P：K含量分别为15：15：15）15千克/667平方米。适时追肥，在播后7~8天每667平方米秧苗施复合肥5千克。			基肥占总氮肥量的30%左右。667平方米润田熟土杂肥500千克或花生麸30千克、过磷酸钙50千克。基肥作面肥施用，磷肥作面肥施用，基肥中的氮肥作全层肥施用。捅后2~3天施回青肥，占总氮肥量的20%左右，667平方米施尿素5~6千克，可与除草剂混施。捅后7~8天施促蘖肥，占总氮量的30%左右，667平方米施尿素6~7千克加氯化钾6千克。			当苗数到穗苗数80%时开始搁田，用多次轻搁田，然后，按田间有生长过旺时适当重搁田，控制苗峰。			在到二叶一叶龄期根据水稻生长状况施穗肥，穗肥占总氮肥量的20%左右，一般667平方米施尿素6千克左右加氯化钾5~7.5千克左右。			花后结合病虫防治，叶面喷施磷酸二氢钾。			肥料运筹总体原则：培接苗床，施足基肥，早施断奶肥，重施起身肥；秸秆还田，氮磷钾配合。总施氮量：12千克。
灌溉	播种后秧田灌沟水，保持秧畦湿润，抛秧前2天排水，促使畦面干爽，易于起秧和抛秧。			栽插后浅水层活棵，到施分蘖肥时地面已无水层，结合施分蘖肥灌水。然后，按田间浅水层3~4天，无水层5~6天灌水。						复水后湿润灌溉，保持浅水层。			保持干干湿湿润润灌溉。			
病虫草防治	播种前用25%施保克2500倍浸种，苗期用吡虫啉和稻瘟灵防治稻飞虱，移栽前3天用吡虫啉和福戈喷施。			根据病虫测报用吡虫啉+杀虫双、防治螟虫、稻飞虱；杂草防治在施分蘖肥时结合拌丁节除草剂混施。根据田间病虫发生用吡虫啉、杀虫双、防治螟虫、稻飞虱，兼治纹枯病。						抽穗前2~3天用吡虫啉、环唑等防治稻纵卷叶螟、稻飞虱，稻曲病和稻瘟病。			井冈霉素、稻飞虱、纹枯病、三化螟			策略：突出纹枯病、南方黑条矮缩病的防治；强化稻纵卷叶螟、三化螟、稻瘟病的防治；采用农业保健栽培为主的农业综合防治，在加强病虫预测预报的基础上，采用农药，结合低残留农药，结合生物农药的无公害防治技术。

3. 桂农占晚季手插高产栽培技术模式图

月份	7月			8月			9月			10月			11月			12月	
	上	中	下	上	中	下	上	中	下	上	中	下	上	中	下	上	
节气	小暑		大暑	立秋		处暑	白露		秋分	寒露		霜降	立冬		小雪	大雪	
产量构成	667平方米产600千克的产量结构：每667平方米有效穗数21万~22万穗，每穗总粒数150~155粒，结实率85%左右，千粒重22.3±0.2克。																
生育时期	7/15播种	秧田期18~20天		8/2~5移栽		有效分蘖期8/10~9/10	9/10前拔节			10/5抽穗 10/10~11/20成熟							
主茎叶龄期	0	1	2	3	4	5	6	7	8	9	10	11	12	13	14		
茎蘖动态	移栽叶龄5~6叶，单株带蘖3个以上，移栽667平方米茎蘖数5万~6万，拔节期每667平方米茎蘖数30万~32万，抽穗期每667平方米茎蘖数21万~22万，成熟期每667平方米穗数20万~22万。																
育秧	7月中下旬播种，秧龄18~20天。清水选种，规格（20~23）厘米×17厘米。密度1.8~2.0万/667平方米。																
栽插				基肥一般667平方米施氮肥量的30%左右。667平方米施湿润腐熟土杂肥500千克或花生麸30千克，过磷酸钙30千克。基肥作面肥施用，磷肥作面肥施用。插后2~3天施尿素6~7千克，可与除草剂混施，插后7~8天，667平方米施尿素7~8千克加氯化钾7~8千克。			在二叶一心期根据水稻生长状况施穗肥，穗肥占20%左右，一般667平方米施尿素7.5千克加氯化钾6~7千克。			花后结合病虫防治，叶面喷施磷酸二氢钾。				肥料运筹总体原则：培肥苗床，施足基肥，早施断奶肥，重施起身肥；秸秆还田，配合；总施氮量13千克。	
施肥																	
灌溉	2叶1心期前沟灌，以后上水进行浅灌，并保持秧板水层。			栽后灌浅水活棵，到施分蘖肥时要求地面已无水层，结合施分蘖肥，按田间有浅水层3~4天，无水层5~6天灌水。			当苗数到穗苗数80%时开始搁田，多次轻搁田，生长过旺则重搁田，控制苗峰。			复水后润湿灌溉，保持浅水层。			保持干干湿湿润灌溉。				
病虫草防治	播种用25%施保克2500倍浸种，苗期用吡虫啉和福戈防治稻飞虱，稻蓟马，移栽前3天用吡虫啉和福戈喷施。			根据病虫测报用吡虫啉+杀虫双，防治蟓虫，稻飞虱，杂草防治结合施分蘖肥时结合拌丁除草剂混施。根据田间病虫发生用吡虫啉，稻飞虱，稻曲病和稻瘟病。			抽穗前2~3天用吡虫啉，井冈霉素，三环唑等防治稻纵卷叶螟，纹枯病，稻曲病和稻瘟病等。			抽穗后2~3天用吡虫啉+杀虫双，杀虫双和井冈霉素，防治稻纵卷叶螟、稻飞虱，兼治纹枯病。			策略：突出纹枯病的防治，强化稻纵卷叶螟、三化螟，稻瘟病的防治，采用农业综合防治为主加强预测预报的基础上，采用高效低毒低残留农药，结合生物农药的无公害防治技术。				

4. 桂农占晚季抛秧高产栽培技术模式图

月份	7月			8月			9月			10月			11月			12月		
	上	中	下	上	中	下	上	中	下	上	中	下	上	中	下	上	中	下
节气	小暑		大暑	立秋		处暑	白露		秋分	寒露		霜降	立冬		小雪	大雪		
产量构成	667平方米产600千克的产量结构：每667平方米有效穗数20万～22万穗，每穗总粒数145～150粒，结实率85%左右，千粒重22.3±0.2克。																	
生育时期	7/15～20播种			播种期8/2～15移栽		有效分蘖期8/10～9/10		9/10前拔节		10/5抽穗			10/10～11/20成熟					
	秧田期18～20天																	
主茎叶龄期	0	1	2	3	4	5	6	7	8	9	10	11	12	13	14			
茎蘖动态	移栽叶龄期5～6叶，单株带蘖3个以上，移栽667平方米茎蘖苗5万～6万，成熟期每667平方米穗数20万～22万。						拔节期每667平方米茎蘖数30万～32万，抽穗期每667平方米茎蘖数21万～22万，采收期667平方米大田用秧盘40～44个（502孔），采											
育秧	7月中下旬播种，秧龄18～20天。清水选种，每667平方米大田用种量1.5千克。采用塑料软盘育秧。																	
	7月中下旬播种取浆播湿育苗的方法。																	
栽插	密度1.8～2.0万丛/667平方米，规格（20～23）厘米×17厘米。																	
施肥	基肥一般667平方米施复合肥（N：P：K含量分别为15：15：15）15千克/667平方米，适时追肥，在播后7～8天每667平方米秧苗施复合肥5千克。			基肥占氮肥量的30%左右。667平方米施湿润腐熟土杂肥500千克或花生麸30千克，过磷酸钙30千克，基肥中的氮肥作全层肥施用，磷肥作面肥施用。回施后2～3天施回青肥，667平方米施氮量的20%作回青肥，施后2～3天施，可与除草剂混施，插后7～8天，667平方米施氮量的30%作蘖肥：占总氮量的30%，667平方米施尿素7～8千克，667平方米施尿素7～8千克加氯化钾7～8千克。			在到二叶一叶龄期根据水稻生长状况施穗肥，总氮肥量的20%左右，一般667平方米施尿素7.5千克加氯化钾7.5千克。			花后结合病虫防治，叶面喷施尿素和磷酸二氢钾。			肥料运筹总体原则：培肥苗床、施足基肥、早施断奶肥、重施起身肥；秸秆还田、施氮磷钾配合。总施氮量：13千克。					
灌溉	播种后秧田灌沟水，保持秧畦湿润。抛秧前2天排水，促使畦面干爽，易于起秧和抛秧。			栽后灌浅水层活棵，到施分蘖肥时要求达到面已无水层，结合施分蘖肥，然后，无水层3～4天，无水层灌水。			当苗数到穗数苗数80%时开始搁田，采用多次轻搁田，生长过旺时适当重搁田，控制苗峰。			复水后湿润灌溉，保持浅水层。			保持干干湿湿润灌溉，抽穗期湿润灌溉。					
病虫草防治	播种前用25%施保克2 500倍浸种，苗期用吡虫啉和福戈防治稻飞虱，稻蓟马，移栽前3天用吡虫啉和福戈喷施。			根据病虫测报用吡虫啉＋杀虫双，防治螟虫，稻飞虱，杂草防治在抛分蘖肥时结合拌丁苄除草剂混施。根据田间病虫发生用吡虫啉，杀虫双和井冈霉素，防治螟虫，稻飞虱，兼治纹枯病。			抽穗前2～3天用吡虫啉，环唑等防治稻纵卷叶螟，稻曲病和稻瘟病。			井冈霉素，稻飞虱，纹枯病。			策略：突出纹枯病的防治，强化稻纵卷叶螟，三化螟，稻瘟病的防治，采用农业综合防治，在加强预测预报的基础上，采用高效低毒低残留农药，结合生物农药的无公害防治技术。					

5. 合美占晚季抛栽高产栽培技术模式图

月份	7月上	7月中	7月下	8月上	8月中	8月下	9月上	9月中	9月下	10月上	10月中	10月下	11月上	11月中	11月下	12月上	12月中	12月下
节气	小暑		大暑	立秋		处暑	白露		秋分	寒露		霜降	立冬		小雪			

产量构成： 抛栽667平方米产600千克的产量构成：667平方米有效穗数19万～20万，每穗粒数175～185粒，结实率80%左右，千粒重（21.5±0.2）克。

生育时期： 7月中旬播种　秧田期（13±2）天　8月初抛栽　有效分蘖期8月初～8月中旬　9/3～8拔节　10/3～8抽穗　11/10～15成熟

主茎叶龄期： 0　1　2　3　4　5　6　7　8　9　10　11　12　13　14

茎蘖动态： 移栽叶龄3.5～4.5叶，一般不带分蘖，移栽667平方米穗数22万～23万。成熟期667平方米穗数22万～23万。

育秧： 秧地应选择地势高，不积水，近水源，运秧方便的稻田，按常规育秧的做法，将秧地耙松耙平，早施腐熟有机质肥料，培肥秧田。667平方米用种量为1.5千克，若用502穴的秧盘育秧，每667平方米大田需秧地8平方米。需秧盘36～40个，若用561穴的秧盘，需秧盘40～44个，每667平方米大田用手抹在秧盘上，刮平，将已催芽的种子均匀地播在秧盘在秧盘，起畦，把2～3个秧盘靠放在畦面上，轻压入泥内，然后把工作行的泥浆工作行均匀抹施，促使畦面干爽，易于起秧和抛秧。中的泥浆进行理芽细管整芽，不要刮抹。播种后秧田灌湿润，保持秧畦湿润，保持秧畦前两天排水，

抛植： 选择无风多云天或下午适龄抛栽，均匀抛撒，先抛70%，余下的30%点撒结合，移密补稀。苗栽1.8万～2.0万穴，苗保证5万～6万基本苗。并按每3米检出40厘米宽的操作行或走丰产沟。

施肥：

- 培肥苗床：播种前移栽前5～10天每平方米施过磷酸钙50～60克，尿素15～20克，氯化钾15～20克，耕翻1～2次，将土肥无分混匀。
- 本田基肥：移栽前2天每平方米施667平方米施湿润腐熟土杂肥500千克或复合肥15千克，过磷酸钙15千克，氯化钾6千克。
- 分蘖肥：移栽后2～3天667平方米施尿素5～6千克，移栽后7～8天667平方米施尿素6～7千克，氯化钾7.5千克。
- 促花肥：幼穗分化1～2期667平方米施尿素4～5千克，氯化钾7.5千克。
- 保花肥：倒1.5叶期667平方米施尿素3～4千克。
- 壮尾肥：齐穗后每隔7天667平方米用尿素0.5千克，磷酸二氢钾0.15千克对水50千克喷施。
- 肥料运筹总体原则：中等肥力本田总施纯氮量折算每667平方米约12千克，氮磷钾比例=1:（0.8～1）:（0.4）:（0.8～1）。N肥运筹按基蘖：穗=7:3，基蘖肥：穗肥=7:3，中期按基蘖根据群体结构与数量及叶色诊断进行穗肥调控。

灌溉： 寸水活棵　浅水促蘖　够穗苗（≥80%）　晒田　湿润　干湿交替　断水硬田

大田化除：水稻移栽后2天，每667平方米用恶草酮乳油200毫升或直接均匀撒施于稻田或每667平方米用一次追肥每667平方米用丁节60～80克或拌尿素35克拌尿素撒施。

病虫草防治：

1. 种子处理：浸种前晒种2小时，用强氯精450～500倍液浸种4～6小时进行种子消毒。
2. 送嫁药：移栽前3～5天，每667平方米秧苗用40%福戈12～16克对秧苗50～60千克，均匀喷雾防治秧田三化螟、稻飞虱、稻纵卷叶螟，同时起壮苗作用。

1. 分蘖末期至孕穗期：重点防治稻飞虱、稻纵卷叶螟、纹枯病，达防治标准时，每667平方米用40%福戈8～10克加20%稻曲清60～100毫升对水50千克均匀喷雾。
2. 孕穗至破口期：重点防治稻纵卷叶螟、三化螟、稻飞虱、纹枯病，预防稻曲病和稻瘟病，每667平方米用40%毒死蜱100毫升加稻曲病预防在破口前10～15天进行，重发年份一周后每667平方米再用14%络氨铜水剂250毫升喷治一次。
3. 抽穗期至灌浆初期：重点防治稻飞虱、稻纵卷叶螟、纹枯病及稻瘟病等，视病虫情报，每667平方米用40%毒死蜱乳油100毫升加90%杀虫单70克加25%噻嗪酮可湿性粉剂100克加20%纹霉清60～100毫升对水50千克均匀喷雾。
4. 灌浆中后期（10月下旬）：重点查治迁飞性害虫，每隔7天防治飞虱可选用25%吡蚜酮水分散粒剂4～5克加40%毒死蜱120克对水60千克喷雾防治。

6. 五优308晚季抛栽高产栽培技术模式图

月份	7月			8月			9月			10月			11月			12月		
	上	中	下	上	中	下	上	中	下	上	中	下	上	中	下	上	中	下
节气	小暑		大暑	立秋		处暑	白露		秋分	寒露		霜降	立冬		小雪			

产量构成：抛栽667平方米产600千克的产量结构：667平方米有效穗数19万～20万，每穗粒数175～185粒，结实率80%左右，千粒重（21.5±0.2）克。

生育时期：7月中旬播种　秧田期（13±2）天　8月初抛栽　有效分蘖8月初～8月中旬　8月下旬拔节　10/3～8抽穗　11/10～15成熟

主茎叶龄期：0　1　2　3　4　5　6　7　8　9　10　11　12　13　14

茎蘖动态：移栽叶龄3.5～4.5叶，一般不带分蘖，移栽667平方米茎蘖苗5万～6万，拔节期每667平方米茎蘖30万～32万，抽穗期每667平方米茎蘖22万～24万，成熟期每667平方米穗数20万～21万。

育秧：秧地应选择地势高、不积水、近水源、运秧方便的稻田，每667平方米大田需秧田8平方米。按常规育秧的做法，将秧地耙平，早施腐熟有机质肥料，培肥秧田。667平方米用种量为1.3千克，若用502穴的秧盘，需秧盘561个。施过磷酸钙50～60克，氮素15～20克，若用561穴的秧盘40～44个，每667平方米大田需秧盘36～40个，排干田水，将手抹在秧盘上，再用工作行起畦，把2～3个秧盘装草放在畦面上，轻压入泥内，然后把工作行的泥浆用木板成手均匀地撒在秧盘，刮平，将已催芽的种子均匀地撒在秧盘，促使畦面平来，易于起秧和抛秧。中的泥浆水进行埋芽或用木板轻压埋芽，不要刮抹。播种后秧田灌沟水，保持秧畦湿润，抛秧前两天排水，

抛植：选择无风多云天气或晴好天下午适龄抛栽操作或开行分厢。并按每3米检出40厘米宽的操作行。先抛70%，余下的30%点撒结合，移密补稀；苗栽1.8万～2.0万穴，苗栽1.8万～6万基本苗。均匀抛植，

施肥：

培肥苗床：播种前5～10天每平方米施过磷酸钙50～60克，氮素15～20克，耖翻1～2次，将土肥充分混匀。

本田基肥：移栽前2天每平方米施667平方米施湿润腐熟复合肥500千克或送嫁肥15千克，过磷酸钙15千克，并渣。

本田追肥：移栽肥：移栽后2～3天667平方米施尿素7.5～10千克，氮素7～8千克，氯化钾15千克。

分蘖肥：分蘖后2～3天667平方米施尿素5～6千克，栽后7～8天667平方米施氯化钾6～7千克。

促花肥：幼穗分化1～2期平方米施尿素5～7.5千克。

保花肥：倒1.5叶期每667平方米施尿素7.5千克。

壮尾肥：齐穗后每667平方米施尿素0.5千克，用磷酸二氢钾50克对施。

肥料运筹总体原则：中等肥力大田总施纯氮量折算每667平方米施氮10～11千克，氮：磷：钾比例=1：（0.3～0.4）：（0.8～1）。N肥运筹按基肥：蘖肥=7：3，中期运筹根据叶色诊断进行穗肥调控。

灌溉：寸水活棵　浅水促蘖　（够蘖苗≥80%）　搁田　浅水孕穗　够穗苗　间歇灌溉　干湿交替　断水硬田

病虫草防治：

1. 大田化除：水稻移栽前2～6小时进行种子消毒。恶草酮乳油200毫升或直接每667平方米用12%每667平方米用40%福戈8～10克加20%纹霉清60～100毫升对水50千克均匀喷雾。
2. 送嫁药：移栽前3～5天，每667平方米秧田用40%福戈12～16克对水50～60千克，均匀喷雾防秧田三化螟、稻纵卷叶螟、稻飞虱和稻瘟病，同时起壮秧作用。

1. 分蘖末期至孕穗期：重点防治稻飞虱、稻纵卷叶螟、纹枯病，达防治指标，每667平方米用8～10克对水50千克均匀喷雾。
2. 孕穗至破口期：重点防治稻纵卷叶螟、三化螟、稻飞虱、纹枯病，每667平方米用40%毒死蜱100毫升加90%杀虫单70克加25%纹霉清100毫升对水50千克加20%纹霉情60～100毫升对水50千克均匀喷雾。

3. 抽穗期至灌浆初期：重点防治稻飞虱、纹枯病及稻瘟病等，穗期病害：视情报，纹枯病每667平方米用90%杀虫单70克加25%纹霉清100毫升对水50千克加20%纹霉情60～100毫升对水50千克均匀喷雾。
4. 灌浆中后期（10月下旬）重点检查稻瘟病，每667平方米可治迁飞性稻飞虱，每穗粒纹4～5克加40%毒死蜱120毫升对水60千克均匀喷雾防治。

7. 玉香油占晚季抛栽高产栽培技术模式图

月份	7月			8月			9月			10月			11月			12月		
	上	中	下	上	中	下	上	中	下	上	中	下	上	中	下	上	中	下
节气	小暑	大暑		立秋		处暑	白露		秋分	寒露		霜降	立冬		小雪			
主茎叶龄期		0	1	2	3	4	5	6	7	8	9	10	11	12	13	14		

产量构成： 抛栽667平方米产600千克的产量构成：667平方米有效穗数19万～20万，每穗粒数175～185粒，结实率80%左右，千粒重（21.5±0.2）克。

生育时期： 7月中旬播种　秧田期（13±2）天　[8月初抛秧]　有效分蘖8月初～8月中旬　[9/3～8拔节]　抽穗 [10/3～8抽穗]　[11/10～15成熟]

茎蘖动态： 移栽叶龄3.5～4.5叶，一般不带分蘖，移栽667平方米穗数20万～21万，成熟期667平方米穗数20万～21万。移栽667平方米茎蘖苗5万～6万，拔节期667平方米茎蘖30万～32万，抽穗期667平方米茎蘖22万～23万。

育秧： 秧地应选择地势高，不积水，近水源，运秧方便的做法，将秧地耙耙平，早施断奶肥，培肥秧田。667平方米用种量为1.8千克，若用502穴的秧盘秧，按常规抛秧地8平方米。每667平方米大田需秧盘40～44个，若用561穴的秧盘，需秧盘36～40个，把2～3个秧盘紧靠在畦面上，将秧已催芽的种子均匀地播在秧盘上，再用工作行中的泥浆水进行埋芽或用木板轻压埋芽，然后把工作行的泥浆用木板均匀地抹在秧盘上，易于起秧和抛秧。并保持抛秧前两天排水，促使畦面干爽，易于起秧和抛秧。

抛植： 选择无风多云天或晴好天下午的操作行或干丰产沟。移栽叶龄为适龄抛栽；播种后秧田灌沟水，保持秧畦湿润，抛栽前两天排水。先抛70%，余下的30%点撒结合，移密补稀；苗保证1.8万～2.0万丛，苗密度667平方米5万～6万基本苗。并按每667平方米茎蘖苗5万～6万，拔3叶按数量及倒3叶色变进行穗肥调控。

施肥： 移栽前培肥苗床：播种前5～10天每平方米施过磷酸钙50～60克、氯化钾15～20克，尿素15～20克，将土肥翻1～2次，充分混匀。本田基肥：移栽前2天每平方米施667平方米尿素6克、氯化钾6克。水稻追肥：移栽前2天每667平方米施湿润菌熟土杂复合肥500千克或过磷酸钙15千克、氯化钾15千克。分蘖肥：移栽后2～3天每667平方米施尿素6～8千克、氯化钾6千克。促蘖肥：移栽后2～3天每667平方米施尿素7～8千克、氯化钾7.5千克。保花肥：幼穗分化1.5～2期每667平方米施尿素3～4千克。壮尾肥：齐穗后隔7天667平方米施尿素0.5千克、磷酸二氢钾0.15千克对水50千克喷施。肥料运筹总体原则：中等肥力本田总施纯氮量折算每667平方米约为12千克，氮磷钾比例=1:（0.3～0.4）:1，N肥运筹按基蘖肥:穗=7:3，中期根据群体长势与数量及倒4，倒3叶色构进行穗肥调控。

灌溉： 塑料软盘播湿育 — 浅水促蘖 — 寸水返青 — 浅水促蘖 — 湿润露田（移穗苗≥80%）— 深水调控 — 干湿交替 — 断水硬田

病虫草防治： 1.种子处理：浸种前晒种2小时，用强氯精450～500倍药液浸种～6小时进行种子消毒。2.送嫁药：秧苗移栽前3～5天，每667平方米秧地用40%毒死蜱乳油100毫升对水50千克，防秧田三化螟、稻纵卷叶螟、稻飞虱和稻象甲，同时起送嫁作用。1.大田化除：水稻移栽前2天，每667平方米移栽前12%恶草酮乳油200毫升对水直接均匀撒施于稻田或移栽后第一次追肥混施于稻田667平方米用丁下60～80克拌尿素35克拌尿素撒施。1.分蘖末期至孕穗期：重点防治稻飞虱、稻纵卷叶螟、纹枯病，达防治指标每667平方米用40%稻飞虱40毫升或40%毒死蜱100毫升加水喷雾。2.孕穗末期至破口期：重点防治稻纵卷叶螟、稻飞虱、纹枯病，预防稻曲病和稻瘟病，每667平方米用40%毒死蜱100毫升加90%杀虫单70克加25%吡蚜酮可湿性粉剂100克加14%络氨铜水剂250毫升对水喷雾。3.抽穗期至灌浆初期：重点防治稻飞虱、稻纵卷叶螟、纹枯病及稻瘟病等，视情报，每667平方米用40%稻瘟灵100毫升加90%杀虫单70克加25%噻嗪酮4～5克对水50千克加20%纹霉清20～100毫升加水喷雾。4.灌浆中后期（10月下旬）重点查治迁飞性的稻飞虱，每667平方米可用25%吡蚜酮分散粒剂4～5克加水60千克喷雾防治。

8. 天优122晚季抛栽高产栽培技术模式图

月份	7月 上	7月 中	7月 下	8月 上	8月 中	8月 下	9月 上	9月 中	9月 下	10月 上	10月 中	10月 下	11月 上	11月 中	11月 下
节气	小暑	大暑		立秋	处暑		白露	秋分		寒露	霜降		立冬	小雪	

产量构成： 抛栽667平方米产600千克的产量结构：667平方米有效穗数18万～19万，每穗粒数140～150粒，结实率85%左右，千粒重（26±0.3）克。

生育时期： 7月中旬播种，秧田期（13±2）天｜8月初抛栽｜有效分蘖期8月初～8月中旬｜9/3～8拔节｜10/3～8抽穗｜11/8～153熟

主茎叶龄期： 0 1 2 3 ｜ 4 5 6 7 8 ｜ 9 10 11 12 13 14

茎蘖动态： 移栽叶龄3.5～4.5叶，一般不带分蘖，移栽667平方米茎蘖苗4万～5万，拔节期667平方米茎蘖20万～21万，成熟期667平方米穗数19万～20万。

育秧： 秧地应选择地势高、近水源、不积水，运输方便的稻田，每667平方米大田需母秧地8平方米。按常规育种的做法，将秧地把烂犁平，早茬腐熟有机质肥料，培肥秧田，667平方米用秧母量为1.3千克，若用502六的秧盘需母秧，每667平方米大田需秧40～44个，若用561六的秧盘36～40个，将已催芽的手抹在秧盘上，刮平，然后把工作行的泥浆用木板或双手抹在秧板上，再用工作行中的泥浆对理芽或用木板轻压埋理床，保持秧田灌匀水，抛种后秧田灌浅水，保持秧田两天排水，促使睡面干爽，易于起秧和抛秧。

抛植： 选择无风多云天或晴好天下午适龄单本抛栽，均匀抛植，先抛70%，余下的30%点播结合，移密补稀；苗保证5万～6万基本苗。并按水3米检查到40厘米左右的操作行或行间产均匀。苗密1.8万～2.0万穴，

施肥：
塑料软盘播湿育：
1. 种子处理：浸种前晒种2小时，用强氯精450～500倍液浸种4～6小时进行种子消毒。
2. 送嫁药：移栽前3～5天，每667平方米秧苗用40%福戈12～16克对秧苗50～60千克，均匀喷雾防秧田三化螟、稻纵卷叶螟，同时起壮秧作用。

培肥苗床：播种前5～10天每平方米施过磷酸钙50～60克，尿素15～20克，氯化钾20～25克，翻1～2次，将土肥充分混匀。

本田基肥：每667平方米施湿润腐熟土杂肥500千克或复合肥15千克，过磷酸钙15千克，氯化钾5千克。

分蘖肥：移栽后2～3天每667平方米施尿素4～5千克，移栽后7～8天667平方米施尿素5千克，氯化钾6千克。

促花肥：幼穗分化1～2期667平方米施尿素4.5千克，氯化钾7.5千克。

保花肥：叶龄倒1期667平方米施尿素3千克。

壮尾肥：齐穗后每667平方米施尿素0.5千克。倒7天667平方米用尿素3千克加磷酸二氢钾0.15千克对水50千克喷施。

肥料运筹总体原则：中等肥力本田总施纯氮量折算每667平方米约10千克，（0.3～0.4）：1。N运筹按基：蘖=7：3，中期根据群体结构与数量及叶色诊断进行穗肥调控。

灌溉： 大田化除：水稻移栽前2天，每667平方米用12%恶草酮乳油200毫升均匀撒施于稻田或结合一次追肥每667平方米无草丁苄60～80克或稻无草35克并尿素撒施。

寸水活棵 → 浅水促蘖 →（够穗苗≥80%）→ 搁田 → 同田 → 湿灌 → 漫灌 → 干湿 → 交替 → 断水硬田

病虫草害防治：
1. 分蘖末期至孕穗期：重点防治稻飞虱、纹枯病、稻纵卷叶螟，稻纵卷叶螟用40%福戈8～10克加20%纹霉清60～100毫升对水50千克均匀喷雾。
2. 孕穗至破口期：重点防治稻纵卷叶螟、稻飞虱、纹枯病，预防稻曲病和稻瘟病，每667平方米单70克加25%噻虫嗪100毫升加90%杀虫单70克加25%噻虫嗪100毫升加20%毒霉清250克加稻粒剂4～5克加14%络氨铜水剂250克均匀对散粒灵口前10～15天进行，重发年份，重点查治稻曲病预防需在稻口前用14%络氨铜水剂250克撒施。
3. 抽穗期至灌浆初期：重点防治稻飞虱、纹枯病及稻瘟病等，穗期稻瘟、视病虫情报，每667平方米加40%毒死蜱乳油100毫升加90%杀虫单70克加25%噻虫嗪4～5克加20%纹霉清60～100毫升对水50千克均匀喷雾。
4. 灌浆中后期（10月下旬）重点查治稻飞虱，每平方米可选用25%噻虫嗪乳剂4～5克均匀对散粒40%毒死蜱120毫升对水60千克喷雾防治。

9. 培杂泰丰晚季抛栽高产栽培技术模式图

月份	7月			8月			9月			10月			11月		
	上	中	下	上	中	下	上	中	下	上	中	下	上	中	下
节气	小暑		大暑	立秋		处暑	白露		秋分	寒露		霜降	立冬		小雪
产量构成	抛栽667平方米产600千克的产量结构：667平方米有效穗数19万~20万，每穗粒数175~185粒，结实率80%左右，千粒重（21.5±0.2）克。														
生育时期	7月中旬播种		秧田期（13±2）天	8月初抛栽		有效分蘖期8月初~8月中旬	9/3~8拔节			10/3~8抽穗			11/10~15成熟		
主茎叶龄期	0	1	2	3	4	5	6	7	8	9	10	11	12	13	14
茎蘖动态	移栽叶龄3.5~4.5叶，一般不带分蘖，移栽667平方米茎蘖数19万~20万，成熟期每667平方米穗数19万~20万。秧地应选择地势高，不积水，近水源，运秧方便的稻田，移栽667平方米茎蘖苗5万~6万，移栽667平方米茎蘖30万~32万，抽穗期每667平方米茎蘖20万~21万，拔节期每667平方米茎蘖30万~32万，余下的30%点撒补稀，先抛70%，余下的30%点撒补稀，移密补稀；苗栽1.8万~2.0万丛，苗保证5万~6万基本苗。并														
育秧	秧地应选择地势高，不积水，近水源，运秧方便的稻田，每667平方米大田需秧地8平方米。按常规育秧的做法，将秧地耙平，培肥秧田。667平方米用种量为1.3千克，若用561六的秧盘36~40个，若用502六的秧盘，每667平方米大田需秧盘40~44个，刮平，将已催芽的种子均匀撒在秧盘上，起畦，把2~3个秧盘紧靠放在畦面上，轻压入泥内，然后把工作行间的泥浆用木或手抹在秧盘上，促使畦面干爽，抛秧前两天排水，再用工作行中的泥浆木板压埋种芽，不要刮抹，播种后秧田灌沟水，保持秧畦湿润，易于起秧和抛秧。														
抛植	选择无风多云天或阴天下午适龄抛植，先抛70%，余下30%点撒补稀，移密补稀；苗栽1.8万~2.0万丛，苗保证5万~6万基本苗。并按每3米检查到出40厘米宽的操作行或开行或开丰产沟。														
施肥	培育苗前5~10天每平方米施过磷酸钙50~60克，氯化钾20~30克，耕翻1~2次，将土肥充分混匀。 / 本田基肥：每667平方米施湿润腐熟土杂肥500千克或复合肥15千克，过磷酸钙15千克，氯化钙酸钾6~7千克。 / 分蘖肥：移栽后2~3天每667平方米施尿素7~8千克，667平方米施尿素7~8千克，氯化钾7.5千克。 / 促花肥：倒2~3叶化1~2期667平方米施尿素4~5千克，氯化钾7.5千克。 / 保花肥：倒1.5叶叶片667平方米施尿素3~3.5千克。 / 壮尾肥：齐穗后每667平方米施尿素0.5千克，磷酸二氢钾0.15千克喷施。 / 肥料运筹总体原则：中等肥力本田总施纯氮量折算每667平方米约12千克，氮磷钾比例1∶（0.3~0.4）∶（0.8~1），N肥运筹按基蘖肥∶穗肥＝7∶3，中期根据群体结构及叶色进行穗肥调控。														
灌溉	寸水活棵	浅水促蘖		掘田		够苗（移穗苗≥80%）间歇灌溉			干湿交替	灌溉			断水硬田		
	大田化除：水稻移栽前2天，每667平方米用12%恶草酮乳油200毫升或直接每667平方米用20%稻无草一次追施于稻田或移栽后667平方米用35克拌尿素撒施。														
病虫草防治	1. 种子处理：浸种前晒种2小时，用强氯精450~500倍药液浸种4~6小时进行种子消毒。 2. 送嫁药：移栽前3~5天，每667平方米秧田用40%福戈12~16克对水50千克或福戈12~16克对水50千克喷雾防秧田三化螟、稻纵卷叶螟，同时起壮苗作用。	1. 分蘖末期至孕穗期：重点防治稻纵卷叶螟，纹枯病，达防治指标，每667平方米用40%福戈8~10克对水50千克均匀喷雾。 2. 孕穗至破口期：重点防治稻纵卷叶螟、三化螟、稻飞虱、纹枯病、稻曲病，预防稻瘟病和稻曲病，每667平方米用70克对水50千克加25%噻嗪酮水剂250毫升加40%毒死蜱100克防破口前40%稻瘟灵100克，稻曲病预防需在破口前10~15天进行，重发年份一周后每667平方米用14%络氨铜水剂250克补治一次。								3. 抽穗病至灌浆初期：重点防治稻飞虱、稻纵卷叶螟、纹枯病及稻瘟等，穗期病，视苗情报，每667平方米用70克单70克加25%纹枯清100克加20%纹霉清60~100克加40%毒死蜱120克加灭病威60~100克对水50千克喷雾防治。 4. 灌迁末后期（10月下旬）重点普查稻飞虱性稻谷，每667平方米可治用25%噻嗪酮水分散粒剂4~5克加40%毒死蜱120克对水60千克喷雾防治。				

89

三、单季稻超级稻品种配套栽培技术模式图

特优航 1 号单季稻高产栽培技术模式图

月份	5月			6月			7月			8月			9月			10月		
	上	中	下	上	中	下	上	中	下	上	中	下	上	中	下	上	中	下
节气	立夏		小满	芒种		夏至	小暑		大暑	立秋		处暑	白露		秋分	寒露		霜降

产量构成： 667 平方米产 650 千克的产量结构：667 平方米有效穗数 16 万～16.5 万，每穗粒数 170～175 粒，结实率 85%左右，千粒重（28.5±0.2）克。

生育时期： 5/10～15 播种　秧田期（25±5）天　6/5～12 抛栽　有效分蘖期 6/20～6/30　7/25 前拔节　8/20～30 抽穗　10/5～15 成熟

主茎叶龄期： 0　1　2　3　4　5　6　7　8　9　10　11　⑫　13　14　△　16　17

茎蘖动态： 移栽叶龄 5～6 叶，单株带蘖 2～3 个左右，移栽 667 平方米茎蘖苗 6 万～8 万，移栽 667 平方米茎蘖数 16 万～18 万，成熟期每 667 平方米穗数 16.5 万。拔节期每 667 平方米茎蘖 6 万～8 万，抽穗期每 667 平方米茎蘖 17 万～25 万，抽穗期每 667 平方米茎蘖 17 万～18 万。按节大田 1.0～1.25 千克。苗保证 6 万～8 万基本茎蘖。整理好苗床适期稀播，预防处理；整理好苗床适期稀播。苗栽 1.6 万～1.8 万处。

育秧： 选择无风多云天气晴好天下午适龄抛栽；均匀抛植，移苗补稀，先抛 70%，余下的 30%点撒结合，均匀抛植或开行的操作行手产均。并按每 3 米检出 3 米插净苗 40 厘米的操作行或开行手产均。

冬前按秧大田比 1:25 的面积选顶松肥沃肥壮草干苗床，播种前 15～20 天施肥，每平方米净苗床播种芽谷种子 40～50 克。秧龄 25～30 天。

抛植：
培肥苗床：要求当年前施肥苗床，施作物结秆利腐熟农家类等各 3 个每平方米，施后耕翻土中，播种前 15～20 天每平方米施过磷酸钙 60～75 克，尿素 20～30 克，氯化钾 25～30 克，反复松散 1～2 次，将土壤充分混匀，或酒种前施肥壮秧剂和壮秧剂仪施于苗床土壤中，化学土壤和壮秧剂土的不施。

施肥：
- 本田基肥：在 667 平方米施有机肥 1500～千克每机，肥料的基础上，667 平方米施尿素 4～5 千克促蘖，过磷酸钙磷肥 35 千克，氯化钾 15 千克左右，栽前施氯化钾混匀，并浇水透水。
- 分蘖肥：抛后 5～7 天基本立苗，667 平方米施尿素 1 周后看苗施平衡肥 1～2 千克。
- 促花壮秆肥：抛后 5 天，667 平方米施尿素 4～5 千克。
- 保花壮秆肥：倒 1 叶期 667 平方米施尿素 7.5 千克。
- 肥料运筹总体原则：本田总施纯氮重量折算每 667 平方米 12～14 千克，氮磷钾比例＝3:1:2。N肥运筹按基蘖：穗＝7:3，中期根据群体结构与数量及倒 3 叶色差诊断进行调控，倒 4，调控；基肥：穗粒肥＝6:5；磷、钾肥全部作基肥。

灌溉： 旱育秧　寸水活棵　浅水促蘖　够蘖苗（≥80%）　田间　搁田　灌溉　间歇　灌溉　干湿交替　干湿交替　断水硬田

1. 大田化除：水稻移栽后 2 天，用乳油 200 毫升直播均匀撒施于稻田，可有效防除多种杂草。以稗草、莎草为主的稻田，水稻移栽后 4～6 天，每 667 平方米用 74% Bt 与杀虫单复配剂（如 51%特杀要）60 克加 20%叶枯宁 100 克对水均匀喷雾防秧田枯病，预防白叶枯病。

2. 孕穗至齐穗口期，重点防治稻瘟病叶瘟卷心蘖，纹枯病。以稗草、莎草为主的稻田移栽后 5～7 天，每 667 平方米用 20%乳油对水 50 千克均匀喷雾，稻田病预防需在破口前 10～15 天进行，发发年份一周后每 667 平方米再用 10%真灵性粉剂 120 毫升补治一次。

病虫草防治：
1. 分蘖末期至孕穗期：重点防治稻飞虱、纹枯病，达防治指标，纹枯病及稻瘟病等穗期病害，稻纵卷叶螟，每 667 平方米用 25%扑虱灵 60～80 克加 40%毒死蜱乳油 100 毫升对水 40 千克均匀喷雾，白叶枯虫瘵见中心病株即同时加 20%叶枯宁 100 克喷雾。

2. 抽穗期至成熟初期：重点防治稻飞虱、纹枯病及稻瘟病等穗期病害，稻纵卷叶螟，每 667 平方米用 40%毒死蜱乳油加 90%杀虫单 70 克加 20%唑虫乳剂每 667 平方米加 70 克加 20%毒死蜱乳油 120 毫升杀虫剂 120 毫升加真灵乳剂 40 千真灵乳剂 120 毫升加真灵乳剂 40 千克对水 40 真灵乳剂均匀喷雾。

3. 灌浆至后期（9 月上、中旬）重点查治迁飞性的稻飞虱，每 667 平方米可选用 25%阿克泰水分散粒剂 3～4 克加 48%乐斯本 80 毫升对水 60 千克喷雾防治，或 667 平加本 80 毫升乐斯本 80 千悬浮剂 30～40 毫升加 48%乐斯本 80 千悬浮剂 30 千克喷雾防治。

第四章 长江中下游稻区单季超级稻品种栽培技术模式图

一、粳型超级稻品种栽培技术模式图

1.武粳15机插高产高效精确定量栽培技术模式图

月份	5月			6月			7月			8月			9月			10月			栽培总目标
	上	中	下	上	中	下	上	中	下	上	中	下	上	中	下	上	中	下	产量指标：667平方米单产650～700千克
节气			小满	芒种		夏至		小暑		大暑	立秋		处暑	白露		秋分	寒露	霜降	667平方米有效穗 20万～22万

			栽培总目标
	生育时期	播种 秧田期 移栽 有效分蘖期 无效分蘖期 拔节 拔节孕穗期 抽穗 灌浆成熟期 成熟	每穗粒数 120～140 粒 结实率 90%以上 千粒重 28～29克 稻谷品质指标：国标三级 卫生安全指标：NY5115 无公害标准
生育规律	各生育期所需天数	15～20天　25 天左右　15 天左右　40 天左右　55 天左右（全生育期155 天左右）	
	叶龄期	0 0 1 0 2 0 3 0 4 5 6 7 8 9 10 11 ⑫ 13 14 ⚠ 16 17 18	株型：株高100厘米、根系健而不黑，全株青秀老健成熟时每茎有4张绿叶
	拔长节间伸长期	1 2 3 4 5 6	
	茎蘖消长动态	秧苗移栽叶龄4　667平方米基本茎蘖苗6万～7万　每667平方米29 万左右　21～22万穗（成穗率≥75%）　每667平方米20万～22万穗	
	叶面积指数	3.5 左右　7～8 6.5　3.5～4.0	
	叶色黄黑变化	黑 黄 黑 黄	
	主攻目标	早育适龄壮秧　浅栽、早发、稳发、适时够苗桂蘖落黄　保证足穗、主攻大穗、稳健生长　养根保叶、提高结实率与粒重、改善品质	

栽培目标与技术	精确施肥	合理稀播、扩行减苗	每盘播干谷150～110克，秧大田比1:80　移栽基本苗按叶龄模式基本苗公式计算,行穴距30厘米×12厘米，每667平方米1.8万穴，每穴3～4本。
		策略	培肥苗床、施足基肥、早施断奶肥、施杨起身肥；秸秆还田、氮磷钾配合，氮肥按公式计算确定总施氮量，氮肥基蘖肥与穗肥比例(6～7):(4～3)，中期根据群体规模与顶4、顶3叶色比诊断进行调控。
		定量化要求	塑盘营养土育秧。床土培肥，用有机肥200千克，45%复合肥50千克，尿素10千克。 每667平方米大田备足100千克营养土，每100千克细土加壮秧剂。6千克充分拌匀。	本田基肥：667平方米施尿素10千克，45%复合肥25千克。	分蘖肥：栽后5～7天667平方米施尿素7～8千克，栽后1～15天施尿素7.5～10千克/667平方米。	促花肥：倒4叶期，667平方米施尿素5～7.5千克或45%复合肥15千克。	保花肥：倒2叶，667平方米施尿素5～7.5千克或45%复合肥15千克。	本田折算总施纯氮量为18千克/667平方米。
		节水定量灌溉	浅水分蘖（够穗苗≥80%时自然断水） 旱式育 秧 浅水黄田 搁田 间 歇 灌 溉	
	主要病虫草害防治	策略	突出条纹叶枯病、恶苗病的防治，强化稻纵卷叶螟、稻螟虫、稻曲病的防治，采用保健栽培为主的农业综合防治，在加强预测预报的基础上，采用高效低毒低残留农药，结合生物农药的无公害防治技术。
		防治方法	防治种传病害，每5千克种子用25%，施保克3毫升+10%比虫琳10克浸种3天左右。	水稻条纹叶枯病：在秧田期揭膜前，4叶期移栽前，667平方米用5%锐劲特30毫升或吡虫啉50克，对水50升喷雾防治。大田分蘖期要继续加强条纹叶枯病防治。	纹枯病：在分蘖至孕穗期（7月底、8月初），当丛发病率达15%～20%时，667平方米用5%井冈霉素300毫升对水75 kg喷雾。	稻瘟病：在破口期、齐穗期，667平方米用20%三环唑75克喷雾。	稻曲病：在孕穗期至破口期，667平方米用5%井冈霉素50克对水50千克喷雾。	稻纵卷叶螟：667平方米用9%丰东乳油100毫升特30～50克或50%稻螟清乳油100毫升对水50千克喷雾。	稻螟虫：667平方米用5%锐劲特30～50毫升或90%杀虫剂50克对水或20%三唑磷80～100毫升，对水喷雾。	环境指标：产地环境符合 NY5116、DB32/T343.1 规定 土壤有机质：1.5%～2.5% 土壤速效磷：15毫克/千克 以上 土壤速效钾：120毫克/千克 以上

说明：1.⑫有效分蘖终止叶龄期；2.⚠基部第一节间拔长叶龄期；3. 施氮总量(kg)=(目标产量需氮量－土壤供氮量)/氮肥当季利用率；4. 叶诊断采用为顶3叶与顶4叶叶色比。

注：本规程适用于江苏沿江、太湖稻区，也可作为其他类似地区参照。

2.宁粳3号机插高产高效精确定量栽培技术模式图

栽培总目标

产量指标：667平方米产量：650千克
667平方米有效穗数：22万~24万
每穗总粒数：115~125粒
结实率：90%以上
千粒重：27克
稻谷品质指标：国标3级
卫生安全指标：NY5115 无公害稻谷
株型：株高105厘米，根系健壮不倒，全株叶片挺举每茎绿叶数有4张剑叶

节间长度

部位	长度
剑叶 17.5厘米	26厘米
倒2叶 长33厘米	21.5厘米
倒3叶 长31厘米	19厘米
倒4叶 长53厘米	11厘米
倒5叶 长29厘米	6厘米
	4厘米

宁粳3号株型指标

环境指标：产地环境符合 NY5116、DB32/T343.1 规定
土壤供氮量：1.5%~25%
土壤速效磷：15毫克/千克以上
土壤速效钾：120毫克/千克以上

生育规律

月份	5月			6月			7月			8月			9月			10月		
	上	中	下	上	中	下	上	中	下	上	中	下	上	中	下	上	中	下
节气	小满		芒种	夏至		小暑	大暑		立秋	处暑		白露	秋分		寒露	霜降		

生育时期/各生育期所需天数：
播种—机插 15~20天，秧田期；有效分蘖期 25天左右；无效分蘖期 20天左右；拔节孕穗期 40天左右；灌浆成熟期 55天左右；全生育期 155天左右

叶龄期：1 2 3 4567 8 9 10 ⑪ 12 13 △ 15 16 17 1 2 3 4 5 6

拔长节间伸长期：机插叶龄 3.5~4叶

茎蘖消长动态：基本苗 6万~7万，每667平方米30万左右，每667平方米24万穗左右（成穗率≥80%）

叶面积指数：3.5左右 7~7.5 7.0 3.5~4.0

叶色黄黑变化：黑 黄 黑 黄

主攻目标：
早发、稳发、活棵够苗的露黑黄——保证足穗、主攻大穗、搭稳壮秆——养根保叶、提高结实率与粒重、改善品质

精确栽培目标

合理群体、扩行减苗

精确定量施肥（策略/定量化/要求）

节水定量灌溉（策略/要求）

主要病虫草害防治（策略/防治/方法）

92

注：本模式图适用于江苏沿江及太湖稻区，其他相似地区也可参照。

3.南粳44机插高产高效精确定量栽培技术模式图

月份	5月上	5月中	5月下	6月上	6月中	6月下	7月上	7月中	7月下	8月上	8月中	8月下	9月上	9月中	9月下	10月上	10月中	10月下
节气			小满	芒种		夏至	小暑		大暑	立秋		处暑	白露		秋分	寒露		霜降

项目	内容
生育规律·生育时期	播种　秧田期　机插　有效分蘖期　无效分蘖期　拔节　拔节孕穗期　抽穗　灌浆成熟期　成熟
生育规律·各生育期所需天数	15～20天；25～30天；15～20天；35～40天；50天左右（全生育期155天左右）
生育规律·叶龄期	0　1　2　3　4　5　6　7　8　9　10　11　⑫　13　14　△15　16　17　18
生育规律·拔长节间伸长期	1　2　3　4　5　6
生育规律·茎蘖消长动态	秧苗移栽叶龄3～4、每亩基本茎蘖苗6万～8万、12叶期每667平方米茎蘖苗21万～22万、拔节期每667平方米高峰苗32万、抽穗期每667平方米22万～23万穗、成熟期每667平方米21万～22万穗
生育规律·叶面积指数	4.0～4.5　7.0～7.5　7.0　3.0～3.5
生育规律·叶色黄黑变化	黑　黄　黑　黄
栽培目标与技术·主攻目标	塑盘旱育壮秧；早发、稳发、适时够苗；控蘖落黄；保证足穗、主攻大穗、稳健生长；养根保叶、提高结实率与粒重、改善品质
合理稀播、扩行减苗	每盘播干谷100～120克，秧大田比1:80，移栽基本苗每667平方米6万～8万，机插行穴距30厘米，株距12厘米，每667平方米1.8万穴，每穴3～4本。
精确施肥·策略	培肥苗床、施足基肥、早施断奶肥、施好起身肥；秸秆还田、氮磷钾配合，氮肥按公式计算确定总施氮量，中上等地力一般亩施纯氮17～19千克，氮肥基蘖肥与穗肥比例6:4或7:3，中期根据群体规模与叶色诊断调控
精确施肥·定量化要求	冬季选择肥沃、无杂物的菜园土，或耕作熟化的旱地土，或经秋耕冬翻、春耕的稻田表层土，按667平方米大田100千克过筛成粒径小于2毫米的细土，并进行培肥。播前5～7天，每100千克细土拌和壮秧剂0.5～0.6千克，施后多次翻倒，使其充分均匀地拌和在土壤中。 本田基肥：667平方米施尿素7.5千克，45%复合肥20千克。 分蘖肥：栽后5～7天、7～10天667平方米分别施尿素7.5千克、5千克。 促花肥：倒4叶，667平方米施尿素10千克。 保花肥：倒2叶，667平方米施尿素5千克或45%复合肥15千克。 本田折算667平方米总施纯氮量为17～19千克。
节水定量灌溉	塑盘旱育秧　薄水露田　浅水勤灌　够穗苗80%自然断水多次搁田　间隙灌溉　湿润灌溉
主要病虫草害防治·策略	突出稻飞虱、稻曲病，恶苗病的防治，强化稻纵卷叶螟、稻螟虫、稻曲病的防治，采用保健栽培为主的农业综合防治，在加强预测预报的基础上，采用高效低毒低残留农药，结合生物农药的无公害防治技术。
主要病虫草害防治·防治方法	5月下旬浸种，主治种传病害，兼治稻飞虱、稻蓟马。采用施百克与吡虫啉混配浸种。 6月上、中旬，主治二化螟、三化螟、灰飞虱及稻瘟病。采用吡虫啉与锐劲特混配喷施。此外，采用苄2甲等复配剂，化除单子叶和阔叶杂草。 7月上、中旬，主治三化螟、稻纵卷叶螟、灰飞虱和纹枯病。采用三唑磷与吡虫啉、井冈霉素混配后喷施。 7月下旬至8月上旬，主治二化螟、稻纵卷叶螟、稻飞虱、纹枯病。采用吡虫啉、杀虫双、井冈霉素混配后喷施。 8月下旬至9月上旬，主治三化螟、稻纵卷叶螟、稻飞虱、纹枯病、稻瘟病、稻曲病等，采用三唑磷与井冈霉素、三环唑混配后喷施。 9月中旬，注意强化稻纵卷叶螟、稻飞虱、纹枯病的防治。采用有机磷复配剂与吡虫啉、杀虫双、井冈霉素混配后喷施。
说明	1.⑫有效分蘖临界叶龄期；2. △15 基部第一节间拔长叶龄期；3. 施氮总量(kg)=(目标产量需氮量－土壤供氮量)/氮肥当季利用率；4. 叶色诊断采用顶3叶与顶4叶叶色比。

栽培总目标

产量指标：每667平方米产量650～700千克
每667平方米有效穗数21～22万
每穗粒数130～150粒
结实率90%
千粒重26～27克
稻谷品质指标：国标3级
卫生安全指标：NY5115无公害标准

株型：株高100～105厘米、根系发达健壮，全株青秀老健，成熟时每茎有3～4张绿叶

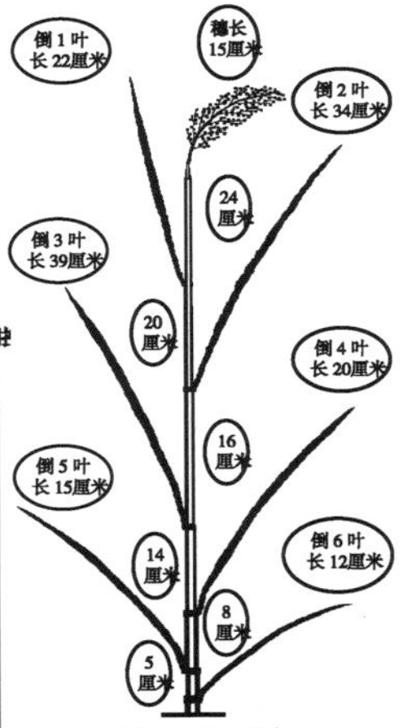

南粳44株型指标

产地环境指标：
产地土壤、大气、灌溉水环境符合NY5116、DB32/T343.1规定
土壤有机质1.5%～2.5%
土壤速效磷15毫克/千克以上
土壤速效钾120毫克/千克以上

注：本规程适用于江苏沿江及太湖稻区，其他相似地区也可参照。

4.淮稻9号高产高效精确定量栽培技术模式图

栽培总目标

产量指标：667平方米产700~750千克
每667平方米穗数20万~21万
每穗总粒数 140~160粒
结实率 90%以上
千粒重 28~29克
稻谷品质指标：国标3级
卫生安全指标：NY5115 无公害标准
株高 105~110厘米，根系健壮而不黑，全株青秀老健，成熟时落黄好3~4张绿叶

淮稻9号株型指标

- 穗层 29厘米
- 倒2叶（长41厘米）22厘米
- 倒3叶 15厘米
- 倒4叶 长30厘米 11厘米
- 倒5叶 长30厘米半
- 倒6叶 长22厘米半
- 倒1叶 长34厘米半
- 4厘米

环境质量（土壤、大气、灌溉水）：
符合 NY5116、DB3207343.1 规定
土壤有机质：1.5%~2.5%
土壤速效磷：15毫克/千克以上
土壤速效钾：120毫克/千克以上

月份	5月			6月			7月			8月			9月			10月		
	上	中	下	上	中	下	上	中	下	上	中	下	上	中	下	上	中	下
节气	立夏	小满		芒种		夏至	小暑		大暑	立秋		处暑	白露		秋分	寒露		霜降
生育时期	播种	秧田期	移栽			有效分蘖期	无效分蘖期		拔节	拔节长穗期		抽穗	灌浆结实期			成熟		
各生育期所需天数		30~35天				45天			30天左右		18天左右		50天（全生育期155天左右）					
主茎叶龄期	0 1 2 3	4 5	6	7	8 9	10 11	⑫ 13	14	△ 16 17 18	1 2 3	4 5 6				3.5~4.0			
拔节节间伸长期								3.5~4.0		1 2 3 4 5 6								
茎蘖消长动态			秧田每本秧苗龄6-7，单株带蘖1-2个，基本苗6万~8万/667平方米				高峰苗26万~28万		成蘖苗20万~21万/667平方米（成穗率≥80%）									
叶龄余数变化		黑				黑			黄	7~8.0 7.5								
叶色黑黄变化				浅黑、早发、稳长				适时够苗，控制无效生长	强攻长粗壮杆大穗			养根保叶，清秀老健攻粒重，改善品质						

主攻目标：培育适龄多蘖壮秧

栽培重点：种子消毒，精播匀育，控制飞长；扩行减株、控蘖促壮；及早搁田，防倒条叶片枯病；养花防治白叶枯病；注意防治白叶枯病，稻曲病及稻纵卷叶螟；病虫等综合防治

定量化精确栽培技术：667平方米本田用种1.5，秧大田比1:15，移栽本田放叶育带蘖本田公式计算

节水定量灌溉：应用叶龄模式指导栽插，插出叶带蘖壮秧；定活苗后本田，适当晾田，增肥促进蘖壮水分调控；搁田后浅水间歇灌溉，足水调节穗成；灌浆期干湿交替灌溉，足水调节穗成，成熟前断水晾田；够苗≥80%的自然落水

精确施肥
策略：前期重促，中期稳控，后期补；基肥、蘖肥、穗肥配合施用
定量化：667平方米本田基肥施40斤，蘖肥尿素7~8千克，穗肥尿素3~5千克/667平方米
要求：肥料基施4~5千克，667平方米施尿素7~8千克

病虫草害防治
策略：突出条纹叶枯病、白叶枯病和稻瘟病强度的防治
防治：每5千克秧田用40%强氯精20克，白叶枯病用稻瘟灵10克
方法：注意苗期和一代飞虱等防治

说明：1.⑫有效分蘖临界叶龄期；2.△基蘖穗；3.灌氮总量超过5千克/667平方米产量指标严重氮肥/氮肥当季利用率；4.叶色诊断采用顶3叶与顶4叶叶色比。

注：本栽培适用于江苏中地区，其他相似地区也可参照。

5.徐稻3号高产高效精确定量栽培技术模式图

月份	5月			6月			7月			8月			9月			10月		
节　气	上	中	下 小满	上 芒种	中	下 夏至	上 小暑	中	下 大暑	上 立秋	中	下 处暑	上 白露	中	下 秋分	上 寒露	中 霜降	下

生育时期
- 播种／秧田期 30～35天／移栽／有效分蘖期 天数叶龄期 拔节长穗期 35天左右／灌浆结实期（全生育期155天左右）／成熟

栽培总目标

- 产量指标：667平方米产700～750千克
- 每穗粒数：23万～25万
- 每667平方米穗数：130～140以上
- 结实率：90%以上
- 千粒重：26～27克
- 稻谷品质指标：国标3级
- 卫生安全指标：NY5115 无公害标准

栽培指标（土壤、大气、灌溉水）：符合NY5116、DB32/T343.1 规定
- 土壤有机质：1.5%～2.5%
- 土壤速效磷(P₂O₅)：15毫克/千克以上
- 土壤速效钾(K₂O)：120毫克/千克以上

徐稻3号株型指标

注：本模式适用于江苏淮北地区，其他相似地区也可参照。

6.常优1号机插高产高效精确定量栽培技术模式图

月份	5月			6月			7月			8月			9月			10月		
	上	中	下	上	中	下	上	中	下	上	中	下	上	中	下	上	中	下
节气			小满	芒种		夏至	小暑		大暑	立秋		处暑	白露		秋分	寒露		霜降

项目		内容
生育规律	生育时期	播种 秧田期 机插 有效分蘖期 无效分蘖期 拔节 拔节孕穗期 抽穗 灌浆成熟期 成熟
	各生育期所需天数	15～20天；25天左右；15天左右；42天左右；58天左右（全生育期160天左右）
	叶龄期	0 1 2 3 4 5 6 7 8 9 10 11 ⑫ 13 14 △ 16 17 18
	拔长节间伸长期	1 2 3 4 5 6
	茎蘖消长动态	秧苗移栽叶龄3～4、667平方米基本茎蘖苗6～7万；每667平方米茎蘖26万左右；每667平方米19万～20万穗（成穗率≥75%）；每667平方米18万～19万穗
	叶面积指数	4.0左右；7～7.5；7.0；3.5～4.0
	叶色黄黑变化	黑；黄；黑；黄
栽培目标与技术	主攻目标	塑盘旱育壮秧；早发、稳发、适时够苗；控蘖落黄；保证足穗、主攻大穗、稳健生长；养根保叶、提高结实率与粒重、改善品质
	合理稀播、扩行减苗	每盘播干谷90～110克，秧大田比1:80，移栽基本苗按叶龄模式基本苗公式计算，机插行穴距30厘米×13.2厘米，每667平方米1.7万穴，每穴2～3本。
精确施肥	策略	培肥苗床、施足基肥、早施断奶肥、施好起身肥；秸秆还田、氮磷钾配合，氮肥按公式计算确定总施氮量，氮肥基蘖肥与穗肥比例(6～7):(4～3)中期根据群体规模与顶3、4顶3叶叶色比诊断进行调控。
	定量化要求	1.冬季培肥苗床，667平方米施秸秆1 000千克,有机肥1 000～2 000千克。 2.落谷前，每667平方米大田备足100千克过筛营养土，每100千克细土加壮秧剂0.6千克充分拌匀备用。 3.出苗后，看苗结合浇水补肥，一般以腐熟清水粪为宜。 本田基肥：667平方米施尿素8千克，45%复合肥20千克。 分蘖肥：栽后5～7天,12～15天667平方米分别施尿素5～7.5千克。 促花肥：倒4叶期，667平方米施尿素10千克。 保花肥：倒2叶，667平方米施尿素5千克或45%复合肥15千克。 本田折算667平方米总施纯氮量为19千克
	节水定量灌溉	塑盘旱育秧；薄水露田；浅水分蘖；薄水层 够穗苗≥80%时自然断水 多次轻搁田；搁田；间歇灌溉
主要病虫草害防治	策略	突出稻飞虱、稻曲病，恶苗病的防治，强化稻纵卷叶螟、稻螟虫、稻曲病的防治，采用保健栽培为主的农业综合防治，在加强预测预报的基础上，采用高效低毒低残留农药，结合生物农药的无公害防治技术。
	防治方法	5月下旬浸种主治种传病害，兼治稻飞虱、稻蓟马。采用施保克及吡虫啉。 6月中旬初主治一代螟虫、二代灰飞虱。采用吡虫啉+锐劲特。采用苄2甲等复配剂化除单子叶和阔叶杂草。 7月初一代螟虫扫残兼治二代纵卷叶螟虫、灰飞虱，采用三唑磷复配剂+吡虫啉+杀虫双。 7月中-下旬二代纵卷叶螟、稻飞虱、纹枯病兼治其他病虫，采用有机磷复配剂+吡虫啉+杀虫双+井冈霉素。 8月上旬二代纵卷叶螟、稻飞虱、纹枯病兼治其他病虫，采用有机磷复配剂+吡虫啉+杀虫双+井冈霉素 8月下-9月初治三代纵卷叶螟、三代稻飞虱、纹枯病兼穗期病虫，采用三唑磷复配剂+吡虫啉+井冈霉素+三环唑类复配剂 9月上、中旬治四代纵卷叶螟、稻飞虱、纹枯病兼穗期病虫，采用有机磷复配剂+吡虫啉+杀虫双+井冈霉素
说明		1.⑬有效分蘖终止叶龄期；2.△基部第一节间拔长叶龄期；3. 施氮总量(kg)=(目标产量需氮量—土壤供氮量)/氮肥当季利用率；4. 叶色诊断采用顶叶与顶4叶叶色比。

栽培总目标

产量指标：667平方米单产 650～700千克
667平方米有效穗 18万～19万
每穗粒数 160～180粒
结实率 80%以上
千粒重 26～27克

稻谷品质指标：国标2级

卫生安全指标：NY5115 无公害标准

株型：株高105厘米、根系健壮发达，全株青秀老健，成熟时每茎有3～4张绿叶

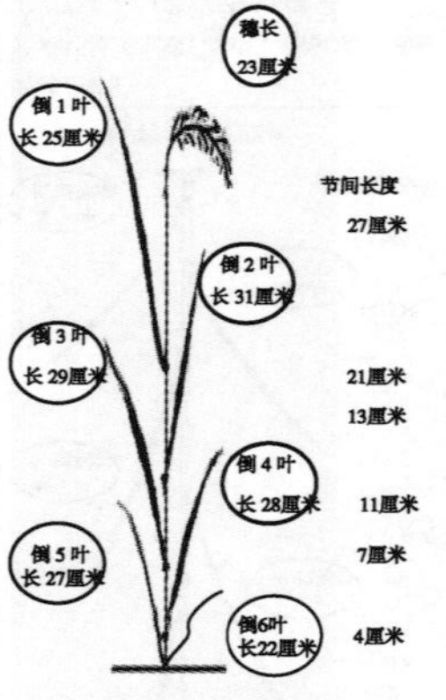

常优1号株型指标

环境指标：产地环境（土壤、大气、灌溉水）符合NY5116、DB32/T343.1 规定

土壤有机质：1.5%～2.5%

土壤速效磷：15毫克/千克以上

土壤速效钾：120毫克/千克以上

注：本规程适用于江苏沿江及太湖地区，其他相似地区也可参照。

7.宁粳1号机插高产高效定量栽培技术模式图

月份	5月 上	5月 中	5月 下	6月 上	6月 中	6月 下	7月 上	7月 中	7月 下	8月 上	8月 中	8月 下	9月 上	9月 中	9月 下	10月 上	10月 中	10月 下	栽培总目标
节气	小满	芒种	夏至			小暑	大暑		立秋	处暑	白露		秋分	寒露		霜降			产量指标：667平方米单产：650千克；667平方米有效穗数：21万~23万；每穗粒数：120~140粒；结实率：90%以上；千粒重：26~27克。稻谷指标：国家标准。稻型：株高100厘米，根系发达，全株青秀稳熟成熟期每穗有4张绿叶
生育时期	播种 秧田期		机插		有效分蘖期	无效分蘖	拔节		大暑	抽穗	灌浆 成熟 黄熟				成熟				
各生育期所需天数	15~20天		25天左右		20天左右		40天左右		55天左右		全生育期155天左右								
叶龄期	0 1 2	3 4 5	6 7 8	9 10	⑪ 12 13		△ 1	2 3	4 5	6									
节间伸长期		机插叶龄3.0~4叶，基本苗6万~7万株																	
茎蘖消长动态					每667平方米30万左右		23万左右（成穗率≥80%）			22万左右									
叶面积指数			3.5 左右			7.0		7~7.5		4.5									
叶色黑黄变化			黑		黄	黑		黄											
主攻目标	早育适龄壮秧	浅插、早发、狠发、适时移栽			保证足穗、主攻大穗，稳健生长					养根保叶，提高结实率与粒重，改善品质									

注：本模式图适宜江苏省江淮以及太湖稻区，也可作为其他类似地区参照执行。

8.淮稻11机插高产高效精确定量栽培技术模式图

栽培总目标	
产量指标：667平方米产650千克左右 每667平方米穗数 20万～22万 每穗粒数 120～140粒 结实率 90%以上 千粒重 28克左右	
稻谷品质指标：国标2级 卫生安全指标：NY5115 无公害标准	
株型指标：株高100厘米，根系植株发达黑，全株青枝老黄，成熟株每茎带3～4张绿叶	

环境指标（土壤、大气、灌溉水）：符合 NY5116、DB32/T343.1 规定
土壤有机质：1.5%～2.5%
土壤速效磷：15毫克/千克以上
土壤速效钾：120毫克/千克以上

月份	5月			6月			7月			8月			9月			10月		
	上	中	下	上	中	下	上	中	下	上	中	下	上	中	下	上	中	下
节气		小满		芒种	夏至		小暑	大暑		立秋	处暑		白露	秋分		寒露	霜降	

生育时期：播种—机插—有效分蘖期—无效分蘖期—拔节—拔节长穗期—抽穗—灌浆结实期—成熟

各生育期所需天数：15～20天 / 35天左右 / 35天左右 / 50天左右 / 140天左右（全生育期）

主茎叶龄模式：0 1 2 3 4 5 6 7 8 9 10 ⑪ 12 13 ⑭ 15 16 1 2 3 4 5

叶色黑黄变化：黑—黄—黑—黄

叶面积指数：3.5左右 / 7～7.5 6.5～7.0 / 3.5～4.0

注：本模式适用于淮北以及苏中里下河稻区，也适用于沿江类似稻区。

9.武运粳24号机插高产高效精确定量栽培技术模式图

栽培总目标：
产量指标：667平方米单产700千克，667平方米有效穗21万～23万，每穗粒数130～150粒，结实率90%以上，千粒重26～27克。
据谷品质指标：国标3级。
卫生安全指标：NY5115无公害标准。
株型：株高100厘米，根系糖壮而不黑，全株精壮老健，成熟时黄秀，叶片3～4回绿地。

武运粳24号株型指标：节间长度
穗长 16厘米
倒2叶 长26厘米
倒1叶 长18厘米
倒3叶 长32厘米
倒2叶 长22厘米 20厘米
倒4叶 17厘米
倒5叶 16厘米
倒6叶 13厘米
长11厘米 8厘米
3厘米

产地环境指标：产地土壤、大气、灌溉水应达NY5116、DB32/T343.1规定。
土壤有机质15克每千克以上，土壤速效磷120毫克每千克以上。

月份	5月			6月			7月			8月			9月			10月		
	上	中	下	上	中	下	上	中	下	上	中	下	上	中	下	上	中	下
节气	小满			芒种	夏至		小暑	大暑		立秋	处暑		白露	秋分		寒露		霜降

生育时期：播种—秧田期（15～20天）—机插—有效分蘖期（25天左右）—拔节孕穗期（40天左右）—抽穗—灌浆成熟期（50天左右）—成熟

各生育期所需天数：秧田期15～20天，有效分蘖期25天左右，天数分蘖期15天左右，拔节孕穗期40天左右，灌浆成熟期50天左右（全生育期150天左右）

说明：本规程适宜江苏沿江沿海及中西部镇稻丘陵地区应用，也可作为其他类似地区参照。

10.扬粳4038机插高产高效精确定量栽培技术技术模式图

栽培总目标

产量指标：667平方米单产700千克，667平方米有效穗20万～22万，每穗数130～150粒，结实率90%以上，千粒重27～28克。稻谷品质指标：国际3级。卫生安全指标：NY5115 无公害标准。

株型：株高108厘米，株系结构不高，秀色挺，成熟时保持3～4张绿叶。

扬粳4038 株型指标

产地环境指标：产地土壤、产地大气、灌溉水环境符合NY5116、DB32/T343.1 规定。土壤有机质1.5%～2.5%。土壤碱解氮15毫克/千克以上。土壤速效钾120毫克/千克以上。

月份	5月			6月			7月			8月			9月			10月		
	上	中	下	上	中	下	上	中	下	上	中	下	上	中	下	上	中	下
节气	小满		芒种	夏至		小暑	大暑		立秋		处暑		白露	秋分		寒露		霜降

生育时期：播种 装田期 机插 有效分蘖期 无效分蘖期 拔节孕穗期 抽穗 灌浆成熟期 成熟

主要生育期：15～20天 / 25天左右 / 15天左右 / 40天左右 / 55天左右（全生育期155天左右）

注：本模式稻适于江苏沿江及苏南地区应用，也可作为其他类似地区参照。

11. 甬优6号单季稻手插高产栽培技术模式图

月份	5月			6月			7月			8月			9月			10月	
	上	中	下	上	中	下	上	中	下	上	中	下	上	中	下	上	中
节气	立夏		小满	芒种		夏至	小暑		大暑	立秋		处暑	白露		秋分	寒露	

产量构成：667平方米有效穗数14.4万左右，每穗粒数188.2粒，结实率80.11%左右，千粒重24.8克左右。

生育时期：5月中下旬播种｜秧田期20~30天｜6月中下旬移栽｜有效分蘖期6/15~7/10｜7月下旬拔节｜8月下旬抽穗｜10月上旬成熟

主茎叶龄期：0　1　2　3　4　5　6　7　8　9　10　11　⑫　13　14　⑯　16

茎蘖动态：移栽叶龄6~7叶，移栽667平方米茎蘖苗5万~6万，移栽667平方米穗数14万~15万。拔节期每667平方米茎蘖数19万~20万，抽穗期每667平方米茎蘖数15万~16万，成熟期每667平方米用200克15%MET喷施。

育秧：5月下旬播种，秧龄25~30天。清水选种，播量5~6千克/667平方米。在1叶1心期，667平方米用200克15%MET喷施。分蘖肥可与除草剂混用。

栽插：密度1.0万~1.3万丛/667平方米，规格28~30厘米×18~20厘米。秧本比8~10。移栽后1周施分蘖肥促分蘖，分蘖肥可与除草剂混用。

施肥：
- 苗床基肥：秧田667平方米用25千克三元复合肥作基肥，撒施后干耕做干秧板。
- 苗床追肥：2叶1心期667平方米苗床用5千克尿素促分蘖，随后施5千克尿素促壮蘖。移栽前667平方米用10千克尿素作起身肥。
- 本田基肥：667平方米施饼肥50千克（或施20担猪牛栏肥），过磷酸钙20千克，纯氮，KC18千克，约尿素4~5千克（约尿素10千克）。
- 分蘖肥：在栽后5~6天，667平方米施复合肥20千克，加5千克尿素。
- 穗肥：在倒二叶倒一叶龄期根据水稻生长状况667平方米施尿素6~8千克及适量施钾肥。
- 肥料运筹总体原则：培肥苗床，施足基肥，重施起身肥；断奶肥、早施分蘖肥；秸秆还田，氮磷钾配合。总施氮量：11千克。

灌溉：2叶1心期前沟灌，以后上水进行浅灌，并保持秧板水层活棵。栽后灌浅水层活棵，到施分蘖肥时要求地面已无水层，结合分蘖肥灌水。然后，按田间有水层3~4天，无水层5~6天，采用多次轻搁田，采用多次过征时适当重搁田，控制苗峰。复水后湿润灌溉。抽穗期保持浅水层。杂草防治在施分蘖肥时结合丁下除草混施。保持干干湿湿润灌溉。

病虫草防治：
- 播种前用25%施保克2500倍浸种，苗期用吡虫啉、稻飞虱、稻蓟马，移栽前3天用吡虫啉和福戈喷施。
- 根据病虫测报用吡虫啉+杀虫双、稻飞虱，杂草防治时结合丁下除草剂混施。
- 根据稻田间病虫发生用吡虫啉、虫双和井冈霉素，防治稻飞虱，兼治纹枯病。
- 抽穗前2~3天用吡虫啉+杀虫双、稻飞虱，环唑等防治稻纵卷叶螟、稻曲病、稻瘟病。
- 突出恶苗病的防治，强化螟虫、井冈霉素，稻飞虱，纹枯病的防治，采用健康栽培为主的农业综合防治，在加强预测预报的基础上，采用高效低毒低残留农药进行无公害防治。
- 策略：病虫害的防治，三化螟虫、稻蓟病、纹枯病的防治。

12. 甬优12单季稻机插高产栽培技术模式图

月份	5月			6月			7月			8月			9月			10月		
	上	中	下	上	中	下	上	中	下	上	中	下	上	中	下	上	中	下
节气	立夏	小满		芒种		夏至	小暑		大暑	立秋		处暑	白露		秋分	寒露		霜降

目标产量及构成： 目标667平方米产：700～800千克 产量构成：667平方米有效穗数13万～14万，每穗粒数300～320，结实率80%左右，千粒重22.5克左右。

生育时期： 播种、机插、缓苗；苗床期、有效分蘖期、无效分蘖期、拔节长穗期、抽穗、灌浆结实期、成熟。

主茎叶龄期： 0　1　2　3　4　5　6　7　8　9　10　11　12　13　14　15　16　17

茎蘖动态： 移栽叶龄3叶，每667平方米插1.1万～1.35万丛，每丛2～3株，熟期每667平方米穗数13万～14万。拔节期每667平方米茎蘖21万～23万，抽穗期每667平方米茎蘖15万～16万，成熟期每667平方米穗数15万～16万，成。

育秧： 采用泥浆育秧或旱地土育秧，秧盘育苗前3天做好秧板，秧板宽1.5米，沟宽0.4米。要求稿平、沉实、无杂质。播种前用杀菌剂浸种催芽，播种前3天左右干种，均匀播种，按每667平方米机插20盘准备种子，露白播种，铺盘、铺育剂，盘底与床面紧密贴合。在种子出苗后1～2天喷施200×10^{-6}的多效唑，秧苗期喷2次，秧苗3叶的壮苗。

秧龄15～20天排播种期。每盘播80克左右干种，准备好的秧板上按10克/盘底复合肥和15克/盘底与床面紧密贴合，控制秧苗高度，促进壮秧。

苗床：每盘施10克复合肥及壮秧剂15克左右，秧前根据壮苗栽培施苗面肥。

整地与机插： 提前5～10天整地，耙平土壤沉实1～2天后机插，干旁晚秧苗叶片卷水时均匀喷施，每667平方米插1.1万～1.35万丛。移栽5～10天整地，把平土壤沉实1～2天后机插，机插前大田田片均水时均匀喷施，每667平方米插1.1万～1.35万丛。

施肥：
- 大田基肥：按复合肥30千克/667平方米，氯化钾15千克/667平方米移栽前施面肥。
- 分蘖肥：每667平方米复合肥10千克，加8千克尿素，分二次用，每次一半，争取在较短的有效分蘖期内多发分蘖，迅速形成高产群体结构。
- 促花肥：在幼穗分化始期（叶龄余数3.2～3.0）时施用，667平方米施合肥15千克，加氯化钾10千克。
- 保花肥：在出穗前18～20天，1.2叶时视苗情，667平方米施复合肥5千克，叶色浅，群体生长量小多施。
- 根据田块土壤肥力及目标产量合理施肥。一般每667平方米施纯氮14千克，飞氮磷和钾肥，合理配施磷肥和钾肥。

灌溉： 薄水活棵或旱育秧→薄水层→寸水活棵→够穗苗（≥85%）→搁田→间歇灌→湿→灌→干湿交替。 插后7～10天结合施肥时拌入"稻田移栽净"等除草剂防除杂草及杂草，做好搁田及杂草。机插秧群体大，重点抓好纹枯病、频虫，卷叶螟和稻飞虱，黑尾叶蝉引起的防治。

病虫草防治： 1.种子处理：选种、晒种、播种前用"浸种灵"等杀菌剂浸种预防种72小时后，热水淘种预热入坑，高温露白，适温催苗芽，薄摊练芽，2天肉催好芽，做到快、齐、匀、壮。根据病虫害预报，及时做好病虫草防治；在苗期和大田分蘖期防治稻曲病。破口时及抽穗后各防一次，每次用井冈霉素500～800毫升/667平方米。甬优12要注意防治稻曲病。在穗敏口前5～7天，破口时及抽穗后各防一次，每次用井冈霉素500～800毫升/667平方米。

102

二、籼型超级稻品种栽培技术模式图

1.两优培九超高产高效精确栽培技术技术模式图

月份	4月	5月			6月			7月			8月			9月			10月		
	中、下	上	中	下	上	中	下	上	中	下	上	中	下	上	中	下	上	中	下
节气	谷雨			小满	芒种		夏至	小暑		大暑	立秋		处暑	白露		秋分	寒露		霜降

类别	项目	内容
生育规律	生育时期	播种 → 秧田期 → 移栽 → 有效分蘖期、无效分蘖期 → 拔节 → 拔节长穗期 → 抽穗 → 灌浆结实期 → 成熟
	各生育期所需天数	30～32天；40天左右；30天左右；45天左右（全生育期145天左右）
	主茎叶龄期	0 1 2 3 4 5 6 7 8 9 10 11 ⑫ 13 14 △ 16 17
	拔长节间伸长期	1 2 3 4 5
	茎蘖消长动态	移栽叶龄6～7、单株带蘖2～3个、667平方米基本茎蘖苗4万～6万；667平方米茎蘖23万；667平方米穗数18万（成穗率≥80%）；667平方米17万
	叶面积指数	4.5左右；7.5～8；7.0～7.5；3.5左右
	叶色黄黑变化	黑；黄；黑；黄
栽培目标与技术	主攻目标	旱育适龄壮秧；浅栽、早发、稳发、适时够苗；保证足穗、主攻大穗、稳健生长；养根保叶、提高结实率与粒重、改善品质
	合理稀播、扩行减苗	667平方米播量15千克、秧大田比1:1.5，移栽基本苗按叶龄模式基本苗公式计算，每667平方米1.5万穴，每穴1苗，单株带蘖2～3个，移栽基本茎蘖苗4万～6万，行株距3.3厘米×13.2厘米
	精确施肥　策略	培肥秧田、施足基肥、早施断奶肥、重施起身肥；秸秆还田、氮磷钾配合，氮肥按公式计算确定总施氮量，氮肥基蘖肥与穗肥比例(6～5):(4～5),中期根据群体规模与倒4、倒3叶叶色比诊断进行穗肥调控。
	精确施肥　定量化要求	分别于冬前、春季及播各前20天搞好秧田培肥，播种前每667平方米大田苗床施壮秧剂0.6千克表土充分拌匀。；二叶期，667平方米施尿素5千克。4叶期，看苗促平衡，667平方米施尿素量5千克，拔秧前3～5天，亩施尿素量5千克。；基肥：在留高茬或秸秆全量还田基础上，667平方米施尿素7.5千克，磷肥30千克,氯化钾10千克。；栽后3～5天，667平方米施尿素10千克。；倒4叶期667平方米施尿素10千克，氯化钾10千克，或45%复合肥30千克。；倒2叶期667平方米施尿素7.5千克。；本田折算667平方米总施纯氮量为16～17千克。
	节水定量灌溉	旱育秧；寸水活棵；浅水分蘖；够穗苗≥80%时自然断水；搁田；间隙灌溉
	主要病虫草害防治　策略	突出稻飞虱的防治，强化纹枯病、螟虫、稻纵卷叶螟、穗颈瘟、稻曲病的防治，采用保健栽培为主的农业防治，加强预测预报，采用高效低毒低残留农药与生物农药结合的无公害防治技术。
	主要病虫草害防治　防治方法	防治种传病害，5千克稻种用259,施保克3毫升+10%吡虫啉10克，泡水5千克，浸种3天；落谷盖土后，用40%丁恶合剂667平方米用量100毫升，对水30千克喷雾防治杂草。；螟虫、灰飞虱和预防条纹叶枯病：在秧田期667平方米用5%锐劲特40～50毫升及移栽前、移栽后667平方米用5%锐劲特40～50毫升或10%吡虫啉40克对水50千克喷雾防治;对条纹叶枯病发生重的田块亩加31%稻魁25克进行喷雾防治。；纹枯病：在分蘖至孕穗期（7月底、8月初），当分蘖期丛发病率达15%～20%，孕穗期丛发病率达30%以上时，667平方米用15%井·稻纹清15克或20%稻纹清50克或20%井冈霉素70～80克对水50千克喷雾或泼浇。；水稻细条病：对老病区在7月中下旬亩用36%细条安60克或龙克菌80～100毫升对水50千克喷雾。；稻纵卷叶螟：分蘖期百丛幼虫数65～85头、孕穗期40～60头以上时，667平方米用90%杀虫单50～60克+50%辛硫磷100毫升或25%毒·辛乳油80毫升对水50千克喷雾。；稻曲病：分别在孕穗期前5天、一周后亩用30%爱苗乳油15毫升兑水30千克喷雾，或在孕穗期至破口期，667平方米用井冈霉素10～12.5克对水50千克喷雾。；水稻中后期“三虫两病”统防统治，主治纹枯病、穗颈瘟、稻纵卷叶螟、二化螟、稻飞虱，兼治其他病虫。在水稻破口期，667平方米用20%井·三环100克+50%杀·噻100克+安利素25毫升+10%净杀星8克对水60千克均匀喷雾。；穗颈瘟：在破口期至齐穗期如遇低温连阴雨天气可在统防后一周再667平方米用75%三环唑30克对水50千克喷雾。
说明		1. ⑫有效分蘖临界叶龄期；2.△基部第一节间拔长叶龄期；3. 施氮总量(kg)=(目标产量需氮量－土壤供氮量)/氮肥当季利用率；4. 叶色变化为顶3叶与顶4叶叶色比。

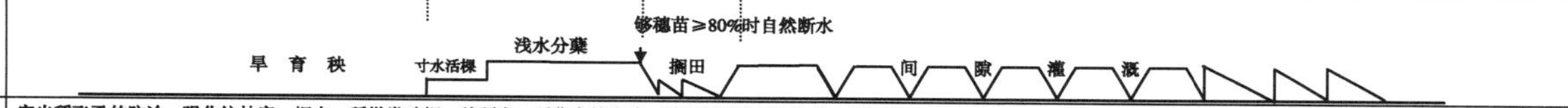

栽培总目标

产量指标：667平方米单产700～750千克
每667平方米穗数 16万～18万左右
穗粒数 170～190粒
结实率 85%以上
千粒重 27克以上
稻谷品质指标：国标2级
卫生安全指标：NY5115无公害标准

株型：株高116厘米、根系黄而不黑，全株青秀老健，成熟时有1～2张绿叶

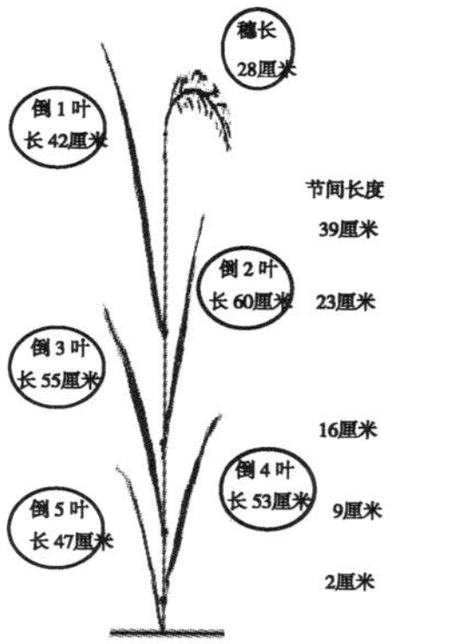

两优倍九号株型指标

环境指标：
产地环境（土壤、大气、灌溉水）：符合NY5116、DB32/T343.1 规定
土壤有机质：1.5%～2.5%
土壤速效磷：15毫克/千克以上
土壤速效钾：120毫克/千克以上

注：本规程适用于江苏西部丘陵稻区，其他相似地区可参照应用。

2. Ⅱ优084超高产高效精简栽培技术技术模式图

栽培总目标

产量指标：667平方米单产700～750千克
每667平方米总穗数 16～18万左右
每667平方米穗数 170～190穗以上
结实率 85%以上
千粒重 27克以上
稻谷品质指标：国标 3级
卫生安全指标：NY5115 无公害标准

株型：株高110厘米，根系距地面不黑，
全株青秀茎蘖有2～3张绿叶
成熟时全株青秀叶 ≥80%

Ⅱ优084 株型指标

环境指标（土壤、大气、灌溉水）：符合 NY5116、DB32/T343.1 规定
土壤肥力：1.5%～2.5%
土壤效应值：15毫克/千克以上
土壤效应值：120毫克/千克以上

说明：
1. 本规程适用于江苏西南部丘陵稻作区，其他相似地区也可参照。

3. 两优培九单季稻手插高产栽培技术模式图

月份	5月			6月			7月			8月			9月			10月	
	上	中	下	上	中	下	上	中	下	上	中	下	上	中	下	上	中
节气	立夏	小满		芒种		夏至	小暑		大暑	立秋		处暑	白露		秋分	寒露	
产量构成	667 平方米有效穗数 17.4 万左右，每穗粒数 133.7 粒，结实率 80.7% 左右，千粒重 26.2 左右。																
生育时期		5月中下旬播种	秧田期 20~30 天	6月中旬移栽		有效分蘖期 6/15~7/10			7月下旬拔节			8月下旬抽穗				10月上旬成熟	
主茎叶龄期	0		1	2	3	4	5	6	7	8	9	10	11	⑫	13	14	△ 16
茎蘖动态	移栽叶龄 6~7 叶，移栽 667 平方米茎蘖苗 5 万~6 万，667 平方米穗数 16 万~18 万。						拔节期每 667 平方米茎蘖数 21 万~22 万，抽穗期每 667 平方米茎蘖数 18 万~19 万，成熟期每 667 平方米穗数 18 万~19 万。										
育秧	5 月下旬播种，秧龄 25~30 天。清水选种，播量 5~6 千克/667 平方米，秧本比 8~10。在 1 叶 1 心期，667 平方米用 200 克 15% MET 喷施。																
栽插	密度 1.0 万~1.3 万丛/667 平方米，规格 28~30 厘米×18~20 厘米。移栽后 1 周施分蘖肥促分蘖，分蘖肥可与除草剂混用。																
施肥	苗床基肥：秧田 667 平方米用 5 千克尿素苗床 25 千克三元复合肥作基肥，撒施干毛秧板。苗床追肥：2 叶 1 心期用 5 千克尿素促分蘖，情再施 5 千克尿素起身肥，667 平方米用 10 千克尿素作起身肥。			本田基肥：667 平方米施饼肥 50 千克（或 20 担猪牛栏肥），过磷酸钙 20 千克，KCl 18 千克，纯氮 4~5 千克（约尿素 10 千克）。			分蘖肥：在栽后 5~6 天，667 平方米施复合肥 20 千克，加 5 千克尿素。			穗肥：在倒二叶倒一叶龄期据水稻生长状况 667 平方米施尿素 6~8 千克及适量磷钾肥。			肥料运筹总体原则：培肥苗床，施足基肥，早施断奶肥，重施起身肥，氮磷钾配合。总施氮量：11 千克。				
灌溉	2 叶 1 心期前沟灌，以后上水进行浅灌，并保持秧板水层。栽后灌浅水层活棵，到施分蘖肥时要求地面已无水层，结合施分蘖肥灌水。然后，按田间有水层 3~4 天，无水层 5~6 天灌水。抽穗期保持浅水层。复水后湿润灌溉，当苗数到穗苗数 80% 时开始干湿交替搁田，采用多次轻搁田，控制苗生长过旺时适当重搁田，夏水后湿润灌溉。抽穗期保持干湿湿润灌溉。																
病虫草防治	播种前用 25% 施保克 2500 倍浸种，苗期用吡虫啉和福戈防治稻蓟马、稻飞虱，移栽前 3 天用吡虫啉和福戈喷施。			根据病虫测报用吡虫啉防治螟虫，稻飞虱，稻期用吡虫啉防治稻纵卷叶螟，稻飞虱，杂草防治丁苄除草剂混施。根据田间病虫发生用吡虫啉、防治螟虫，飞虱和井冈霉素，兼治纹枯病。			抽穗前 2~3 天用吡虫啉+杀虫双，井冈霉素等环唑等防治稻纵卷叶螟，稻曲病和稻瘟病等。			策略：突出恶苗病的防治，稻瘟病、纹枯病的防治，在加强健康栽培的基础上，采用高效低毒低残留农药进行防治。			突出恶苗病，强化暗床，稻瘟病、纹枯病，在加强预测预报的基础上，以主动农业综合防治为主的农业健康栽培，采用高效低毒低残留农药进行无公害防治。				

4. 中浙优 1 号单季稻手插高产栽培技术模式图

月份	5月上	5月中	5月下	6月上	6月中	6月下	7月上	7月中	7月下	8月上	8月中	8月下	9月上	9月中	9月下	10月上	10月中	10月下
节气	立夏		小满	芒种		夏至	小暑		大暑	立秋		处暑	白露		秋分	寒露		
产量构成	667平方米有效穗数15万～16万，每穗粒数180～300粒，结实率85%～90%，千粒重27～28克。																	
生育时期		5月中下旬播种		秧田期20～30天 6月中旬移栽			有效分蘖期6/15～7/10		7月下旬拔节			8月下旬抽穗				10月上旬成熟		
主茎叶龄期			0	1	2	3	4 5 6 7	8 9 10	11 ⑫ 13	14 △16								
茎蘖动态	移栽叶龄期6～7叶，移栽667平方米茎蘖苗5万～6万，拔节期667平方米茎蘖数21万～22万，抽穗期每667平方米茎蘖数18万～19万，成熟期每667平方米茎蘖数16万～18万。																	
育秧	5月下旬播种，秧龄25～30天，清水选种，播量5～6千克/667平方米。																	
栽插	密度1.0万～1.3万丛/667平方米，规格28～30厘米×18～20厘米。																	
施肥	苗床基肥：秧田667平方米用25千克三元复合肥作基肥，撒施于毛秧板。 苗床追肥：2叶1心期667平方米用5千克尿素促分蘖，随后视苗情再施5千克尿素促蘖，移栽前667平方米用10千克尿素作起身肥。 本田基肥：2叶1心期667平方米施饼肥50千克（或20担猪牛栏肥），过磷酸钙20千克，KCl8千克，纯氮4～5千克（约尿素10千克）。 分蘖肥：在栽后5～6天，667平方米施20千克复合肥，加5千克尿素。 穗肥：在倒二叶、倒一叶龄期根据水稻生长状况667平方米施尿素6～8千克及适量磷钾肥。 肥料运筹总体原则：培肥苗床，施足基肥，重施断奶肥，早施促蘖肥，桔秆还田，复水后湿润灌溉，氮磷钾配合。总施氮量：11千克。																	
灌溉	2叶1心期沟灌，以后上水进行浅灌，并保持秧板水层。栽后灌浅水层活棵，到施分蘖肥时要求地面已无水层，结合施分蘖肥灌水。然后，按田间有浅水层3～4天，无水层5～6天灌水。当苗数到穗数80%时开始搁田，采用多次轻搁田，营养生长过旺时适当重搁田，控制苗峰。复水后湿润灌溉，抽穗期保持浅水层。保持干干湿湿润灌溉。																	
病虫草防治	播种前用25%施保克2500倍浸种，苗期用吡虫啉和福戈防治稻飞虱、稻蓟马、稻纵卷叶螟，移栽前3天用吡虫啉和福戈喷施。 根据病虫测报用吡虫啉+杀虫双、稻飞虱，杀草防治在施分蘖肥时结合丁苄除草剂混施。根据田间病虫发生用吡虫啉、稻飞虱双和井冈霉素，防治纹枯病。 抽穗前2～3天用吡虫啉，稻纵卷叶螟，稻飞虱，三环唑防治纹枯病、井冈霉素、稻曲病和稻瘟病等。 策略：突出恶苗病的防治，强化螟虫、纹枯病的综合防治，采用健康栽培为主的农业预测预报的基础上，采用高效低毒低残留农药进行无公害防治。																	

5. Ⅱ优7954 单季稻手插高产栽培技术模式图

月份	5月			6月			7月			8月			9月			10月	
	上	中	下	上	中	下	上	中	下	上	中	下	上	中	下	上	中
节气	立夏		小满	芒种		夏至	小暑		大暑	立秋		处暑	白露		秋分	寒露	
产量构成	667平方米有效穗数15.7万左右，每穗粒数174.1粒，结实率78.3%左右，千粒重27.3克左右。																
生育时期	5月中下旬播种			秧田期20~30天	6月中旬移栽		有效分蘖期6/15~7/10		7月下旬拔节			8月下旬抽穗				10月上旬成熟	
主茎叶龄期		0	1	2	3	4	5	6	7	8	9	10	11	⑫	13	14	⑯16
茎蘖动态	移栽叶龄6~7叶，移栽667平方米茎蘖苗5万~6万，667平方米穗数16万~18万。拔节期每667平方米茎蘖数21万~22万，抽穗期每667平方米茎蘖数18万~19万，成熟期每667平方米穗数18万~19万。																
育秧	5月下旬播种，秧龄25~30天。清水选种，播量5~6千克/667平方米，秧本比8~10。在1叶1心期，667平方米用200克15%MET喷施。																
栽插	密度1.0~1.3万丛/667平方米，规格28~30厘米×18~20厘米。移栽后1周施分蘖肥促分蘖，分蘖肥可与除草剂混用。																
施肥	苗床基肥：秧田667平方米用25千克三元复合肥作基肥，撒施于毛板板。苗床追肥：2叶1心期667平方米用5千克尿素促分蘖，随施分蘖，施再施5千克尿素促蘖，667平方米施5千克尿素作起身肥。 / 田基肥：667平方米施饼肥50千克(或20担猪牛栏肥)，过磷酸钙20千克，KCl 8千克，纯氮4~5千克(约尿素10千克)。分蘖肥：在栽后5~6天，667平方米施20千克复合肥，加5千克尿素。穗肥：在倒二叶倒二叶龄期根据水稻生长状况667平方米施尿素6~8千克及适量施磷钾肥。肥料运筹总体原则：培肥苗床，施足基肥，早施断奶肥，重施起身肥；施促蘖肥，控制苗峰。总施氮量：11千克。氮磷钾配合。																
灌溉	2叶1心期前沟灌，以后上水进行浅灌，并保持秧板浅水层活棵。栽后灌浅水层5~6天无水灌，无水层3~4天，无水层5~6天灌水。当苗数到穗数苗数80%时开始搁田，采用多次轻搁田，到施分蘖肥时要求地面已无水层，结合施分蘖肥灌水。然后，按田间有水层，复水后湿润灌溉。抽穗期保持浅水层。保持干干湿湿润灌溉。																
病虫草防治	播种前25%施保克2500倍浸种，苗期用吡虫啉和稻飞虱、稻蓟马防治稻飞虱，防治稻蓟马，移栽前3天用吡虫啉和福戈防治稻飞虱，杂草防治在施分蘖肥时结合丁苄除草剂混施。根据田间病虫发生用吡虫啉、稻飞虱和井冈霉素，防治稻蓟马，防治纹枯病，兼治稻飞虱。 / 抽穗前2~3天用吡虫啉+杀虫双、稻飞虱，稻纵卷叶螟、井冈霉素、三环唑等防治稻瘟病、纹枯病、稻曲病和稻瘟病等。 / 策略：突出恶苗病的防治，强化螟虫、稻瘟病、纹枯病的防治，采用健康栽培为主的农业综合防治，在加强预测预报的基础上，采用高效低毒低残留农药进行无公害防治。																

6. 国稻 6 号单季稻手插高产栽培技术模式图

月份	5 月			6 月			7 月			8 月			9 月			10 月	
	上	中	下	上	中	下	上	中	下	上	中	下	上	中	下	上	中
节气	立夏		小满	芒种		夏至	小暑		大暑	立秋		处暑	白露		秋分	寒露	
产量构成	667 平方米有效穗数 16.5 万左右，每穗粒数 159.7 粒，结实率 73.3% 左右，千粒重 31.5 克左右。																
生育时期		5 月中下旬播种		秧田期 20～30 天	6 月中旬移栽		有效分蘖期 6/15～7/10		7 月下旬拔节				8 月下旬抽穗			10 月上旬成熟	
主茎叶龄期		0	1	2	3	4 5 6 7	8 9 10	11	⑫ 13	14	△16 16						
茎蘖动态	移栽叶龄 6～7 叶，移栽 667 平方米茎蘖苗 5 万～6 万，667 平方米穗数 16 万～18 万。 拔节期每 667 平方米茎蘖数 21 万～22 万，抽穗期每 667 平方米茎蘖数 18 万～19 万，成熟期每 667 平方米茎蘖数 18 万～19 万。																
育秧	5 月下旬播种，秧龄 25～30 天。清水选种，播量 5～6 千克/667 平方米，秧本比 8～10。在 1 叶 1 心期，667 平方米用 200 克 15% MET 喷施。																
栽插	密度 1.0 万～1.3 万/667 平方米，规格 28～30 厘米×18～20 厘米。移栽后 1 周施分蘖肥促分蘖，分蘖肥可与除草剂混用。																
施肥	苗床基肥：秧田 667 平方米施 25 千克三元复合肥作基肥，撒施于毛秧板。 苗床追肥：2 叶 1 心期用 5 千克尿素促分蘖，随后视苗情再施 5 千克尿素合理移栽。移栽前 667 平方米用 10 千克尿素作起身肥。 本田基肥：667 平方米施 50 千克饼肥（或 20 千克猪牛栏肥），过磷酸钙 20 千克，纯氮 KCl 8 千克，素 10 千克（约尿素 4～5 千克）。 分蘖肥：在栽后 5～6 天，667 平方米施 20 千克复合肥，加 5 千克尿素。 穗肥：在倒二叶龄期根据水稻生长状况 667 平方米施尿素 6～8 千克及适量施磷钾肥。 肥料运筹总体原则：培肥苗床，施足基肥，早施断奶肥，重施起身肥；氮磷钾配合。总施氮量：11 千克。																
灌溉	2 叶 1 心期前冷灌，以后上水进行浅灌，并保持种秧水层。栽后灌浅水层活棵，当苗数到穗数苗数 80% 时开始搁田，采用多次轻搁田，保持干干湿湿润灌溉。抽穗期保持浅水层，并保持种秧水层活棵。栽后灌浅水层，结合施分蘖肥灌水层，到施分蘖肥时要求地面已无水层，结合施分蘖肥灌水。然后，按田间有要求生长过旺时适当重搁田，控制生长高峰。复水后湿润灌溉。																
病虫草防治	播种前用 25% 施保克 2 500 倍浸种防恶苗病，苗期用吡虫啉和福戈防治稻蓟马，稻飞虱，移栽前 3 天用吡虫啉和福戈喷施。 根据病虫测报用吡虫啉+杀虫双，稻飞虱，杂草防治在分蘖期结合施分蘖肥时结合拌丁苄除草剂混施。根据田间病虫发生用吡虫啉，虫双和井冈霉素，防治螟虫，稻飞虱，兼治纹枯病。 抽穗前 2～3 天用吡虫啉，稻纵卷叶螟，杂草防治三环唑防治稻纵卷叶螟，井冈霉素，稻曲病和稻瘟病等。 策略：突出恶苗病的防治，强化螟虫、纹枯病的防治，稻曲病、稻瘟病的防治，采用健康栽培为主的农业综合防治，在加强病害预测预报的基础上，采用高效低毒低残留农药进行无公害防治。																

7. 两优培九单季稻机插高产栽培技术模式图

月份	5月上	5月中	5月下	6月上	6月中	6月下	7月上	7月中	7月下	8月上	8月中	8月下	9月上	9月中	9月下	10月上	10月中
节气	立夏	小满		芒种		夏至	小暑		大暑	立秋		处暑	白露		秋分	寒露	
产量构成	667 平方米有效穗数 17.4 万左右，每穗粒数 133.7 粒，结实率 80.7%左右，千粒重 26.2 克左右。																
生育时期	5月下旬播种（秧田期20~30天）			6月中旬机插		有效分蘖期6/10~7/10			7月下旬拔节		8月下旬抽穗					10月上旬成熟	
主茎叶龄期		0	1	2	3	4	5	6	7	8	9	10	11	⑫ 13	14	△ 16 17	
茎蘖动态	移栽叶龄5~6叶，移栽667平方米茎蘖数5万~6万，拔节期每667平方米茎蘖数21万~22万，抽穗期每667平方米茎蘖数18万~19万，成熟期每667平方米穗数16万~18万。																
育秧	选择旱地土或本田泥浆育秧，旱地土育秧做好底土培肥，每盘底土加5~10克复合肥及适量壮秧剂。另外，准备适量的不添加肥料和壮秧剂的细土用于播种后覆盖。泥浆育秧直接在秧板上加每盘15~20克壮秧剂。摆盘装泥浆播种，种子用浸种灵等药剂浸种消毒，并适温催芽至90%种子破胸露白。催芽后置阴凉处摊晾4~6小时，以备播种。一般每667平方米需秧盘20~25只，播种量在60~80克/盘。出苗前湿润保苗，一叶一心后干湿交替，秧苗见绿后一叶一心前注意喷施多效唑控苗壮株，延长秧苗秧龄弹性。遮阴网或无纺网，出苗后揭网。出苗前后湿润育秧，秧苗期做好病虫害防治，提倡带药机插。在秧苗移栽前3~5天视秧苗长势适量施肥。秧苗期施药防治。																
栽插	机插秧苗一般苗高12~20厘米，叶龄3~4叶，机插前3~4天，适时控水炼苗，增强秧苗抗逆能力。一叶一心期喷施多效唑等调节剂控制秧苗株高。注意看青苗，叶片淡绿色青绿，促使苗的脱力返青，色青绿正常667平方米用尿素4千克左右，叶色较深667平方米施尿素2~3千克。根据水稻品种与组合的生长特性，选择适宜种植密度，改善群体光照和通风，浅水移栽，促进早发。机插行距为30厘米，株距17~22厘米，每丛2株左右，每667平方米大田1.1万~1.3万丛，每667平方米栽插秧苗15~20盘。																
施肥	本田基肥：667平方米施牛栏肥50千克或20担猪牛栏肥，过磷酸钙20千克，KCl 8千克，纯氮4~5千克（约尿素10千克）。			分蘖肥：在栽后5~6天，667平方米施20千克复合肥，加5千克尿素。			穗肥：在倒二叶叶龄期根据水稻生长状况667平方米施尿素6~8千克及适量施磷钾肥。			花后结合病虫防治，叶面喷施磷酸二氢钾。			肥料运筹总体原则：培足苗床，早施断奶肥，重施起身肥，秸秆还田，氮磷钾配合，总施氮量：12千克。				
灌溉	2叶1心期前沟灌，浅水3~4叶，无水层5~6天灌水。当苗数到穗数80%时开始搁田，采用多次轻搁田，采用分蘖肥时结合并干丁字除草剂润湿灌溉。			分蘖肥：以后上水进行沟灌，667平方米施20千克复合肥。			栽后灌浅水活棵，并保持秧板水层。营养生长过旺时适当重搁田，控制苗峰。复水后润灌灌溉，到孕穗肥时要求地面已无水层，结合施分蘖肥灌水。然后，按苗间有策略：突出恶苗病的防治。抽穗前2~3天用吡虫啉+杀虫双，稻纵卷叶螟，稻飞虱，防治螟虫，稻曲病和井冈霉素，杀虫双和吡虫啉，兼治纹枯病。抽穗期保持浅水层，复水后润灌灌溉，保持干湿湿润。									
病虫草防治	播种前用25%施保克 2500倍浸种，苗床移栽前用吡虫啉、稻飞虱、稻蓟马、稻和井冈霉素，移栽前3天用吡虫啉和福戈喷施。			根据病虫测报吡虫啉+杀虫双防治稻飞虱，稻纵卷叶螟，杂草防治在施分蘖肥时结合并干丁字除草剂混施。根据田间病虫发生用吡虫啉、井冈霉素，防治螟虫，稻飞虱，兼治纹枯病。			根据病虫测报吡虫啉+杀虫双防治稻飞虱，稻纵卷叶螟，稻瘟病，稻曲病，纹枯病，稻曲病和稻瘟病等。			花后结合病虫防治，叶面喷施磷酸二氢钾。			策略：突出恶苗病的防治，强化螟虫，稻瘟病的防治，纹枯病的综合防治，采用健康栽培为主的农业综合防治，在加强预测预报的基础上，采用高效低毒低残留农药进行无公害防治。				

8. 中浙优1号单季稻机插高产栽培技术模式图

月份	5月			6月			7月			8月			9月			10月	
	上	中	下	上	中	下	上	中	下	上	中	下	上	中	下	上	中
节气	立夏		小满	芒种		夏至	小暑		大暑	立秋		处暑	白露		秋分	寒露	

产量构成： 667平方米有效穗数15万~16万，每穗粒数180~300粒，结实率85%~90%，千粒重27~28克。

生育时期： 5月下旬播种 秧田期15~20天；6月中旬移栽；有效分蘖期6/15~7/10 7月下旬拔节；8月下旬抽穗；10月上旬成熟。

主茎叶龄期： 0 1 2 3 4 5 6 7 8 9 10 11 ⑫ 13 14 △16 17

茎蘖动态： 移栽叶龄6~7叶，移栽667平方米茎蘖苗5万~6万，拔节期每667平方米茎蘖数21万~22万，抽穗期每667平方米茎蘖数18万~19万，成熟期每667平方米茎蘖数16万~18万。

育秧： 选择旱地土或本田泥浆做好底土培肥和壮秧剂的细土用于播种前干秧育秧后覆盖。泥浆育秧直接在秧板上加细土加每盘10~15克复合肥及适量壮秧剂，摆盘装泥浆播种，种子用浸种灵等药剂浸种消毒。并适温催芽至90%种子破胸露白。催芽后置阴凉处摊晾4~6小时，以备播种。一般每667平方米需秧盘20~25只，每盘播种量在60~80克/盘，播种后覆盖。出苗后温润有利保齐苗。一叶一心后干湿交替，秧苗见绿后一叶一心前注意喷施多效唑控苗壮秧，延长秧苗秧龄弹性。在秧田移栽前3~5天观好秧苗长势活量施肥。秧田苗期做好病虫害防治，提前带药机插。

栽插： 机插秧苗一般苗高12~20厘米，叶龄3~4叶。机插前3~4天，适时控水炼苗，增强秧苗抗逆能力。一叶一心期施多效唑等调节秧苗株高。注意看苗施断奶肥，促使白色黄褪绿的脱力苗返青，叶片浓黄褪绿时667平方米用尿素4千克左右，叶色较正常667平方米施尿素2~3千克，根据水稻品种与组合的生长特性，选择适宜种植密度，改善群体光照和通风，机插移栽，浅水移栽。机插行距为30厘米，株距17~22厘米，每丛2株左右，每667平方米大田每667平方米栽插秧苗15~20盆。

施肥：
- 本田基肥：667平方米施饼肥50千克（或20担猪牛栏肥），过磷酸约20千克，KCl 8千克、纯氮4~5千克（约尿素10千克）。
- 分蘖肥：在栽后5~6天，667平方米施复合肥20千克及适量尿素。
- 穗肥：在倒二叶叶龄期667平方米施根据生长状况667平方米施尿素6~8千克及适量磷钾肥。
- 花后结合病虫防治，叶面喷施磷酸二氢钾。
- 肥料运筹总体原则：培肥苗床，旱施断奶肥，重施起身肥；桔杆还田，氮磷钾配合。总施氮量：12千克。

灌溉： 栽后灌浅水层活棵，到施分蘖肥时要求地面已无水层，结合施分蘖肥灌水。然后，按田间有浅水层3~4天，无水层5~6天灌水。当苗数达到穗苗数80%时开始搁田，采用多次轻搁田，营养生长过旺时适当重搁。复水后干湿灌溉直至成熟。

病虫草防治： 播种前用25%施保克2500倍浸种和福戈防治虫咪和福戈防治稻飞虱，移栽前3天用吡虫咪和福戈喷施。根据病虫测报用吡虫咪+杀虫双、稻飞虱，稻曲病防治时结合丁苄除草剂混施。根据田间病虫发生用吡虫咪、稻飞虱和井冈霉素，防治纹枯病、稻曲病，兼治稻纵。抽穗前2~3天用吡虫咪、稻飞虱、井冈霉素，稻纵卷叶螟、纹枯病、稻曲病和稻温病等防治。

策略：突出恶苗病的防治，强化螟虫、瘟病的防治，纹枯病的综合防治，采用稻曲病和稻温病等的农业综合防治，三环唑等防治稻曲病和稻温病等。在加强健康栽培预测预报的基础上，采用高效低残毒农药进行无公害防治。

9. 国稻6号单季稻机插高产栽培技术模式图

月份	5月			6月			7月			8月			9月			10月	
	上	中	下	上	中	下	上	中	下	上	中	下	上	中	下	上	中
节气	立夏	小满		芒种		夏至	小暑		大暑	立秋		处暑	白露		秋分	寒露	
产量构成	667平方米有效穗数16.5万左右，每穗粒数159.7粒，结实率73.3%左右，千粒重31.5克左右。																
生育时期	5月下旬播种｜秧田期15~20天｜6月中旬移栽｜有效分蘖期6/15~7/10｜7月下旬拔节｜8月下旬抽穗｜10月上旬成熟。																
主茎叶龄期	0	1		2	3	4	5	6	7	8	9	10	11	⑫	13 14 ⑮ 16 17		
茎蘖动态	移栽叶龄6~7叶，移栽667平方米茎蘖苗5万~6万，拔节期667平方米茎蘖苗21万~22万，抽穗期667平方米茎蘖数18万~19万，成熟期667平方米茎蘖数16万~18万。																
育秧	选择旱地土或本田泥浆好土培肥，旱地土育秧做好底土培肥和江秧剂的细土用于播种在秧板上加每盘10~15克复合肥，摆盘底土加5~10克复合肥及适量壮秧料。另外，准备适量的不添加肥料的土，种子用浸种灵等药剂浸种消毒，播盘装泥浆播种。并适温催芽至90%种子破胸露白。催芽后置阴凉处摊晾4~6小时，以备播种。一般每667平方米需秧盘20~25只，播种量在70~90克/盘，播种后盖遮阳网或无纺布，出苗前湿润育秧保齐苗，一叶一心后干湿交替，秧苗见绿后一叶一心前注意喷施多效唑控苗壮秧，延长秧苗秧龄弹性。在秧苗移栽前3~5天视秧苗长势适量施肥。秧田期做好病虫害防治，提倡带药机插。																
栽插	机插秧龄一般18~20厘米，机插前3~4叶，叶龄3~4叶，适时控水炼苗，增强秧苗抗逆能力，一叶一心期喷施多效唑等调节秧苗株高。注意看苗施断奶肥，促使返青黄绿色青苗，叶片浓黄褐绿的脱力苗，667平方米用尿素4千克左右，叶色较正常苗色的生长快。根据品种与组合的生长特性，选择适宜种植密度，改善群体光照和通风，浅水移栽，促进早发，机插行距为30厘米，株距17~22厘米，每丛2株左右，每667平方米大田1.1万~1.3万丛，每667平方米栽秧18~20盘。																
施肥	本田基肥：667平方米施饼肥50千克（或20担猪牛栏肥），过磷酸钙20千克，KCl 8千克，纯氮4~5千克（约尿素10千克）。		分蘖肥：在栽后5~6天，667平方米施尿素20千克，加5千克除草剂混施。分蘖期视苗情加施尿素适量。		穗肥：在倒二叶叶龄期根据水稻生长状况667平方米施尿素6~8千克，结合穗肥视苗情加施磷钾肥。		花后结合病虫防治，叶面喷施磷酸二氢钾。		肥料运筹总体原则：培肥苗床，施足基肥、早施断奶肥，重施起身肥；秸秆还田，增施磷钾配合，施氮量：12千克。							
灌溉	栽后灌浅水层活棵，到烯分蘖肥时灌田要求地面已无水层，到田间有浅水过旺时当定时当苗数达到够苗数80%时开始搁田，采用多次轻搁田。		抽穗前2~3天灌跑马水。结合施分蘖肥灌溉。然后，按田间有浅水层3~4天，无水层5~6天灌水。复水后干湿湿直至成熟。													
病虫草防治	播种前用25%施保克2500倍液浸种，苗期用吡虫啉和福戈防治稻蓟马、稻飞虱，稻纵卷叶螟、防治稻蓟马，杀虫双和福戈井冈霉素，防治恶苗病；移栽前3天用吡虫啉和福戈喷施。		根据病虫测报用吡虫啉+杀虫双防治稻蓟马、稻飞虱，杂草防治在施分蘖肥时结合用丁苄除草剂混施。根据田间病虫发生用吡虫啉、杀虫双和井冈霉素，防治稻飞虱，兼治纹枯病。						抽穗期结合病虫防治，稻曲病、纹枯病、稻曲病稻瘟病等。		策略：突出恶苗病的防治，强化螟虫、稻瘟病、纹枯病、井冈霉素、三环唑等防治的农业综合防治。采用健康栽培为主的绿色防控预报预测的基础上，采用高效低毒低残留农药进行无公害防治。						

111

10. 天优3301单季稻手插高产栽培技术模式图

月份	5月			6月			7月			8月			9月			10月		
	上	中	下	上	中	下	上	中	下	上	中	下	上	中	下	上	中	下
节气	立夏		小满	芒种		夏至	小暑		大暑	立秋		处暑	白露		秋分	寒露		霜降

目标产量及构成： 目标667平方米产：700~750千克/667平方米；产量构成：667平方米有效穗数16万~17万，每穗粒数170~180，结实率85%左右，千粒重30克左右。

生育时期： 播种—苗床期—手插—有效分蘖期—无效分蘖期—拔节—孕穗—抽穗—灌浆—结实期—成熟

主茎叶龄期： 0　1　2　3　4　5　6　7　8　9　10　11　12　13　14　15　16

茎蘖动态： 移栽叶龄4叶，每667平方米插1.1万~1.35万丛，每丛1~2株，带3蘖，拔节期每667平方米茎蘖22万~24万，抽穗期每667平方米茎蘖18万~19万，成熟期667平方米茎蘖18万~19万，秧本比1:10。

育秧： 一般在5月15~30日播种为宜。如播种过迟，生育期缩短，会使穗型变小。秧田播种量6~7.5千克/667平方米，大田用种量1.0~1.2千克。

整地与插秧： 提前5~10天整地，耙平土壤沉实1~2天后插秧，机插田水要浅。插秧秧龄控制在30天内，株行距20厘米×20厘米或20厘米×23厘米，667平方米插1.6万~1.7万穴，每穴插2粒谷苗。插秧期尽可能带泥浅栽，选择阴天或晴天下午移栽，以减少败苗现象。

施肥：
- 苗床：每667平方米施20千克复合肥，移栽前根据苗情施起身肥。
- 大田基肥：基肥667平方米施湿润腐熟土杂肥500千克或667平方米施15千克钙镁磷+过磷酸钙15千克。
- 分蘖肥：移栽后4~5天667平方米施尿素5千克，移栽后10~12天667平方米施尿素5~6千克+氯化钾6千克。
- 促花肥：视苗情幼穗分化1~2期667平方米施尿素4千克+氯化钾7.5千克。
- 保花肥：幼穗分化1~2期施尿素2~3千克。
- 根据田块土壤肥力及目标产量合理施肥。一般每667平方米施纯氮10千克，合理配施磷肥和钾肥。

灌溉： 湿润育秧—薄水层—寸水活棵—搁田（够穗苗≥85%）—间隙灌溉—干湿交替

病虫草害防治：
- 种子处理：选种、晒种、浸种。播种前用"旱育保姆"等浸种剂浸种72小时后，热水淘种，预热入坑、高温露白，适温催芽、薄摊炼芽，2天内催好芽，做到快、齐、匀、壮，秧田期要重点防治稻蓟马。
- 插种后及时化学除草。前期：抛秧前统一组织毒杀田鼠和福寿螺（667平方米用密达0.5千克），结合第一次追肥施除草剂（稻纵卷叶螟+病穗灵）的防治。
- 分蘖盛期施井冈霉素（667平方米防治纹枯病井冈霉素250克对水100千克喷施），并抓好三化螟、稻纵卷叶螟、稻飞虱（稻虫+病穗灵）的防治。
- 中期：667平方米用纹霉清250毫升和呐氮净10克对水100千克喷施防治纹枯病和稻飞虱，稻后注意防治纹枯病、白叶枯和细菌性条斑病等。
- 破口期、齐穗期均要喷药防治稻瘟颈瘟、纹枯病、三化螟等，抽穗后注意防治稻飞虱，以免造成穿顶，影响产量，667平方米用锐劲特60克/667平方米，纹霉清250克/667平方米，90%杀虫丹40~50克/667平方米杀虫剂，10%吡虫啉10克/667平方米，或每次667平方米用乐斯本40毫升，对水60千克喷施。
- 成熟中后期要密切防治"稻曲病"，667平方米用蘑格新60克或75%三环唑蘑克线氮10千克对水60千克喷施。

11. 丰两香优1号单季稻旱育秧人工移栽高产栽培技术模式图

月份	4月		5月			6月			7月			8月			9月			10月	
	下	上	中	下	上	中	下	上	中	下	上	中	下	上	中	下	上	中	
节气	谷雨	立夏		小满	芒种		夏至	小暑		大暑	立秋		处暑	白露		秋分	寒露		

产量构成：667平方米产725千克的产量结构：667平方米有效穗数16万～17万，每穗粒数200～220粒，结实率(87.5±2.5)%，千粒重(26±0.5)克。

生育时期：5/1～10播种，秧田期35±5天，6/5～15移栽，有效分蘖期6/15～7/5，7/15前拔节，8/15～25抽穗，9/30～10/10成熟。

主茎叶龄期：0　1　2　3　4　5　6　7　8　9　10　⑪　12　13　14△　15　16

茎蘖动态：移栽叶叶龄6～7叶，单株带蘖3个以上，移栽667平方米茎蘖苗7.5万～9.0万，拔节期每667平方米茎蘖数24万～26万，抽穗期每667平方米茎蘖数19万～20万，成熟期每667平方米穗数17.5万左右。

育秧：冬前就近大田选疏松肥沃旱地或地水爽地的稻田作苗床，苗床净面积按秧大田比1:20；播种前15～20天施肥，按要求溶肥，每平方米净苗床播种芽谷种30～35克，秧龄30～35天左右。整畦，人工栽插；行穴距30.0厘米×13～15cm；每穴4～5个茎蘖苗，667平方米栽1.48万～1.71万穴，每穴6.0万～8.5万基本茎蘖苗。

栽插：培肥苗床：要求头年前培肥苗床，施作物秸秆和腐熟农家粪3千克/平方米，施后耕翻入土中，播种前15～20每平方米施过磷酸钙60～75克，氯化钾25～30克，耕翻1～2次，将土肥充分混匀；或移种前施壮苗肥和化学除草剂。化学除草剂随秧前仅随施于苗床土壤中。

施肥：
- 苗床追肥：2.5叶期追施"断奶肥"，每平方米追施尿素5～10克，对水100倍均匀喷施；移栽前1周后看苗酌情施，对水清水洗苗，并喷清水洗苗；前2～3天每平方米对水7.5～10克尿素对水100倍作"送嫁肥"，并浇透水。
- 本田基肥：留高茬秸秆还田或每平方米施667平方米有机肥，旋施667平方米旋施尿素8.5千克，过磷酸钙7.5～10克，磷肥50千克，氯化钾15千克，使土肥混匀，栽前施口肥10克对水尿素。
- 分蘖肥：栽后3～5天，667平方米施尿素3.5～4千克，1周后看苗酌情施，667平方米施尿素2.5千克。
- 促花壮秆肥：倒4叶期施667平方米用尿素7.5千克，或氯化10千克。
- 保花壮秆肥：倒1.5叶期667平方米施尿素7.5～10千克，情少施浅施，至叶枕平时，667平方米施尿素5.0～7.5千克。
- 肥料运筹总体原则：本田总施纯氮折算，每667平方米施氮15～17千克，氮磷钾比例=3:1:(2～3)；N肥运筹按基蘖肥：穗=6:4，中期根据群体结构与数量及时调控，倒3叶色差诊断进行穗肥调控；钾肥基蘖肥：穗粒肥=6:4；磷肥全部作基肥。

灌溉：旱育秧　寸水活棵　浅水促蘖　（够穗苗≥80%）　搁田　间歇灌溉　干湿交替　干湿交替　断水硬田

病虫草防治：
1. 种子处理：浸种前晒种1天，用4.2%浸丰2毫升或25%咪鲜胺2毫升加水5～10千克，浸4～5千克谷种，浸泡36小时。
2. 苗床松：播种前每平方米用70%敌克松2.5克，对水1.5千克喷洒，以防立枯病；并及时排水降渍，以防绵腐病。
3. 移栽前预防（如51%特氯蝗）60克加20%叶枯宁100克对水40千克均匀喷雾防秧田灰飞虱、稻蓟虫，预防白叶枯病。

大田化除：水稻移栽后2天，每667平方米用12%恶草酮乳油200毫升直接均匀撒施于稻田，可有效防除多种杂草。以稗草为主的稻田，移栽后4～6天，每667平方米用50%苯噻草胺可湿性粉剂30～40克，莎草、阔叶草多的稻田，移栽后7天，每667平方米用14%乙苄可湿性粉剂50克拌毒土撒施。

1. 分蘖末期至孕穗期：重点防治稻飞虱、纹枯病。达防治指标时，每667平方米用25%扑虱灵粉剂60～80克加20%阿维菌素40%纹霉星60克对水40千克均匀喷雾。以中心病团同时加20%纹枯菌800克对水喷雾防治稻瘟病，重点防治稻曲病和稻瘟病。
2. 孕穗至破口期：重点防治稻曲病、稻瘟病、二化螟、稻飞虱、纹枯病，预防稻曲病纵卷叶螟、二化螟，667平方米用40%毒死蜱100毫升加20%吡虫啉10%毒死蜱100克加10%阿维菌素4～5克加18%杀虫单70克病预防需在破口前10～15天进行，重点后期每667平方米用10%真水米剂120毫升喷雾一次。
3. 抽穗期至灌浆初期：重点防治稻飞虱、纹枯病。根据虫情预报，视病虫情报，每667平方米用40%毒草稻纵卷叶螟等穗期病害，视病虫乳油100毫升对水40千克均匀喷雾、白叶枯病始见667平方米病叶油90%杀虫单70克加20%此虫啉有效药量4毫升对水10%真火米乳剂120毫升加对水40千克均匀喷雾。
4. 灌浆中后期（9月上、中旬）重点防治迁飞性稻飞虱，每667平方米可选用25%阿克生水分散剂3～4克加48%乐斯本80毫升对水60千克喷雾防治，或每667平方米用5%锐劲特悬浮剂30～40毫升加48%乐斯本80千克对水60千克喷雾防治。

12. 丰两香优1号单季稻润育秧人工移栽高产栽培技术模式图

月份	5月			6月			7月			8月			9月			10月		
	上	中	下	上	中	下	上	中	下	上	中	下	上	中	下	上	中	下
节气	立夏	小满	芒种	夏至			小暑	大暑		立秋		处暑	白露		秋分	寒露		霜降

产量构成： 667平方米产700千克的产量结构：667平方米有效穗数16万～17万，每穗粒数190～210粒，结实率85%左右，千粒重(26±0.5)克。

生育时期： 5/5～15播种；秧田期30±5天；6/5～15移栽；有效分蘖期6/15～7/5；7/25前够苗；8/20～30抽穗；10/5～10/15成熟。

主茎叶龄期： 0 1 2 3 4 5 6 7 8 9 10 ⑪ 12 13 ⑭ 15 16

茎蘖动态： 移栽叶龄7～8叶，单株带蘖3个左右，移栽667平方米茎蘖苗6万～8万，拔节期每667平方米茎蘖苗24万～26万，抽穗期每667平方米茎蘖18万～19万，成熟期每667平方米穗数17万～18万。

育秧： 按秧大田比1∶10的面积选择土质疏松、保水保肥能力强的田块。提前培肥；播种前7～10天旱旱整，清除田内残茬、杂草，施足底肥，做成沟宽30厘米，睡宽1.2～1.4米的毛秧板。再灌水稠平，达到软板面平整沟深，教硬适中的半旱湿润通气秧板。按穗大田杂交种1.25千克准备种子，预先把秧床苗床整理好秧床净芽谷种10～12.5千克，秧龄30～35天。

栽插： 人工栽插：行株距30厘米×13～15厘米，667平方米栽1.5～1.7万穴，每穴4～5个茎蘖苗。每667平方米6万～8万基本苗。

施肥：
培肥秧床：按667平方米施腐熟有机肥750～1000公斤培肥，结合耕翻667平方米施尿素7.5～10千克，氯化钾5～7.5千克，过磷酸钙15～20千克，反复耕耙，充分混匀做成盒式秧田。

本田基肥：耕翻结合还田或667平方米施稻草2000千克有机肥，旋耕，667平方米施尿素7.5千克，过磷酸钙50千克，氯化钾12.5千克，磷酸钾2.5千克，使土壤混匀；栽前施肥10千克尿素。

苗床追肥：2叶1心期施一次断乳肥，667平方米尿素5～7.5千克，移栽前2～3天施一次送嫁肥，667平方米尿素5～7.5千克。7～8叶移栽的长秧龄秧田在4～5叶期视苗情施1次接力肥。

分蘖肥：栽后3～5天，667平方米用尿素3～4千克，1周后看苗情少施平衡肥，667平方米施尿素2.5千克左右。

促花壮秆肥：倒4叶期667平方米用尿素7.5千克，或视苗情施氯化钾10～12.5千克。

保花壮苗肥：1.5叶期667平方米用尿素3～7.5千克，或视苗情少施迟施，至叶枝平时，667平方米施尿素5.0千克左右。

肥料运筹总体原则：本田总施纯氮量折算每667平方米14～16千克，氮磷钾比例=3∶1∶(2～3)，穗=6.5∶3.5，按基蘖肥∶穗粒肥=5∶5，中期根据群体与苗色差量及倒4，倒3叶色变诊断进行穗肥调控；钾肥基肥∶穗肥=5∶5；磷肥全部作基肥。

灌溉： 湿润 → 育秧 → 浅水活棵 → 寸水活棵 → 湿润 → 润田 → （够蘖苗≥85%）灌溉 → 间歇 → 灌溉 → 烤田 → 灌溉 → 间歇 → 灌溉 → 干湿交替 → 干湿交替 → 断水硬田5%

病虫草防治：
1. 种子处理：浸种前晒种1天，用4.2%浸丰2毫升或25%咪鲜胺2毫升加水5～10千克，浸4～5千克稻种，浸泡36小时。
2. 苗床处理：播种前每667平方米用70%敌克松2.5克，或移栽前每667平方米用70克对水1.5千克喷洒，并及时排水降渍，以防立枯病。
3. 移栽前预防：移栽前5～7天，每667平方米用74%乐斯本乳油（如51%毒杀稻）80克加20%叶枯宁100克对水40千克均匀喷雾防治秧田灰飞虱，稻螟虫，预防白叶枯病。

大田化除：水稻移栽后2天，每667平方米用12%恶草酮乳油200毫升直接均匀撒施于稻田，可有效防除多种杂草。以稗草，莎草为主的稻田，水稻移栽4～6天，每667平方米用50%苄嘧磺隆可湿性30～40克，拌毒土撒施。以稗草，阔叶草为主的稻田，水稻移栽前5～7天，667平方米用14%乙苄可湿性粉剂50克拌毒土撒施。

1. 分蘖末期至孕穗期：重点防治稻飞虱，纹枯病，达防治标，每667平方米用25%扑虱灵可湿性粉剂60～80克加20%阿维·毒死蜱60克对水40千克均匀喷雾防除稻。
2. 孕穗期：重点防治稻纵卷叶螟，纹枯病，预防稻曲病和稻瘟病，每667平方米用40%毒死蜱100毫升加90%杀虫单70克加20%吡虫啉有效用量4克对水40千克均匀喷雾。
3. 抽穗期至灌浆初期：重点防治稻飞虱，稻纵卷叶螟，纹枯病及稻曲病等稻穗期病害，视病虫情报，每667平方米用40%毒死蜱100毫升加20%吡虫啉20毫升对水40千克均匀喷雾。
4. 灌浆中后期(9月上，中旬)：重点查治稻飞虱，每667平方米可选用25%阿克泰水分散粒剂3～4克加48%乐斯本80克加5%锐劲特悬浮剂30～40毫升对水40千克均匀喷雾防治。年份一周后用10%真灵乳剂120毫升补治一次。

13. 丰两香优1号单季稻抛栽高产栽培技术模式图

月份	5月			6月			7月			8月			9月			10月		
	上	中	下	上	中	下	上	中	下	上	中	下	上	中	下	上	中	下
节气	立夏	小满		芒种		夏至	小暑		大暑	立秋		处暑	白露		秋分	寒露		霜降

产量构成：抛栽667平方米产650千克的产量构成：667平方米有效穗数16万～17万，每穗粒数180～200粒，结实率85%左右，千粒重(26±0.5)克。

生育时期：5/10～15播种；秧田期(25±5天)；6/5～12移栽；7/25前拔节；8/20～30抽穗；10/5～10/15成熟。

主茎叶龄期：0 1 2 3 4 5 6 7 8 9 10 ⑪ 12 13 ⑭ 15 16 17

茎蘖动态：移栽叶龄5～6叶，单株带蘖2～3个，移栽667平方米茎蘖苗17万～18万。成熟期667平方米穗数17万～18万。移栽667平方米茎蘖苗6万～8万，拔节期每667平方米茎蘖19万～21万，抽穗期每667平方米茎蘖24万～26万，抽穗期每667平方米大田1.0～1.25千克，苗保证6万～8万丛，苗栽1.6万～1.8万丛。

育秧：冬前按秧大田比1:25的面积选疏松肥沃旱地作秧床；播种前15～20天施肥，预先处理；整理好苗床适期稀播，每平方米净苗床播芽谷种40～50克。秧龄25～30天。

抛植：选择无风多云天或晴好天下午适龄抛栽；均匀抛栽，先抛70%，余下的30%点撒结合，移密补稀，苗龄1.6万～1.8万丛，并按每3米的操作行或开丰产沟。

施肥：
- 培肥苗床：要求年前培肥苗床，施作物秸秆和腐熟农家粪各3千克/平方米，施后耕翻土中，播种前15～20天每平方米施过磷酸钙60～75克，氯化钾25～30克，耕翻1～2次，将土肥充分混合。或秧床壮前施壮秧剂，化学土秧和壮秧剂仅施于苗床土壤中，备作盖种土的不施。
- 苗床追肥：移栽前2天每平方米施7.5～10克尿素对水100倍作"送嫁肥"，并浇透水。
- 本田基肥：在每667平方米施1500千克有机肥的基础上，施过磷酸钙8千克，氯化钾5千克左右，使土肥混匀，栽前施口肥7.5千克尿素。
- 分蘖肥：抛后5～7天待基本立苗后，每667平方米施尿素4～5千克促蘖，周后再施平衡肥素1～2千克。
- 促花壮秆肥：倒3叶期667平方米施尿素7.5千克。
- 保花壮秆肥：倒1.5叶期667平方米施尿素3～5千克。
- 肥料运筹总体原则：本田总施纯氮量每667平方米折算12～14千克，氮磷钾比例＝3:1:2。N肥运筹按基蘖肥：穗肥＝7:3，中期根据群体结构与数量及色差诊断进行倒4、倒3色差诊断。穗肥调控：基肥、穗粒肥＝6:5；磷、钾肥全部作基肥。

灌溉：寸水话棵 → 浅水促苗 → 搁田(够穗苗≥80%) → 间歇灌溉 → 干湿交替 → 断水硬田

病虫草防治：

旱育秧
1. 种子处理：浸种前两晒种1天，用4.2%浸种灵2毫升或25%咪鲜胺2毫升加水5～10千克，浸4～5千克种子浸泡36小时。
2. 苗床处理：播种前每平方米用70%敌克松2.5克，对水1.5千克喷洒，并及时排水降渍，移栽前每667平方米用3号壮秧剂防病；移栽前1天，每667平方米用74% Bt与杀虫单复配剂(加51%特杀螟)60克加20%中科宁100克对水均匀喷雾，预防秧田白叶枯病、飞虱、稻纵卷叶虫，预防秧田灰飞虱。

大田化除：水稻移栽前2天，每667平方米用12%恶草酮乳油200毫升直接均施于稻田，以杀本田多种杂草稗草。移栽前后4～6天，每667平方米用50%苯噻草胺可湿性粉剂30～40克，拌湿润细土或化肥撒施，阔叶草为主防稗草、莎草、阔叶草。移栽后7天，每667平方米用14%乙草胺可湿性粉剂50克拌毒土撒施。

1. 分蘖末期孕穗期：重点防治稻飞虱、纹枯病，达防治指标，每667平方米加25%扑虱灵粉剂60～80克加20%阿维·哒螨60～80毫升。穗始见中心病株同时加20%叶枯宁100克防病。
2. 孕穗至破口期：重点防治纹枯病、稻曲病，预防稻曲病和稻瘟病，二化螟、稻纵卷叶螟每667平方米加40%毒死蜱100毫升90%杀虫单70克加10%吡虫啉40%稻瘟灵100克对水均匀喷雾。
3. 抽穗期至灌浆初期：重点防治稻飞虱、纹枯病及稻曲病等穗期病害，视病虫情况，每667平方米用40%纹瘟净90%水对单70克加10%真灵水乳剂120毫升对水40千克均匀喷雾。灌浆中后期(9月上、中旬)重点查治正飞行的稻飞虱，每667平方米可选用48%乐斯本80毫升分散均匀，或667平方米加5%锐劲特悬浮剂30～40毫升加48%乐斯本80克对水60千克喷治。

14. 丰两优 1 号单季稻机插秧高产栽培技术模式图

月份	5 月			6 月			7 月			8 月			9 月			10 月		
	上	中	下	上	中	下	上	中	下	上	中	下	上	中	下	上	中	下
节气	立夏	小满	芒种	夏至		小暑	大暑		立秋	处暑		白露	秋分		寒露	霜降
产量构成	机插 667 平方米产量结构：667 平方米有效穗数 16 万～17 万，每穗粒数 180～200 粒，结实率 85% 左右，千粒重（26±0.5）克。																	
生育时期	秧田期（20±2）天 [6/5～12 移栽]						有效分蘖期 6/20～7/2		7/25 前拔节	8/20～30 孕穗			8/20～30 抽穗			10/5～10/15 成熟		
	机插 667 平方米 650 千克的产量指标 5/15～20 播种																	
主茎叶龄期	0	1	2	3	4	5	6	7	8	9	10	11⑫ 13	14	15	16 17			
茎蘖动态	移栽叶龄 3～4 叶，移栽 667 平方米茎蘖苗 4 万～6 万，有效分蘖临界叶龄期（○12 叶期），拔节期（△15 叶期），每 667 平方米茎蘖数 20 万～21 万，抽穗期每 667 平方米茎蘖苗 18 万～19 万，成熟期每 667 平方米茎蘖数 17 万～18 万。																	
育秧	按秧大田比 1：（80～100）留足苗床，每 667 平方米秧田备足冬季冻融风化与客粉肥，过细的营养土 100～120 千克，采用精平秧板→放塑料软盘→铺平底土→均匀播种→盖土→封膜等一揭膜管理的作业流程期培育壮秧，苗播量 120～150 千克左右，在 667 平方米大田用种量 1.5 千克左右，折每盘用干种 75～90 克（芽谷 95～105 克）。																	
栽插	机械栽插：行株距 30 厘米 ×（13.1～14.7）厘米，每 667 平方米栽 1.69 万～1.51 万穴，每穴 2～3 苗，667 平方米基本苗 3～5 万基本苗。																	
施肥	培肥：选择原田天，施松、方便靠近田块田适蓄运秧的田块做苗床，培肥基本同样育苗床。			基肥：在前茬秸秆粉碎还田或 667 平方米施 1 500 千克有机肥的基础上，667 平方米施尿素 11.5 千克、过磷酸钙肥 35 千克、氯化钾 13 千克，使土肥混匀，耙平、沉浆 1～2 天后做插。			分蘖肥：栽后 3～5 天，667 平方米施尿素 3～5 千克，结合化除再施。			促花壮秆肥：倒 4 叶期每 667 平方米施尿素 7.5 千克、氯化钾 8.5 千克。			保花壮秆肥：倒 1.5 叶期每 667 平方米施尿素 5～7.5 千克。			肥料运筹总体原则：本田总施纯氮量控制在每 667 平方米 13～15 千克，氮磷钾比例 = 3：1：3。N 肥运筹按基蘖肥：穗肥 = 6：4，倒 3 叶色差诊断进行穗肥调控；钾肥基蘖肥：穗肥 = 6：4；磷肥全部作基肥。		
灌溉	育秧前旋耕耙平后精细做畦，畦松平后灌作催芽田水、齐苗后灌蒙胧水，保证苗床水不干不湿，以利机插。			薄水精整地，待泥浆沉淀后机插，栽插后的 1 周内实施日灌夜露。晴露阴露的间隙灌方式，分田建立严重的自然灌水漏田，通过多次轻搁田达到全田土壤沉实不陷脚，叶色褪淡为度，接节交替的水分概为 7 天。																
病虫草防治	1. 种子处理：浸种前晒种 1 天，用 4.2% 浸丰 2 毫升或 25% 咪鲜胺 2 毫升加水 5～10 千克，浸 4～5 千克稻谷，浸泡 36 小时。2. 苗床处理：播种前每平方米用 70% 敌克松 2.5 克，对水 1.5 千克均匀喷洒，并及时排水降渍，以防立枯病。3. 移栽前预防：移栽前 3～4 天，每 667 平方米用 74% Bt 与杀虫单复配剂（如 51% 特杀复） 60 克对水 20 升叶面喷雾防稻纵卷叶螟、稻螟虫、稻蓟马。			大田化除：水稻移栽前 1 天，每 667 平方米用 12% 恶草酮乳油 200 毫升直接均匀撒施于大田，防除多种杂草。移栽后 4～6 天，每 667 平方米用 50% 苯噻酰草胺 60 克拌细土或化肥撒施，以防治的水稻田为主的田块。			2～4 叶期用 36% 二氯·苄可湿性粉剂每 667 平方米 65 克致除稻立枯病、稻秧螟虫、稻飞虱，稻防治白叶枯病。			3. 抽穗期至穗浆初期：重点防治稻飞虱、稻纵卷叶螟、纹枯病，视病虫情报、纹枯病用 25% 井冈灵乳油 100 毫升，每 667 平方米用 40% 毒死蜱乳油加 90% 杀虫单 70 克加 20% 吡虫啉有效成分对水 40 千克均匀喷雾防治。4. 灌浆中后期（9 月上、中旬）重点查治稻飞虱、纹枯病，667 平方米可用 5% 锐劲特悬浮剂 30～40 毫升加 48% 乐斯本 80 毫升对水 60 千克均匀喷雾防治。					

15. 新两优 6 号单季稻手插秧旱育稀植栽培技术模式图

月份	5月			6月			7月			8月			9月			10月		
	上	中	下	上	中	下	上	中	下	上	中	下	上	中	下	上	中	下
节气	立夏		小满	芒种		夏至	小暑		大暑	立秋		处暑	白露		秋分	寒露		霜降
目标产量及构成	目标产量：750 千克/667 平方米 产量结构：667 平方米有效穗数 17 万～18 万，每穗粒数 200～220，结实率 85%，千粒重 28.0 克左右。																	
生育时期	播种　秧田期			移栽　有效分蘖期　无效分蘖期			拔节　拔节长穗期			抽穗　灌浆结实期						成熟		
主茎叶龄期	0　1　2　3　4　5　6　7　8　9　10　⑪　12　13　14　15　16																	
茎蘖消长动态	移栽叶龄 6～7 叶，单株带蘖 2～3 个，移栽 667 平方米茎蘖苗 6 万～8 万　拔节期每 667 平方米茎蘖 24～26 万　抽穗期每 667 平方米茎蘖 18 万～19 万　成熟期每 667 平方米穗数 17 万～18 万。																	
育秧	冬前就近大田选择选疏松肥沃旱地或排水爽畅的稻田准备旱育苗床，按要求培肥，苗床净面积按秧大田比 1：（20～25）的比例积准备；播种前 15 天施肥、整畦；按 667 平方米大田 1 千克准备杂交稻种子、预先处理；整理好苗床择期稀播，每平方米净苗床播芽谷种子 35～40 克；秧龄 30～35 天左右。																	
整地与插秧	小麦收获时同步秸秆粉碎均匀抛洒，及时干旋耕并施基底肥，使得土肥混匀，后复水耖耙整平上耖口肥浅水待植； 人工栽插；行穴距 30 厘米×13～15 厘米，667 平方米栽 1.5 万～1.7 万穴，每穴 4～5 个茎蘖苗，每 667 平方米 6 万～8 万基本苗。																	
施肥	培肥苗床：要求年前培肥苗床，施作物秸秆和腐熟农家粪各 3 千克/平方米，施后耕翻土中，播种前 15～20 天每平方米施过磷酸钙 60～75 克、尿素 20～30 克、氯化钾 25～30 克，耕翻 1～2 次，将土肥充分混匀。播种前是旱育壮秧剂，化学肥料和壮秧剂仅施于苗床土壤中。			苗床追肥：2.5 叶期追施“断奶肥”，每平方米追尿素 5～10 克，对水 100 倍均匀喷施，并喷清水洗苗；移栽前 2～3 天每平方米追 7.5～10 克尿素对水 100 倍作“送嫁肥”，并浇透水。			本田基肥：在留高茬秸秆还田或 667 平方米施 2 000千克有机肥的基础上，667 平方米施尿素 10 千克、磷肥 30～50 千克、钾肥 10～15 千克。		分蘖肥：栽后 3～5 天，667 平方米施尿素 5～7.5 千克，1 周后看苗酌施平衡肥 667 平方米施尿素 2.5 千克。			促花壮秆肥：倒 4 叶期施 667 平方米用尿素 2.5～5 千克,氯化钾 5～7.5 千克。	保花壮籽肥：倒 1.5 叶期施 667 平方米用尿素 7.5 千克。或叶枕平时，667 平方米施尿素 5 千克	肥料运筹总体原则： 本田总施纯氮量折算每 667 平方米 15～17 千克，氮磷钾比例 =3：1：（2～3）。 N 肥运筹按基蘖：穗 =6.5：3.5 或 6：4，中期根据群体结构与数量及倒 4、倒 3 叶色差诊断进行穗肥调控；钾肥基肥：穗粒肥 =6：4；磷肥全部作基肥。					
灌溉	旱育秧　薄水层　寸水活棵　（够穗苗≥80%）　搁田　间隙灌溉　干湿交替																	
病虫草防治	1. 种子处理：种子处理前晒种 1 天，用 4.2%浸丰 2 毫升或 25% 咪鲜胺 2 毫升加水 5～10 千克，浸 4～5 千克稻种，浸泡 36 小时。 2. 播种前每平方米用 70% 敌克松 2.5 克，对水 1.5 千克喷洒，并及时排水降渍，以防立枯病。 3. 移栽前预防：移栽前 5～7 天，每 667 平方米用 8000 单位 Bt 粉剂 75 克或 Bt 与杀虫单复配剂（如 51% 特杀螟）60 克加 20% 叶枯宁 100 克对水 30 千克均匀喷雾。				1. 大田化学除草：水稻移栽前 2 天，每 667 平方米用 12% 恶草酮乳油 200 毫升直接均匀撒施于稻田，可有效防除多种杂草。以稗草、莎草为主的常规移栽田，水稻移栽后 4～6 天，每 667 平方米用 50% 苯噻草胺可湿性粉剂 30～40 克，拌毒土撒施。以稗草、莎草、阔叶草为主的常规移栽田，水稻移栽后 7 天，每 667 平方米用 14% 乙苄可湿性粉剂 50 克拌毒土撒施。			1. 分蘖末期至孕穗期：重点防治稻飞虱、稻纵卷叶螟、纹枯病，达防治指标每 667 平方米用 25% 扑虱灵粉剂 60～80 克加 20% 阿维·唑磷60～80 毫升加 40% 纹霉星 60 克对水 40 千克均匀喷雾。白叶枯病始见中心病株田同时加 20% 叶枯宁 100 克喷雾。 2. 破口期至灌浆期：重点防治稻纵卷叶螟、二、三化螟、稻飞虱、纹枯病和稻曲病，每 667 平方米用 40% 毒死蜱 100 毫升加 90% 杀虫单 70 克加 20% 吡虫啉有效用量 4～5 克加 10% 真灵水乳剂 120 毫升加 40% 稻瘟灵 100 克（粳稻）对水 50 千克均匀喷雾。稻曲病重发年份一周后每 667 平方米再用 10% 真灵水乳剂 120 毫升补治一次。8 月中旬查治稻飞虱、纹枯病。					1. 孕穗期至灌浆期：每 667 平方米用 40% 毒死蜱乳油 100 毫升加 90% 杀虫单 70 克加 20% 吡虫啉有效用量 4 克加 10% 真灵水乳剂 120 毫升对水 40 千克均匀喷雾。 2. 灌浆中后期（9 月上、中旬）重点查治迁飞性的稻飞虱，药剂可选用 25% 阿克泰水分散粒剂 3～4 克 + 48% 乐斯本 80 毫升对水 60 千克/667 平方米喷雾防治，或 667 平方米用 5% 锐劲特悬浮剂 30～40 毫升 + 48% 乐斯本 80 毫升对水 60 千克喷雾防治。					

16. 新两优6号单季稻湿润育秧人工移栽栽培技术模式图

月份	4月	5月	6月	7月	8月	9月	10月
	下	上 中 下	上 中 下	上 中 下	上 中 下	上 中 下	上 中
节气	谷雨	立夏 小满	芒种 夏至	小暑 大暑	立秋 处暑	白露 秋分	寒露

目标产量及产量结构： 目标产量：700千克/667平方米；产量结构：667平方米有效穗数16.5万~17.5万，每穗粒数190~210，结实率85%以上，千粒重28.0克左右。

生育时期： 播种　移栽　有效分蘖期　无效分蘖期　拔节长穗期　抽穗　灌浆结实期　成熟

主茎叶龄期： 0 1 2 3 4 5 6 7 8 9 10 ⑪ 12 13 ⑭ 15 16

茎蘖消长动态： 移栽叶龄6~7叶，单株带蘖2~3个，移栽667平方米基本苗6万~8万，拔节期每667平方米茎蘖苗23万~25万，抽穗期每667平方米茎蘖17万~18万，成熟期每667平方米穗数16万~17万。

育秧： 按秧大田比1：(8~10)留足秧田，干播前10天整理秧田，适期均匀稀播育秧，秧田亩播量10~12.5千克，加强秧田肥水管理，1叶1心期喷施多效唑0.2克/平方米，浓度200~300m克/千克；秧龄30~35天。

整地与栽插： 小麦收获同步秸秆粉碎均匀抛撒，及时干旋耕并施基底肥，使得土肥混匀，每667平方米6万~8万基本苗；667平方米栽1.5万~1.7万穴，行穴距30厘米×13~15厘米，人工栽插。

施肥：

秧床准备：提前7~10天做成成式秧田，开沟整畦，畦宽1.2米左右，667平方米施有机肥2000千克，45%复合肥50千克，尿素10千克。

本田基肥：秸秆还田或667平方米施2000千克有机肥的基础上，每667平方米施尿素10千克，磷肥30~50千克，钾肥10千克。

苗床追施：2叶1心期追施"断奶肥"，每667平方米追施尿素5~7.5千克，移栽前2~3天追施"送嫁肥"，每667平方米追尿素5~7.5千克。

促花壮秆肥：栽后3~5天，667平方米施尿素5~7.5千克，1周后看苗酌施平衡肥，尿素2.5~5千克，氮化钾5~7.5千克。

保花壮籽肥：倒1.5叶期施667平方米施用尿素2.5~5千克，或叶龄，667平方米施尿素2.5千克。

肥料运筹总体原则：本田总施纯氮量折算每667平方米14~16千克，氮磷钾比例=3：1：2~3。N肥运筹按基蘖肥：穗肥=7：3或=6.3：3.5；钾肥基蘖肥：穗肥=6：4；磷肥全部作基肥。

灌溉： 湿水保墒　浅水促蘖（移栽苗≥85%）　搁田　间歇灌溉　干湿交替　灌浆　干湿交替　断水硬田

1. 大田化除：水稻移栽前2天，每667平方米用12%恶草酮乳油200毫升直接均匀撒施于稻田，以除多种杂草，防除草害。移栽前，水稻移栽后4~6天，每667平方米用50%苯噻草胺可湿性粉剂30~40克，拌湿润稻田灰撒施，以稗草、莎草为主的稻田，667平方米用14%乙苄可湿性粉剂50克拌毒土撒施。

病虫草防治：

1. 种子处理：浸种前晒种1天，用4.2%浸丰2毫升或25%咪鲜胺2毫升加水5~10千克，浸4~5千克稻种，浸泡36小时。
2. 苗床处理：每平方米用1.5千克立枯净。
3. 移栽前预防：每667平方米用74% Bt与单剂（如51% Bt特杀剂）60克配制，用20%叶枯宁对水40千克均匀喷雾防治秧田灰飞虱，预防白叶枯病。

1. 分蘖末期至孕穗期防治稻纵卷叶螟、稻飞虱、纹枯病，每667平方米用40%毒死蜱100毫升90%杀虫单70克单70克或40%纹枯星60克对水40千克均匀喷雾。
2. 孕穗至破口期：重点防治稻纵卷叶螟、二化螟、三化螟、稻飞虱、纹枯病，每667平方米用40%毒死蜱100毫升90%杀虫单70克单70克加10%吡虫啉有效成分加40%稻温灵100克对水50千克进行，重发稻曲病预防需在破口前7~10天进行，每667平方米再用10%井冈霉素年份一周一次，至灌浆期。

3. 抽穗期至灌浆初期：是黑虫情况，每667平方米用40%杀死蜱乳油100克加90%杀虫单70克加40克有效用量4克加10%真灵水乳剂120毫升对水40千克均匀喷雾。
4. 灌浆中后期（9月上、中旬）重点至治飞性的稻飞虱，每667平方米可选用25%扑虱灵80克分散粒剂3~4克加48%乐斯本80毫升对水60千克喷雾防治，或667平方米用5%锐劲特悬浮剂30~40毫升加48%乐斯本80毫升对水60千克均匀喷雾防治。

17. 新两优6号单季稻机插秧高产栽培技术模式图

月份	5月			6月			7月			8月			9月			10月		
	上	中	下	上	中	下	上	中	下	上	中	下	上	中	下	上	中	下
节气	立夏	小满	芒种		夏至		小暑	大暑		立秋		处暑	白露	秋分		寒露		霜降
生育时期	播种	苗床期		机插	缓苗	有效分蘖期		无效分蘖期	拔节	拔节长穗期		抽穗	灌浆结实期		成熟			
主茎叶龄期	0	1	2	3	4	5	6	789	10	11	12	13	14	15	16			

目标产量及产量构成： 目标667平方米产：650千克/667平方米产量构成：667平方米有效穗数17万~18万，每穗粒数180~200，结实率85%以上，千粒重27.5克左右。

茎蘖动态： 移栽叶龄3.5叶，667平方米插基本苗4.2万~5.4万。拔节期667平方米茎蘖26万~28万，抽穗期667平方米茎蘖18万左右，成熟期667平方米穗数17万左右。

育秧： 按秧大田比1:80留足种田，一般每667平方米大田需净秧床7~10平方米，提前培肥苗床，播前10天精做秧板，施足基肥；大田667平方米用种量1.5千克。秧龄20±2天。壮秧标准：成熟期667平方米大田备足过筛营养土100千克，拌种壮秧剂0.5千克。

整地与机插： 小麦收获时同步秸秆粉碎均匀抛撒，及时干旋耕并施基底肥，使得土肥混匀，后复水秒秒把整平上秒口肥沉实1~2天后浅水机插；行穴配置30厘米×11.7厘米或14.6厘米，13.1厘米插基本苗，苗栽1.5万/亩，每667平方米4.2万~5.4万基本苗。每穴2~3种子苗，每667平方米施尿素5千克。

施肥：

- 培肥育秧：苗床育秧，床土和苗盘育秧。床土和苗盘要用营养土，床土施磷酸二铵3千克，苗床每1~3天每平方米追施尿素5~7千克。充井用清水淋洗，注意苗床病虫害预防。
- 大田基肥：667平方米施用移栽前或机插前的基础上，667平方米施尿素10千克、磷酸二铵5千克，钾肥10~15千克。
- 分蘖肥：栽后5天，结合化除667平方米施尿素5~7.5千克，1周后施尿素5千克。
- 促花壮杆肥：倒4叶期施用667平方米施尿素5千克，或叶枕平时，667平方米施尿素2.5~5千克。
- 保花壮杆肥：倒1.5叶中期施667平方米施尿素5千克，或叶枕平时，667平方米施尿素7.5千克。
- 本田总施纯氮量折算每667平方米14~16千克，氮磷钾配比：3:1:（2~3）。N肥运筹按基蘖：穗=6:4。

灌溉：

薄水层　寸水活棵　够穗苗（≥80%）　摘田　同田　晒　灌　溉　干　湿　交替　断水硬田

（够穗苗≥80%）

盘育膜育秧

病虫草防治：

1. 种子处理：种子处理前晒种1天，用4.2%浸丰2毫升加25%咪鲜胺2毫升加水5~10千克，浸4~5千克稻种，浸泡36小时。
2. 苗期防治：播种前每667米用70%敌克松2.5克，对水1.5千克喷洒，并及时排水降渍，防立枯病。
3. 移栽前预防：移栽前5~7天，每667平方米用8000单位Bt粉剂75克或每平方米杀虫单75克特杀螟）60克加20%叶枯宁100克对水30千克均匀喷雾。

1. 大田化学除草：水稻移栽前2天，每667平方米用12%恶草酮乳油200毫升均匀撒施于稻田，封闭直接有效地减少杂草。以稗草、莎草为主的常规移栽田，水稻移栽后4~6天，每667米用50%苯噻草胺可湿性粉剂30~40克，拌草团撒施。以稗草为主的常规移栽田，叶龄移栽后14%乙可湿性粉剂50克拌毒土撒施。

1. 分蘖末期至孕穗期：重点防治稻飞虱、稻纵卷叶螟、纹枯病，达防治指标每667平方米用25%扑虱灵60~80克加20%阿维·唑磷60~80毫升，加40%纹霉星见中心病株田时加20%叶枯宁100克。
2. 破口期至灌浆期：重点防治稻飞虱、纹枯病、稻纵卷叶螟、二三化螟、稻飞虱，每667平方米用40%毒死蜱100毫升，每667米单70%杀虫单70克加40%真灵水乳剂120毫升有效，加4~5克单加重病重身份一周后667平方米用10%真灵水乳剂120毫升均匀喷雾，纹枯病一饮，8月中旬治稻飞虱、纹枯病。

1. 孕穗期至灌浆期：每667平方米用40%毒死蜱乳油100毫升加90%杀虫单70克加20%吡虫啉乳剂120毫升加10%真灵水乳剂40千克均匀喷雾。
2. 灌浆中后期（9月上、中旬）重点查治迁飞性的稻飞虱，药剂可选用25%阿克泰水分散粒剂3~4克+48%乐斯本80毫升对水60千克/667平方米水喷防治，或667平方米用5%锐劲特悬浮剂30~40毫升对水60千克喷雾防治。

18. 新两优6号单季稻旱育无盘抛秧栽培技术模式图

月份	5月			6月			7月			8月			9月			10月		
	上	中	下	上	中	下	上	中	下	上	中	下	上	中	下	上	中	下
节气	立夏	小满		芒种		夏至	小暑		大暑	立秋		处暑	白露		秋分	寒露		

目标产量及产量构成： 目标产量：600千克/667平方米。产量构成：667平方米有效穗16万~17万，每穗180~200粒，结实率85%左右，千粒重27.5克左右。

生育时期： 播种—秧田期—抛栽—有效分蘖期—无效分蘖期—拔节—拔节长穗期—抽穗—灌浆—结实期—成熟

主茎叶龄期： 0 1 2 3 4 5 6 7 8 9 10 11 12 13 14 15 16

茎蘖生长动态： 抛栽叶龄4叶左右，667平方米抛基本苗4.2万~5.4万；拔节期每667平方米茎蘖26万~28万；抽穗期每667平方米茎蘖17万~18万；成熟期每667平方米备足抽穗种壮秧剂0.5千克、早育保姆3千克，过筛养土30千克；适期均匀播种杂交稻，大田667平方米用种量1.5万~1.8万总，苗16.5万左右。

育秧： 按秧大田比1：(25~30)留足秧田，一般每667平方米大田需净秧床20~25平方米，提前培肥苗床，播前培肥基床；移栽期每667平方米大田需净秧床20~25平方米，播前10天精做秧床，施足基肥；667平方米大田备足抽穗种壮秧剂0.5千克、早育保姆1千克。秧龄25~30天。

整地与栽插： 落花收获时同步秸秆粉碎均匀抛撒，及时干旋耕并施基底肥，使得土肥混匀。后复水秒耙整平上秒口肥浅水待植，人工抛栽；点浆结合，均匀抛抛，苗抛1.5万~1.8万总，均匀抛撒。

施肥：
- 苗床培肥：要求年前耕肥施肥，施作物秸秆和腐熟农家类3千克，过筹养土30千克，播种前15~20天每平方米追过磷酸钙60~75克、尿素20~30克、氯化钾25~30克，拌翻1~2次，将土肥充分混匀。播种前是旱壮秧剂混剂，化学旱壮秧剂100倍液施于苗床土壤中。
- 苗床追肥：2叶1心期追施"断奶肥"，每平方米追施10克，对水100倍液施；移栽前每苗667平方米追尿素7.5~10克，将尿素对水100倍液施"送嫁肥"，并浇菁水透水。
- 本田基肥：667平方米施有机肥折氮3千克的有机肥，施尿素10千克，对水施磷酸钙30~50千克，钾肥10千克。
- 分蘖肥：抛后5天，结合化除667平方米施尿素2.5~5千克。
- 保花壮籽肥：倒1.5叶期施肥节后5~7叶期每667平方米施尿素5千克或在叶枕平时、667平方米施氯化钾10千克。
- 促花壮籽肥：拔节后2.5米施尿素5千克、氯化钾10千克。

肥料运筹总体原则： 本田总施纯氮量折算每667平方米13~15千克，氮磷钾比例=3：1：2。N肥运筹按基蘖：穗=6.5：3.5或3：穗肥全部作基肥。基肥：蘖肥：穗粒肥=5：5；磷肥全部作基肥。

灌溉： ≥够穗苗80%（够穗苗≥80%）
- 薄水活根—浅水促蘖—够苗晒田—浅水促肥—间歇灌溉—喷灌—间灌—灌溉—干湿交替—干湿交替—断水硬田

病虫草防治与灌溉阶段：
1. 大田化除：水稻移栽前2天，每667平方米用12%恶草酮乳油200毫升直接均匀撒施于稻田，可有效防除多种杂草。以稗草、莎草为主的稻田，水稻移栽前4~6天，每667平方米用50%丙草胺乳油可湿性粉剂30~40克、莎草、阔叶草为主的稻田，移栽前5~7天，每667平方米用7天，每667平方米可用精克星14%乙苄可湿性粉剂50克拌土撒施。

1. 分蘖末期至孕穗期：重点防治稻飞虱，稻纵卷叶螟、纹枯病，达防治指标每667平方米用25%扑虱灵粉剂60~80克加20%阿维·唑磷60~80毫升或40%纹囊星50~80克对水均匀喷雾。白叶枯病始见中心病株田间加20%叶枯宁100克喷雾。
2. 孕穗至破口期：重点防治稻纵卷叶螟、二化螟、三化螟、稻飞虱，预防稻曲病和稻瘟病每667平方米用40%毒死蜱80~90毫升杀虫单70克加20%吡虫啉40%稻瘟灵100克对水均匀喷雾。稻曲病预防需在破口前7~10天进行，每667平方米用48%乐斯本发年定平均后加10%真灵水乳剂120毫升对水喷雾。

3. 抽穗期至灌浆初期：是病虫情况。每667平方米用40%毒死蜱乳油100毫升加90%杀虫单70毫升加20%吡虫啉有效用量4克加10%真灵水乳剂120毫升对水40克干克均匀喷雾。
4. 灌浆中后期（9月上、中旬）。重点着盏迁飞性的稻飞虱，667平方米可选用25%阿克乐斯本分散剂3~4克对水60千克、48%乐斯本80毫升对水60千克喷雾防治，667平方米用5%锐劲特悬浮剂30~40毫升对水48%乐斯本80毫升对水60千克喷雾防治。

19. 丰两优4号单季稻旱育手插秧高产栽培技术模式图

月份	5月			6月			7月			8月			9月			10月		
	上	中	下	上	中	下	上	中	下	上	中	下	上	中	下	上	中	下
节气	立夏	小满	芒种		夏至		小暑	大暑		立秋	处暑		白露	秋分		寒露		霜降
目标产量及构成	目标产量:750千克/667平方米 产量结构:667平方米有效穗数17万~18万,每穗粒数200~220,结实率85%,千粒重28.5克左右。																	
生育时期	播种			移栽		有效分蘖期	无效分蘖期	拔节		抽穗			灌浆结实期			成熟		
主茎叶龄期	0 1 2		3 4 5	6 7	8	9 10 [11] 12 13			15	16 (17)								
茎蘖消长动态			移栽叶龄6~7叶,单株带蘖2~3个,移栽667平方米茎蘖苗6万~8万,每667平方米穗数17万~18万				拔节期667平方米茎蘖24万~26万			抽穗期每667平方米茎蘖18万~19万						成熟期		
育秧前	冬前临近大田选择疏松肥沃旱地或排水良好的稻田准备育苗床,按要求培肥,苗床净面积按秧大田比1:20的比例标准备;备杂交稻种子,预先处理;整理好苗床择期稀播,每667平方米净秧苗床播芽谷种子35~40克;秧龄30~35天左右。																	
整地与栽插	小麦收获时同步秸秆粉碎均匀抛散,及时干旋耕并培基底肥,667平方米栽1.5~1.7万穴,每穴水抄耙整平上抄口肥浅水待插,每667平方米6万~8万基本苗; 人工栽插:行穴距30厘米×13~15厘米,667平方米栽1.5~1.7万穴,667平方米栽6万~8万基本苗。																	
施肥	培肥苗床:苗床前肥苗"断奶肥":施作物秸秆和腐熟农家粪3千克/平方米,施过磷酸钙土杂肥5~10克/平方米,施土杂肥15~20克平方米。2.播种前每平方米过磷酸钙60~75克,对水尿素20~30克,拌翻4~5次,氯化钾25~30克,拌翻均匀,将土肥充分混合。播种前是旱育壮秧剂,化学肥料和壮秧剂仅施于苗床土壤中。			培肥苗床:2.5叶施苗床"断奶肥"每平方米施尿素5~10克,对水100倍喷施,移栽前2~3天每平方米施尿素7.5~10克作"送嫁肥",并浇水透水。			本田基肥:留高茬稻秆还田或施2000千克/667平方米有机肥,667平方米施尿素10千克,磷肥30千克,钾肥10~15千克作底肥。	分蘖肥:在栽后3~5天,667平方米施尿素7.5~10千克后再667平方米施尿素7.5千克,施平衡肥,667平方米施尿素2.5千克。		促花壮秆肥:倒4叶期施667平方米用尿素2.5~5千克,氯化钾7.5~7.5千克。			保花壮秆肥:倒1.5叶期施667平方米用尿素7.5千克或叶枕平时,667平方米施尿素5千克。	肥料运筹总体原则:本田总施纯氮量折算每667平方米16~18千克,氮磷钾比例=3:1:(2~3);N肥运筹基蘖肥:穗=6.5:3.5或6:4,中期根据苗情与穗数量及倒4、倒3叶期色差诊断进行穗肥调控;钾肥基肥:穗肥全部作基肥;磷肥全部作基肥。肥=6:4。					
灌溉	旱育秧		寸活苗	薄水层		水活棵	够穗苗(≥85%)		搁田间	跠	湿	灌	溉	干	湿	稻	交	替
病虫草防治	1.种子处理:种子播种前晒种1天,用4.2%浸丰2毫升或25%咪鲜胺2毫升加水5~10克,浸丰5~10克,浸种36小时。2.播种前每平方米用70%敌克松2.5克,对水1.5千克喷洒,并及时排水降渍,以防立枯病。3.移栽前预防:移栽前5~7天,每667平方米用8000单位Bt粉剂75克或Bt与杀虫单复配2.5千克,60克加20%叶枯宁100克均匀喷雾。			1.大田化学除草:水稻移栽前2天,每667平方米用12%恶草酮乳油200毫升直接均匀撒施干稻田,可有效防除多种常规莎草科杂草。移栽后4~6天,每667平方米用50%苯噻草胺可湿性粉剂30~40克,拌细土撒施;以稗草、莎草为主的常规移栽田,水稻移栽后7天,每667平方米用14%乙苄可湿性粉剂50克均匀拌细土撒施。			1.分蘖期至孕穗期:重点防治稻飞虱、稻纵卷叶螟、纹枯病,达防治指标667平方米直用12%恶草酮乳油60~80克加20%阿维·唑磷60~80毫升加40%纹霉星60克对水40千克均匀喷雾。2.破口期至孕穗灌浆期:重点防治稻和稻曲病,每667平用三化螟、纹枯病和稻曲病,每667平方米用40%毒死蜱100毫升加90%杀虫单70克加20%咪虫啉有效成分量4~5克见真100克对水均匀喷雾。(梗稻)栽后7天,每667平方米再用10%真灵乳油120毫升对水50千克均匀喷雾,稻曲病重复年份一周补治一次。8月中旬可查治稻飞虱、纹枯病。										1.孕穗期至穗浆期:每667平方米用40%毒死蜱乳油100毫升加90%杀虫单70克加咪虫啉有效成分量4克加10%吡虫真水乳剂120毫升对水40千克均匀喷雾。2.灌浆至飞虫的稻飞虱、药剂可选择25%阿克阿克飞散粒剂3~4克+48%乐斯本80毫升对水60千克/667平方米锐劲特喷雾防治,或667平方米用5%锐劲特悬浮剂30~40克对水+48%乐斯本80毫升加对水60千克均匀喷雾防治。					

20. 丰两优4号单季稻湿润育秧人工移栽栽培技术模式图

月份	5月			6月			7月			8月			9月			10月		
	上	中	下	上	中	下	上	中	下	上	中	下	上	中	下	上	中	下
节气	立夏	小满	芒种		夏至		小暑		大暑	立秋		处暑	白露		秋分	寒露		
目标产量及构成	目标产量：700千克/667平方米 产量结构：667平方米有效穗数16.5万～17.5万，每穗总粒数190～210，结实率85%以上，千粒重28.5克左右。																	
生育时期			播种	秧田期	移栽		有效分蘖期	无效分蘖期	拔节长穗期				抽穗	灌浆结实期		成熟		
主茎叶龄期		0 1 2		3	4	5	6	7	8 9 10	⑪	12 13	△	15	16	(17)			
茎蘖消长动态	移栽叶龄6～7叶，单株带蘖2～3个，移栽667平方米基本苗16万～17万；移栽667平方米茎蘖苗6万～8万；拔节期每667平方米茎蘖23万～25万；抽穗期每667平方米成穗17万～18万；成熟期每667平方米施多效唑0.2克/平方米。加强秧田肥水管理，1叶1心期浅水管理，每667平方米6万～8万基本苗。																	
育秧	按标大田比1：(8～10)留足秧田，干播前10天整理秧田，秧田均匀稀播湿润育秧，适期均匀稀播浅水待插，秧田播量15～25千克，秧龄30～35天。																	
整地与栽插	小麦收获时同步秸秆粉碎均匀抛撒，及时干旋耕并施基底肥，使得土肥均混合，后复水耙整平上秒口浅水待插。人工栽插：行穴距26.4厘米×16.5厘米或28.1厘米×14.9厘米，每穴4～5本茎蘖苗，每667平方米6万～8万基本苗。																	

施肥

秧田准备：
提前7～10天做成合式秧田，畦面7～10厘米或施25%咪鲜胺2毫升兑水5～10千克，浸4～5千克稻种，浸泡36小时。
2. 苗床处理：苗床播种前每667平方米用70%敌克松2.5克，对水1.5千克喷洒，并及时排水降渍，以防立枯病。
3. 移栽前的预防：移栽前2天，每667平方米用74%Bt与杀虫双复配剂（如51%特杀灵）60克均匀喷雾，预防白叶枯病。

苗床追肥：2叶1心期追施"断奶肥"，每667平方米追施尿素5～7.5千克，移栽前5～7.5千克，移栽前2～3天追施"送嫁肥"，每667平方米追尿素5～7.5千克。

大田基肥：在留足基肥的基础上，本田还田或667平方米用乳清200毫升直接均匀撒施于稻田，可有效防除多种杂草。以单草为主的稻田，水稻移栽后4～6天，每667平方米用50%苯噻草胺·苄嘧磺隆可湿性粉剂30～40克加土撒施。以阔叶草、莎草为主的稻田，水稻移栽后7～10天进行，每667平方米用14%乙苄可湿性粉剂50克拌土撒施。

本田基施：秸秆还田667平方米或667平方米施平衡肥，每667平方米施尿素10千克，磷肥30～50千克，钾肥10千克。

分蘖肥：栽后3～5天，667平方米用尿素5～7.5千克，后期每667平方米施尿素2.5千克。

促花壮秆肥：倒4叶期施，667平方米施尿素2.5～5千克，氯化钾5～7.5千克。

保花壮秆肥：倒1.5叶期施，667平方米用尿素5千克，成叶正水时，667平方米施尿素5～7.5千克。
N肥运筹按基蘖肥：穗=7：3 或 穗=6.3：3.5；钾肥：穗粒肥=6：4；磷肥全部作基肥。

肥料运筹总体原则：
肥料总施纯氮量折算每667平方米14～16千克，氮磷钾比例=3：1：2。

灌溉 湿润育秧 → 寸水活棵 浅水促蘖 → 够苗搁田（移栽苗≥85%）→ 间 灌 搁 间 灌 搁 间 灌（干 湿 交 替）→ 断水硬田

1. 分蘖末期至孕穗期：水稻移栽前2天，每667平方米用12%恶草酮乳油200毫升直接均匀撒施的稻田。以单草为主的稻田，水稻移栽后4～6天，每667平方米用50%苯噻·苄可湿性粉剂30～40克加土撒施。以阔叶草、莎草为主的稻田，水稻移栽后7～10天，667平方米用14%乙苄可湿性粉剂50克拌土撒施。

2. 孕穗破口期：重点防治稻飞虱，稻纵卷叶螟，纹枯病，稻温病，稻曲病等。以667平方米用70%杀虫单70克加20%吡虫啉120毫升均匀喷雾。破口前7～10天进行，发病年份需在破口前一周再用10%真灵乳剂120毫升乳剂加一次。

病虫草防治

重点防治稻飞虱，稻纵卷叶螟，纹枯病，达防治指标每667平方米用25%扑虱灵60～80克加20%阿维·噢霉素60～80毫升加40%纹霉星60克对水40千克均匀喷雾。白叶枯病始中心病株田同时加20%叶枯宁100克喷雾。

3. 抽穗期至灌浆初期：是病虫情况，每667平方米用40%毒死蜱乳油100毫升加90%杀虫单70克加20%吡虫啉有效用量4克加10%稻腾20毫升吡虫啉120毫升对水40千克均匀喷雾。

灌浆中后期（9月上、中旬）每667平方米可选用25%阿克锐分散粒剂3～4克加48%乐斯本80毫升对水60千克锐劲特悬浮剂30～40毫升对水80毫升乐斯本80毫升乳剂加48%乐斯本60千克均匀喷雾防治。

21. 丰两优4号单季稻机插秧高产栽培技术模式图

月份	5月			6月			7月			8月			9月			10月		
	上	中	下	上	中	下	上	中	下	上	中	下	上	中	下	上	中	下
节气	立夏	小满	芒种	夏至		大暑	小暑		立秋			处暑	白露		秋分	寒露		霜降

目标产量及产量构成： 目标667平方米产：650千克；667平方米有效穗数17万，每穗粒数180~200，结实率85%以上，干粒重28.0克左右。

生育时期： 播种　苗床期　缓苗　苗期　机插　有效分蘖期　无效分蘖期　拔节长穗期　抽穗　灌浆　结实期　成熟

主茎叶龄期： 0　1　2　3　4　5　6　7 8 9　10　12 13 15 16（17）

茎蘖动态： 移栽叶龄3.5叶，667平方米插基本苗4.2万~5.4万；拔节期667平方米茎蘖26万~28万；抽穗期667平方米茎蘖18万左右；成熟期每667平方米穗数17万左右。

育秧： 按秧大田比1：80 留足秧田，一般每667平方米大田需净秧床7~10平方米，提前培肥苗床，播前10天精做秧板，施足基肥；667平方米大田备足过筛营养土100千克，拌种壮秧剂0.5千克，适期均匀播种软盘或双硬盘育苗；大田667平方米种量1.5千克。秧龄15~21天。

整地与机插： 小麦收获时同步粉碎秆均匀抛撒，及时水旋耕并施基底肥，反复水耖耙整平上耖口肥沉实1~2天后浅水机插；行穴距30厘米×11.7厘米，13.1厘米，667平方米栽1.5~1.8万穴，每穴2~3种2.5~5种基本苗，每667平方米4.2万~5.4万基本苗。

施肥：
- 培肥育秧床土和盘育旱秧：1.苗床育秧，原则上同旱育秧秧，苗床不需追肥和泼水，机插前1~3天667平方米苗床用尿素5千克，兑水用清水淋洗，注意病虫害预防。2.播种前每平方米用70%敌克松2.5克，对水1.5千克喷洒，并及时排水降渍，防立枯病。3.每平方米用单位（如51%特靈腙）60克杀虫复配剂8000倍液，20%叶宁100克对水30千克均匀喷雾。
- 大田基肥：667平方米施有机肥或折算3千克的整3天667平方米苗床上，667平方米施尿素10千克，磷酸二铵30~50千克，钾肥10一千克。
- 分蘖肥：栽后5天，结合化除667平方米用尿素7.5千克，1周后再667平方米施尿素5千克。
- 促花壮秆肥：倒4叶期施667平方米用尿素5千克或氯化钾7.5千克。
- 保花壮粒肥：倒1.5叶期施667平方米用尿素5千克或枕平肥7.5千克，667平方米施尿素2.5~5千克。
- 本田总施纯氮量折算每667平方米14~16千克，氮磷钾平衡：3：1：（2~3），N肥运筹按基蘖：穗=6：4。

灌溉： 薄水层　寸水活棵　摘田（够蘖苗≥80%）　间歇灌溉　干湿　交替

病虫草防治：
1. 种子处理：种子处理前晒种1天，用4.2%浸丰2毫升或25%咪鲜胺2毫升加水5~10千克，浸4~5千克稻种，浸泡36小时。
2. 大田化学除草：水稻移栽前2天，每667平方米用12%恶草酮乳油200毫升加水直播，可有效防除多种杂草；以阔草、莎草为主的常规移栽稻，水稻移栽后7天，每667平方米用14%乙苄可湿性粉剂50克拌湿土撒施。
3. 分蘖末期至孕穗期：水稻稻纵卷叶螟、稻飞虱，达防治指标60~80克每667平方米用25%扑虱灵60~80克加纹霉星60克对水40千克均匀喷雾。白叶枯病始见中心病株田同时加喷20%叶枯病100克。
4. 二、三化螟、稻飞虱，纹枯病和稻曲病每667平方米用70克加20%吨虫死味有效用量90%杀虫单70千克对水50千克40%稻瘟灵100克（粳稻）对水667平方米再用10%真灵乳油120毫升喷雾一次。8月中旬补治稻飞虱，纹枯病。
1. 孕穗期至孕穗浆期：每667平方米用40%毒死蜱乳油100毫升加70克加20%吨虫死味有效用量4克升10%真灵水乳剂120毫升均匀喷雾（9月上、中旬）。2.灌浆中后期（9月上、中旬），药剂可选用25%阿维素分散粒剂3~4克+48%乐斯本80毫升对水60千克/667平方米均匀喷雾防治，或乐斯本80毫升再加5%锐劲特悬浮剂30~40毫升对水60千克均匀喷雾防治。

22. 丰两优4号单季稻旱育无盘抛秧栽培技术模式图

月份	4月		5月			6月			7月			8月			9月			10月
	下	上	中	下	上	中	下	上	中	下	上	中	下	上	中	下	上	中
节气	谷雨	立夏		小满	芒种		夏至	小暑		大暑	立秋		处暑	白露		秋分	寒露	

目标产量及构成： 目标产量：600千克/667平方米；产量构成：667平方米有效穗16万~17万，每穗170~190粒，结实率85%左右，千粒重28.0克左右。

生育时期： 播种—秧田期—抛栽—有效分蘖期—无效分蘖期—拔节—拔节长穗期—抽穗—灌浆结实期—成熟

主茎叶龄期： 0 1 2 3 4 5 6 7 8 9 10 11 12 13 14 15 16(17)

茎蘖消长动态： 抛栽中期5~6叶左右，667平方米抛栽基本苗5万~7万，拔节期667平方米茎蘖17万~18万，抽穗期每667平方米茎蘖26万~28万，成熟期667平方米穗数16.5万左右。

整地与栽插： 抛秧大田比1：（20~25）留足秧田，一般每667平方米大田需净秧床20~25平方米，提前10天精做秧床，施足基肥；667平方米大田备足拌种壮秧剂0.5千克。旱育秧保姆1千克，过筛营养土30千克，适期均匀播种旱育秧：大田667平方米用种量1千克。秧龄25~30天。

小麦收获后同步秸秆粉碎均匀抛撒，及时干旋耕并施基肥，使得土肥混匀。后复水秒耙整平上秒口稍沃水待抛，均匀稀抛，667平方米抛1.5万~1.8万丛，苗基本苗5万~7万。人工地栽；点撒结合，均匀抛秧。

施肥：

培肥苗床：要求年前做培肥苗床，施作物秸秆和腐熟农家粪各3千克/平方米，施过磷酸钙15~20克/平方米，翻压土中，播种前15~20天每平方米施尿素10克，对水100倍均匀浇施，并喷清水洗苗。尿素20~30克，氯化钾25~30克，拌匀1~2次，每平方米施7.5~10克尿素对水100倍作苗床"送嫁肥"，并浇透水。

将壮秧剂充分混匀，播种前即是化学肥料和壮秧剂仅施于苗床土壤中。

本田基肥：667平方米施有机肥折算3千克·米施尿素10克/平方米，对水100倍均匀浇施，并喷清水洗苗。磷肥30~50千克，钾肥10千克。

分蘖肥：抛后5天，667平方米结合化除施尿素2.5~5千克。

保花壮秆肥：倒1.5叶期施667平方米施尿素2.5千克，氯化钾10千克。

促花壮秆肥：拔节后5~7天，667平方米施尿素5千克或在叶枕平期，667平方米施尿素5千克，齐穗后施叶面情喷施叶面肥。

肥料运筹总体原则：本田总施纯氮量折算每667平方米13~15千克。氮磷钾比例=3：1：2。N肥运筹按按基蘖：穗=6.5：3.5，或7：3；磷肥全部作基肥；钾肥运筹基蘖肥：穗粒肥=5：5。

灌溉： 寸水活棵—浅水促蘖—够穗苗（≥80%）—搁田（间）—灌溉—间灌溉—干湿交替—干湿交替—断水硬田

大田化除：水稻移栽前2天，每667平方米恶草酮乳油200毫升直接均匀撒施于稻田。可有效防除多种杂草。以单草、莎草、阔叶杂草为主的稻田，667平方米用50%苯草胺可湿性粉剂30~40克，莎草、阔叶草为主的田以单草、莎草、阔叶草施。后7天，每667平方米用14%乙可湿性粉剂50克拌毒土撒施。

病虫草防治：

1. 种子处理：浸种前晒种1天，用4.2%浸丰2毫升或25%咪鲜胺2毫升对水5~10千克，浸4~5千克稻种，浸泡36小时。
2. 苗期处理：播种前每平方米用70%敌克松2.5克对水1.5千克立喷洒，并及时排水降湿，以防立枯病。
3. 移栽前预防（如51%杀虫单74%粉）60克稻稻667平方米用100克对水40千克均匀喷雾，预防白叶枯病。

1. 分蘖末期至孕穗期：卷叶螟、纹枯病、稻飞虱，25%扑虱灵粉剂60~80克对水60~80毫升均匀喷雾；白叶枯病始中心病田同时加10%叶枯宁。
2. 孕穗至破口期：稻飞虱、三化螟、稻曲病。

3. 抽穗期至灌浆初期：是病虫情况，重点防治稻飞虱，每667平方米用40%毒死蜱乳油100毫升加90%杀单70克加20%叶虫星60克对水40千克加10%真灵水剂120毫升对水40千克均匀喷雾。
4. 灌浆中后期（9月上、中旬）每重点查治正飞性的稻飞虱，667平方米可选用25%阿克泰水分散粒剂3~4克加48%乐斯本80毫升对水60千克喷雾防治或667平方米用5%锐劲特悬浮剂30~40毫升对水60千克喷雾防治。

23.扬两优6号单季稻旱育秧人工移栽高产栽培技术模式图

月份	5月 上	5月 中	5月 下	6月 上	6月 中	6月 下	7月 上	7月 中	7月 下	8月 上	8月 中	8月 下	9月 上	9月 中	9月 下	10月 上	10月 中	10月 下
节气			小满	芒种		夏至	小暑		大暑	立秋		处暑	白露		秋分	寒露		霜降

项目	内容（按时间顺序）
生育规律·生育时期	播种　秧田期　移栽　有效分蘖期　无效分蘖期　拔节　拔节长穗期　抽穗　灌浆结实期　成熟
生育规律·各期所需天数	35～40　±16　±14　±28　±43(全生育期 136～141)
生育规律·主茎叶龄期	0 1 2 3 4 5 6 7 8 9 10 11 ⑫ 13 14 △15 16 17
生育规律·拔节伸长期	1 2 3 4 5 6
生育规律·茎蘖消长动态	移栽单株带蘖3个,667平方米基本茎蘖苗6万　667平方米茎蘖苗23.5 万　667平方米茎蘖苗≥20万　成穗 18 万(成穗率≥75%)
生育规律·叶色黄黑变化	黑　黄　黑　黄
叶面积指数	0　≥4　±0.8　±3　±4.5　±7.5　±6.5　±5　±3.5
栽培目标与技术·主攻目标	旱育壮秧　浅栽、早发、稳发、提早够苗　保证足穗、主攻大穗、稳健生长　养根保叶、提高结实率与充实度、改善品质
扩行窄株合理密植	667平方米播种20～25千克，秧大田比1:20。　667平方米栽1.5万穴(30厘米×13～15厘米)每穴 4 个茎蘖苗。
精确施肥技术·策略	培肥秧田、施足基肥、早施断奶肥、重施起身肥　秸秆还田、氮磷钾配合施N肥根据目标产量需氮量、正常土壤供氮量、氮肥利用率确定总施氮量17千克/667平方米，N肥运筹按基蘖:穗=(6.5～7):(3.5～3),中期根据群体结构与数量及倒4、倒3叶色差诊断进行穗肥调控
精确施肥技术·定量化要求	秧田667平方米用人畜肥60～80担培肥　2叶期，667平方米施尿素7.5～10千克;4叶期，看苗促平衡，667平方米施尿素量5千克;拔秧前2～3天，亩施尿素量10千克。　基肥：在留高茬或秸秆全量还田基础上，667平方米施尿素12千克、磷肥30～50千克、钾肥10～15千克。　栽后2～3天，亩施尿素7.5千克，1周后看苗酌施平衡肥亩施尿素0～2.5千克。　倒4叶期施667平方米用尿素10千克，氯化钾5～7.5千克，或45%复合肥30千克。　倒3叶期施667平方米用尿素7.5千克。或在倒2叶露尖，667平方米施尿素5千克。
定量节水灌溉技术	旱育秧　薄水层　寸水活棵　（够穗苗≥80%）搁田　间隙灌溉　干湿交替
病虫草害无公害防治·策略	重点防治稻螟、稻纵、稻飞虱，强化纹枯病、稻曲病的防治，采用保健栽培为主的农业防治，加强预测预报，采用高效低毒低残留农药与生物农药结合的无公害防治技术。
病虫草害无公害防治·防治方法	种子处理：种子处理前晒种 1 天，用 4.2% 浸丰 2 毫升或 25% 咪鲜胺 2 毫升加水 5 千克～10 千克，浸 4～5 千克稻种，浸泡 36 小时。　移栽前预防：移栽前5～7天,每667平方米用8 000单位Bt粉剂75克或Bt与杀虫单复配剂(如51%特杀螟)60克加20%叶枯宁100克对水30千克均匀喷雾。　化学除草：以稗草、莎草为主的常规移栽田，水稻移栽后4～6天，每667平方米用50%苯噻草胺可湿性粉剂30～40克，拌毒土撒施。以稗草、莎草、阔叶草为主的常规移栽田，水稻移栽后7天，每亩用14%乙苄可湿性粉剂50克拌毒土撒施。　分蘖期：每667平方米用8 000单位Bt粉剂75克或Bt与杀虫单复配剂(如51%特杀螟)80克加25%扑虱灵粉剂60克对水40千克均匀喷雾。白叶枯病始见中心病株田同时加20%叶枯宁100克均匀喷雾。　破口前5～7天：综防稻飞虱、纹枯病、稻曲病；8月中旬查治稻飞虱。　孕穗期至灌浆期：7月底至8月初：每667平方米用40%毒死蜱乳油100毫升加90%杀虫单70克加20%吡虫啉有效用量4克加10%真灵水乳剂120毫升对水40千克均匀喷雾。稻曲病重发年份一周后每667平方米再用10%真灵水乳剂120毫升补治一次。

栽培目标

单产指标:≥750千克;

667平方米穗数：16～28万

每穗粒数:200～220

结实率:85%

千粒重:28.5克

稻谷品质:主要指标达部颁二级或以上,

卫生品质:无公害.

株形指标：株高 115厘米,根系黄白而不黑，全株清秀老健成熟时有 3～4 张绿叶。其株型如下:

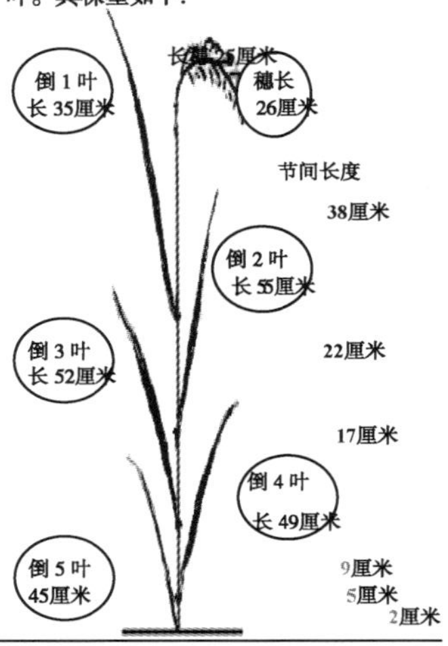

环境指标：产地环境符合 NY5116、DB34/T343.1

土壤有机质：±2.0%

土壤速效磷:15×10⁻⁶以上

土壤速效钾：±120×10⁻⁶以上

24.扬两优6号单季稻湿润育秧人工栽插栽培技术模式图

月份	5月 上	5月 中	5月 下	6月 上	6月 中	6月 下	7月 上	7月 中	7月 下	8月 上	8月 中	8月 下	9月 上	9月 中	9月 下	10月 上	10月 中	10月 下	栽培目标
节气	小满			芒种	夏至		小暑	大暑		立秋	处暑		白露	秋分		寒露	霜降		单产指标：±700千克；667平方米穗数：16～18万
生育时期	播种	秧苗期	移栽		有效分蘖期		无效分蘖期	拔节 拔节长穗期		抽穗	灌浆	结实		成熟					每穗粒数：190～200粒；结实率:85%

生育规律

- 各期所需天数：35～40（秧苗期）；±15；±15；±28；±43（全生育期136～141）
- 主茎叶龄期：0 1 2 3 4 5 6 7 8 9 10 11 △13 14 △ 16 17 1 2 3 4 5 6
- 拔节伸长期
- 茎蘖动态变化：移栽单株带蘖2～3个,667平方米基本苗6万～7万,667平方米最高苗23万,667平方米茎蘖苗≥19万,成穗16～18(成穗率≥70%)
- 叶色黑黄变化：黑 黄 黄 黑 黄
- 叶面积指数：0 ≥4 ±0.8 ±3 ±4.5 ±7.0 ±6.0 ±4 ±3.5

栽培目标与技术

主攻目标：旱育壮秧 → 浅栽、早发、进旱够苗；发、早发、稳发，进旱够苗 → 保证足穗、主攻大穗，稳健生长 → 养根保叶，提高结实率与充实度，改善品质

扩行控株合理密植：667平方米播种5～7.5千克,秧大田比1:(8～10)；667平方米栽1.5万穴30厘米×13～15厘米，每穴3～4个茎蘖苗

精确施肥定量化施技术要求

- 培肥快秧田，施足基肥，施腐熟农肥、重施断身肥
- 秧田667平方米用苹果7.5千克、过磷酸钙7.5千克、看苗足平衡，667平方米施尿素前2～3天,667平方米用尿素10千克,断乳肥30～80期米施断尿素5～7.5千克，667平方米离乳肥10千克
- 2叶1心期,南通高茬改，秧苗4叶期,施足基肥，秸秆全量还田基础上，667平方米施平衡667平方米尿素10～2.5千克，磷肥30克
- 秸秆还田，氮磷钾配合，N肥根据目标产量需氮量，正常土壤供氮量，正常土壤供氮量。N肥根据目标=(6.5～7)x(3.5～3),中期根据群体结构与数量及倒4,氮肥利用率确定总施氮量16千克/667平方米。基肥,在前高茬改平衡量，肥还期667平方米用尿素7.5千克,氯肥7.5千克,在倒3叶期施667平方米45%复合肥30千克/667平方米尿素干克。倒3叶期进行色诊断进行追肥调控，倒3叶色变黄根据株体结构与数量及倒4,

定量节水灌溉技术

薄水层 → 寸水活根 → 湿润 → 间歇（够苗苗≥85%）搁田 → 灌溉 → 干湿 → 交替

病虫草无公害防治

- 策略：重点防治稻瘟病、稻纵、稻飞虱、稻曲病，加强预测预报，采用保健栽培为主的农业防治，强化纹枯病、稻曲病的防治，采用高效低毒低残留农药与生物农药结合的无公害防治技术。
- 防治方法：
  - 种子处理：种子处理前晒种1～2天，前5～10千克,用4.2%氯苯肥升加液浸种5～7克或25%咪鲜胺乳油用4.2%浸种5～10千克，浸液36克升精液，浸液36千小时。
  - 化学除草：移栽前7天，每667平方米用8 000单位Bt8 000单位Bt杀虫用75克或单层硫铵BR-10升加水5～10千克,浸种60千克后2.5千克,浸精神，浸液36升均匀喷雾。
  - 分蘖期：每667平方米用8 000克油剂75克混平7.5千克,氯肥7.5千克,或在倒4叶露穗667平方米施尿素干克。
  - 化学除草：以草害为主,移栽后移栽,水稻移栽后4～6天,每667平方米用药50%来蘖粉剂30～40克,拌土撒施。以烯草酮,移栽叶鞘为主的除草剂施用,水稻移栽后7天,每667平方米叶14%乙平可湿性粉剂50克拌土撒施。
  - 破口前5～7天,冷糊期～灌浆期:每667平方米用40%稻瘟油100克与杀虫双配施(加51%米灵预警飞虱,纹枯病、稻曲病,8月上,曲病盛发年份～周后每用10%曲病同时加20%叶枯宁+栓宁100升加水50升均匀喷雾。7月底至8月初:7月底至8月初,速升加20%此虫咪喷效用量4毫升加水70克混浆水乳剂120毫升对水40千克均匀喷雾。稻病曲病发年份一周后每用10%真灵水剂120毫升对水1升治一次。

环境指标：产地环境符合 NY5116、DB34/T343.1
土壤有机质：±1.5%
土壤速效磷:12×10-6以上
土壤速效钾:100×10-6以上

株形指标：株高115厘米，全株清秀老健成熟时有3～4张绿叶，黑，其株型如下：

- 穗长 26厘米
- 节间长度 38厘米
- 倒1叶 长34厘米
- 倒2叶 长55厘米
- 倒3叶 长52厘米
- 倒4叶 长48厘米
- 倒5叶 长44厘米
- 22厘米
- 17厘米
- 9厘米
- 5厘米
- 2厘米

25.扬两优6号单季稻旱育无盘抛秧栽培技术模式图

栽培目标

- 单产指标：≥650千克；
- 667平方米穗数：18万
- 每穗粒数：190
- 结实率：80%
- 千粒重：28g
- 稻谷品质：主要指标达部颁二级以上，卫生品质：无公害。

株形指标：株高115厘米，全株清秀老健成熟时有3~4张绿叶。其株型如下：

- 株高115厘米
- 倒1叶 长34厘米
- 倒2叶 长55厘米
- 倒3叶 长52厘米
- 倒4叶 长48厘米
- 倒5叶 44厘米
- 节间长度：穗长25厘米、37厘米、22厘米、18厘米、10厘米、5厘米、2厘米

环境指标：产地环境符合 NY5116、DB34/T343.1
- 土壤有机质：±1.5%
- 土壤速效磷：±12×10⁻⁶
- 土壤速效钾：±100×10⁻⁶

月份	5月			6月			7月			8月			9月			10月		
	上	中	下	上	中	下	上	中	下	上	中	下	上	中	下	上	中	下
节气		小满		芒种	夏至		小暑		大暑	立秋		处暑	白露		秋分	寒露		霜降

生育规律

- 生育时期：播种—秧田期—移栽—有效分蘖期—无效分蘖期—拔节—孕穗—抽穗—灌浆—结实期—成熟
- 各期所需天数：35~40（秧田期）；±15；±15；拔节长穗期±28；±45（全生育期）
- 主茎叶龄期：0 1 2 3 4 5 6 7 8 9 10 11 12 13 14 15 16 17
- 拔节伸长期：1 2 3 4 5 6
- 全生育期136~141
- 增蘖动态：移栽单株带蘗2~3个，667平方米基本苗6万~7万，667平方米高峰苗24.5万，667平方米成穗苗≥18万（成穗率≥70%）
- 叶色黑黄变化：黑—黄—黑—黄—黑—黄
- 叶面积指数：0，±0.8，±3，±4.5，±7.0，±6.0，±4，±3.0，≥4

栽培目标与技术

精确定量化要求

- 主攻目标：浅栽、早发、进早够苗；保证足穗、主攻大穗、稳健生长；养根保叶、提高结实率与充实度、改善品质
- 扩行窄株合理密植：667平方米抛栽1.5万~1.7万丛，基本茎蘖苗6万~7万/667平方米
- 精确施肥策略：秸秆还田、氮磷钾配合，N肥运筹按基蘖肥：穗肥=7:3，中期根据群体结构与数量及叶色差诊断进行穗肥调控
- 定量化要求：
  - 基肥：在667平方米基础上，秸秆全量还田667平方米施尿素7.5千克，磷肥667平方米施后苗肥：磷肥30~50千克，钾肥10~15千克。
  - 分蘖期：每667平方米用尿素10千克，1周后用氯化钾5~7.5千克/667平方米
  - 倒4叶期：667平方米用尿素10千克，钾肥5~7.5千克或45%复合肥30千克
  - 在倒叶露尖、倒3叶期：667平方米用尿素5千克

定量节水灌溉技术

- 策略：寸水活棵、薄水发、够苗搁田、强化纹枯病、稻曲病的防治
- 方法：采用保墒旱育秧培养壮秧，加强预测预报，采用高效低毒低残留农药与生物农药结合的无公害防治技术。

病虫草害无公害防治

- 重点防治稻瘟病、稻纵、稻飞虱，采用农业防治
- 种子处理：以稀释、抄净为主，每667平方米用8000倍液25%特杀螟80克飞虱，纹枯病、稻曲病、白叶枯病、稻瘟病

26. 徽两优6号单季稻旱育秧人工移栽高产栽培技术模式图

月份	5月			6月			7月			8月			9月			10月		
	上	中	下	上	中	下	上	中	下	上	中	下	上	中	下	上	中	下
节气	立夏	小满	芒种		夏至		小暑		大暑	立秋		处暑	白露		秋分		寒露	霜降

目标产量及产量构成： 目标产量：750千克/667平方米。产量结构：667平方米有效穗数17万~18万，每穗粒数210~230，结实率85%，千粒重27.5克左右。

生育时期： 播种——秧田期——有效分蘖期——拔节——拔节长穗期——抽穗——灌浆——结实期——成熟

主茎叶龄期： 0 1 2 3 4 5 6 7 8 9 10 ⑪ 12 13 △ 15 16（17）

茎蘖消长动态： 移栽叶龄6~7叶，单株带蘖2~3个，移栽667平方米茎蘖苗6万~8万；拔节期每667平方米茎蘖18万~19万。成熟期667平方米穗数17万~18万。

育秧： 冬前就近大田选择选质疏松肥沃的稻田床或稻田畦水畅排水田，预先处理。整理好秧床择期稀播，每平方米净稻床播稻谷种子；秧龄30~35天左右。冬前就近大田选择选质疏松肥沃的稻床，整理好秧床择期稀播，每平方米净稻床播稻谷种子。按要求按床，苗床净面积按秧大田比1:20~25的比例准备。

整地与栽插： 落花收获时同步耕秆粉碎均匀抛撒，及时干旋耕并施基底肥，使667平方米栽1.5万~1.7万穴，每穴4~5个茎蘖苗，每667平方米6万~8万基本苗。人工栽插：行穴距30厘米×13~15厘米。

施肥：
- 培育壮秧：苗床：要求年前培育苗床，施作物秸秆利腐熟农家类各3千克；施4.2%浸丰2毫升或25%咪鲜胺2毫升浸泡土中，黄腐酸前15~20天每平方米均匀施，并喷清水洗苗；移栽前2~3天每平方米追施尿素20~30克，氯化钾25克，将土壤拌翻1~2次，将土旱育壮秧充分混匀，磷肥10千克，钾肥50千克，化学肥料和壮秧剂仅施于苗床土壤中。
- 苗床追肥："断奶肥"苗床追肥：2.5叶前培育苗，每平方米施尿素5~10克，施100天均匀施，并喷清水洗苗；移栽前2~3天每平方米追施尿素7.5~10克或平水100克，并浇透水。
- 本田基肥：本田基施留高茬秸秆还1周后看田，有机肥的基础米或2000千克，667平方米施平衡肥667平方米施尿素10千克，磷肥50千克，钾肥10~15千克。
- 分蘖肥：在分蘖后3~5天，667平方米追施尿素7.5~5千克，667平方米氯化钾2.5千克。
- 促花壮秆肥：例1.5叶中期施667平方米施尿素7.5千克，或平优穗时，667平方米施尿素5千克。
- 保花壮籽肥：例幼穗分化平1抄口肥浅水移植。
- 肥料运筹总体原则：本田总施纯氮量折算每667平方米15~17千克，氮磷钾比例=3:1:(2~3)。N肥运筹按基蘖：穗=6.5:3.5或6:4，中期根据穗肥调控与数量及例4，色差诊断进行穗肥调控。磷肥全部作基肥，钾肥基肥：穗肥=6:4；磷肥全部作基肥。

灌溉：（够蘖苗≥80%）
寸水活棵——薄水层——搁田——同田——湿——灌——漱——干——湿——交替——断水硬田

1. 大田化学除草：水稻移栽前2天，水稻移栽前2天，667平方米用12%恶草酮乳油200毫升直接均匀撒施全田，可直接有效防除多种杂草，以稗草、莎草为主的每株稻田667平方米用50%苯噻草胺100毫升，以稗草、莎草为主的667平方米用60克或杀稗，以稗草、莎草为主的667平方米撒施。以稗草、莎草为主的水稻移栽后14%乙苄可湿性粉剂50克拌毒土撒施。
2. 分蘖末期至孕穗期：水稻稻纵卷叶螟、纹枯病，达防治指标每667平方米维·唑嗪醇粉剂60~80克纹枯病，白叶枯病和稻曲病，重点防治稻纵卷叶螟，敌口期至灌浆期，重点防治稻纵卷叶螟、三化螟、稻飞虱，每667平方米用70克或20%吡虫啉40千克均匀喷雾。
3. 孕穗期至灌浆期：稻曲病重发年份667后每667平方米用10%真灵水剂120毫升均匀喷雾一次，8月中旬均匀喷雾，纹枯病。

病虫草防治：
旱育秧：
1. 种子处理：种子处理前晒种1天，用4.2%浸丰2毫升或25%咪鲜胺2毫升浸泡水5~10千克，浸4~5千克稻种，以浸泡36小时为宜。
2. 播种前每平方米用70%敌克松2.5克，对水1.5千克喷洒，并及时排水降防，以防立枯病。
3. 移栽前预防：移栽5~7天，每667平方米用8000单位Bt粉剂75克或51%特杀螟60克杀虫单配制（加51%Bt杀螟），20%叶枯宁100克对水30千克均匀喷雾。

1. 孕穗期至灌浆期：每667平方米用40%毒死蜱乳油100毫升加20%吡虫啉有效成分80克纹枯病，达防治指标60~80克纹枯病20%阿维·唑嗪醇粉剂60~80克纹枯病，白叶枯病始见中心病株时用25%阿�西多。
2. 灌浆中后期（9月上、中旬）重点查治迁飞性的稻飞虱，药剂可选用25%阿克粒剂3~4克＋48%乐斯本80毫升对水60克对水均匀喷雾，稻曲病重发年份用5%锐劲特悬浮剂30~40毫升加48%乐斯本80毫升对水60千克均匀喷雾防治。

27. 徽两优 6 号单季稻湿润育秧人工移栽高产栽培技术模式图

月份	5月 上	中	下	6月 上	中	下	7月 上	中	下	8月 上	中	下	9月 上	中	下	10月 上	中
节气	谷雨	立夏	小满		芒种		夏至	小暑		大暑	立秋		处暑		白露	秋分	寒露

目标产量及产量结构： 目标产量：700 千克/667 平方米。产量结构：667 平方米有效穗数 16.5 万~17.5 万，每穗粒数 200~220，结实率 85% 以上，千粒重 27.5 克左右。

生育时期： 播种—秧田期—移栽—抽穗—灌浆结实期—成熟。

主茎叶龄期： 秧田期—有效分蘖期—无效期—拔节长穗期。0 1 2 3 4 5 6 7 8 9 10 ⑪ 12 13 14 15 16 (17)

茎蘖消长动态： 移栽叶龄 6~7 叶，单株带叶 2~3 个，移栽 667 平方米穗数 17 万左右；移栽 667 平方米茎蘖苗 6 万~8 万，拔节期每 667 平方米茎蘖 23 万~25 万，抽穗期每 667 平方米茎蘖 18 万~19 万，成熟期每 667 平方米穗数 17 万左右。

育秧： 按秧大田比 1：（8~10）留足秧田，干播前 10 天整理秧田，适期均匀稀播化控湿润育秧，秧田苗播量 15~25 千克，秧田播量 15~25 千克，加强秧田肥水管理，1 叶 1 心期喷施多效唑 0.2 克/平方米，浓度 200~300 毫克/千克；移栽前 2~3 天追施"送嫁肥"，每 667 平方米施尿素 30~50 千克，秧龄 30~35 天。

整地与栽插： 落花收获时同步将秸秆粉碎均匀抛洒人工栽插：行穴距 30 厘米×13~15 厘米，667 平方米栽 1.5 万~1.7 万穴，每穴 4~5 苗，每 667 平方米基本苗 6 万~8 万基本苗。

施肥：

秧田准备：提倡 7~10 天做成合式秧田，开沟做畦，畦宽 2 米左右，1.2 米左右稻畦，浸泡 36 小时。2. 苗床移栽前播种前每平方米用 70% 敌克松 2.5 克，对水 1.5 千克立浇泼洒，并及时排水降渍，以防立枯病。3. 移栽前防治（如 50% 乐果乳油 667 平方米用 40% 稻瘟灵 60 克或 20% 叶枯宁 100 克对水 40 千克均匀喷雾防秧田灰飞虱，预防白叶枯病。

本田基肥：在留高茬留稻桩还田或 667 平方米施 2000 千克有机肥的基础上，667 平方米施尿素 10 千克、磷肥 667 平方米施磷肥 30~50 千克、钾肥 10 千克。

分蘖肥：栽后 3~5 天，667 平方米施尿素 5~7 千克。

促花壮秆肥：倒 4 叶期施 667 平方米施尿素 2.5~5 千克、氯化钾 5~7.5 千克。

保花壮秆肥：倒 1.5 叶期施 667 平方米施尿素 5 千克，或叶枕平时、667 平方米施尿素 2.5 千克。

肥料运筹总体原则：本田总纯氮量折算每 667 平方米纯氮量按 14~16 千克。N 肥运筹基蘖肥：穗肥=7：3 或 6.5：3.5；氮磷钾比例=3：1：2。钾肥运筹基蘖肥：穗粒肥=6：4；磷肥全部作基肥。

灌溉： 寸水活棵 浅水促蘖 够穗苗≥90% 间歇灌溉 干湿交替 湿润灌浆 干湿交替 断水硬田

1. 水稻移栽前 2 天，每 667 平方米用 12% 恶草酮乳油 200 毫升直接喷施于稻田，以防除多种杂草。水稻移栽后 4~6 天，每 667 平方米栽后 7 天，667 平方米用 50% 乙草胺可湿性粉剂 30~40 克、拌湿润土撒施。

病虫草害防治：

1. 种子处理：浸种前晒种 1 天，用 4.2% 浸丰 2 毫升或 25% 咪鲜胺 2 毫升加水 5~10 千克，浸 4~5 千克稻种，浸泡 36 小时。2. 苗床追肥：播种前每平方米用 70% 敌克松 2.5 克，对水 1.5 千克立浇泼洒，并及时排水降渍，以防立枯病。3. 移栽前防治（如 51% 特杀螟）60 克加 20% 叶枯宁 100 克特杀螟 40 克对水 40 千克均匀喷雾，预防白叶枯病。

1. 大田化除：水稻移栽前 2 天，每 667 平方米用 12% 恶草酮乳油 200 毫升直接喷施于稻田，以防除多种杂草。水稻移栽后 4~6 天，每 667 平方米栽后 7 天，667 平方米用 74% 乙酰甲胺磷或 50% 乙草胺可湿性粉剂 30~40 克，拌湿润土撒施。2. 移栽前预防：稻瘟病 667 平方米用 40% 稻瘟灵 100 克对水 50 千克均匀喷雾。孕穗至破口期：重点防治纹枯病、稻曲病，每 667 平方米用 40% 稻瘟灵 120 毫升加 40% 稻瘟灵 100 克在破口前 7~10 天进行，重发田份每 667 平方米再用 10% 真灵乳剂 120 毫升防治一次。至破浆期防。

1. 分蘖末期至孕穗期：重点防治稻飞虱、纹枯病，达防治指标每 667 平方米用 25% 扑虱灵 60~80 克加 20% 阿维菌素 60 克对水 40 千克均匀喷雾。2. 孕穗至破口期：重点防治稻纵卷叶螟、二化螟、三化螟、稻飞虱，每 667 平方米用 40% 毒死蜱 100 毫升加 90% 杀虫单 100 毫升加 10% 吡虫啉 20 克对水 50 千克均匀喷雾。

3. 抽穗期至灌浆初期，每 667 平方米用 40% 毒死蜱乳油 100 毫升加 90% 杀虫单 70 克加 20% 吡虫啉 20 克均匀喷雾，有效用量 4 克加 10% 真灵乳剂 120 毫升对水 40 千克均匀喷雾。4. 重点查治正飞性的稻飞虱（9 月上、中旬）重点查治灰飞虱可选用 25% 阿克泰水分散粒剂 3~4 克加 48% 乐斯本 80 毫升对水 60 千克喷雾防治，或 667 平方米用 5% 锐劲特悬浮剂 30~40 毫升加 48% 乐斯本 80 毫升对水 60 千克喷雾防治。

28. 徽两优 6 号单季稻机插秧高产栽培技术模式图

月份	5月			6月			7月			8月			9月			10月		
	上	中	下	上	中	下	上	中	下	上	中	下	上	中	下	上	中	下
节气	立夏		小满	芒种		夏至	小暑		大暑	立秋		处暑	白露		秋分	寒露		霜降

目标产量及产量构成： 目标产量：650千克/667平方米，产量构成：有效穗数17万~18万，每穗粒数180~200，结实率85%以上，千粒重27克左右。

生育时期： 播种（6月上）、机插、缓苗期、有效分蘖期、无效期、拔节长穗期、抽穗、灌浆、结实期、成熟

主茎叶龄期： 0　1　2　3　4　5　6　7　8⑨　10　11　12　13　14　15　16　(17)

茎蘖动态： 移栽大田叶龄3.5叶，667平方米插基本苗4.2万~5.4万，667平方米大田需净秧床7~10平方米大田需净秧床7~10平方米；大田667平方米用种量1.5千克。拔节期每667平方米茎蘖26万~28万，抽穗期每667平方米茎蘖18万~19万，成熟期每667平方米穗数17.5万

育秧： 按秧大田比1：80留足秧田，一般每667平方米大田需净秧床7~10平方米，提前做好秧床，播种10天精做秧板，施足基肥；苗大田备足过筛营养土100千克，拌种壮秧剂0.5千克；适期均匀播种育秧。

整地与机插： 小麦收获时同步秸秆粉碎均匀抛撒，及时干旋整地并施基底肥，使得土肥混匀，后复水秒耙整平上秒口肥沉实1~2天后浅水机插，行穴距30厘米×11.7厘米。13.1厘米或14.6厘米，667平方米栽1.5万~1.8万穴，每穴2~3种齐苗，每667平方米基本苗4.2万~5.4万基本苗。

施肥：
- 培肥育秧养土和盘育旱秧：原则上同旱育秧，苗床不需追肥和泼水；机插前1~3天每平方米苗床施尿素5~7.5克，或叶床面施尿素10千克，并及时清水淋洗，注意苗床病虫害预防。
- 大田基肥：667平方米施有机肥折算3千克的基础上，667平方米施尿素10千克，磷肥30~50克，再施尿素5克，钾肥10千克。
- 分蘖肥：栽后5天，结合化除667平方米施尿素5~7.5千克，或叶平面，667平方米施尿素2.5~5千克。
- 促花壮秆肥：倒4叶期施667平方米用尿素5千克，氯化钾7.5千克。
- 保花壮秆肥：倒1.5叶期施667平方米用尿素5千克，或667平方米施尿素2.5~5千克。
- 本田总施纯氮量折算每667平方米14~16千克，氮磷钾平衡：3：1：(2~3)。N肥运筹按基蘖：穗=6：4。

灌溉： 薄水层　寸水活棵　移栽苗≥85%　搁田　间歇　跬　灌　溉　干　湿　交　替　断水硬田

病虫草防治：
1. 种子处理：种子处理前晒种1天，用4.2%浸手2毫升浸种或25%咪鲜胺2毫升加水5~10千克，浸4~5千克稻种，浸泡36小时。
2. 播种前每平方米70%敌克松2.5克，对水1.5千克均匀喷洒，并及时排水防病，防治枯病。
3. 移栽前清水淋洗，每667平方米用种8000单位Bt粉剂（如51%特杀剂）60克，20%叶枯宁100克对水30千克对水均匀喷雾。

1. 大田化学除草：水稻移栽前2天，每667平方米用12%恶草酮乳油200毫升直接喷灌均施于稻田，可有效防除多种杂草。以稗草、莎草为主的杂草，水稻移栽后4~6天，以常规移栽、水稻移栽后，每50%苯噻草胺可湿性粉剂30~40克，拌毒土撒施。以稗草、莎草、阔叶草为主的常规移栽，每667平方米用14%乙苄可湿性粉剂50克撒施。

1. 分蘖末期至孕穗期：重点防治稻飞虱、稻纵卷叶螟、稻曲病、纹枯病，达防治指标每667平方米用25%扑虱灵或20%阿维·唑磷酮60~80克纹螟星60克有效防治稻飞虱。白叶枯病、始见中心病株田同时加喷20%叶枯宁100克。
2. 破口期至灌浆期：重点防治稻纵卷叶螟、稻飞虱、纹枯病和稻曲病，每667平方米用40%毒死蜱100毫升加20%吡蚜酮100毫升，或40%稻瘟灵100克（硬稻）对水50千克均匀喷雾。稻曲病重发年份一周后每667平方米用10%真灵乳油加120毫升对水补治一次，8月中旬查治稻飞虱，加查治纹枯病。

1. 孕穗期至灌浆期：每667平方米用40%毒死蜱乳油100毫升加90%杀虫单70千克加20%吡嗪嘧啶120毫升对水40千克均匀喷雾。
2. 灌浆末中后期（9月上、中旬）重点防治飞虱的稻飞虱，药剂可选用25%阿维素水分散粒剂3~4克加48%乐斯本80毫升对水60千克/667平方米喷雾防治，或667平方米用5%锐劲特悬浮剂30~40毫升对水乐斯本80毫升对水60千克喷雾防治。

29. 皖两优 6 号单季稻旱育早抛高产栽培技术模式图

月份	4月	5月			6月			7月			8月			9月			10月	
	下	上	中	下	上	中	下	上	中	下	上	中	下	上	中	下	上	中
节气	谷雨	立夏	小满	芒种		夏至		小暑	大暑		立秋		处暑	白露		秋分	寒露	
生育时期		播种	秧田期		抛栽	有效分蘖期	无效分蘖期		拔节		拔节长穗期		抽穗	灌浆 结实期			成熟	
主茎叶龄期		0	1	2	3	4	5	6 7 8	9 10	11 12 13	15	16 (17)						

目标产量及构成： 目标产量：600 千克/667 平方米　产量构成：667 平方米有效穗 16 万～17 万，每穗 180～200 粒，结实率 85%左右，千粒重 27 克左右。

茎蘖消长动态： 抛栽苗龄 4 叶左右，667 平方米抛栽基本苗 4.2 万～5.4 万；拔节期每 667 平方米茎蘖 26 万～28 万；抽穗期每 667 平方米茎蘖 18 万～19 万；成熟期每 667 平方米穗数 17 万。

育秧： 按种大田比 1：(25～30) 留足秧田，一般每 667 平方米净秧床 20～25 平方米，提前培肥苗床，播前 10 天精做秧床，施足基肥；667 平方米大田备足拌种壮秧剂 0.5 千克，旱育保姆 1 千克，过筛营养土 30 千克。适期均匀播种壮育秧：大田 667 平方米种量 1 千克，秧龄 25～30 天。

整地与栽插： 落水收获时同步秸秆粉碎均匀抛撒，及时干旋耕并施基底肥，使稻土肥混合，后复水抄起整平上抄口肥浅水待插，人工抛秧；点撒结合，均匀稀抛，苗抛 1.5 万～1.8 万丛，苗基本茎蘖含 5 万～7 万。

施肥：

- 培肥苗床：2 叶 1 心期施"断奶肥"，苗床，施作物秸秆和腐熟农家粪各 3 千克的土中，每平方米施尿素 5～10 克，将土拌匀；播种前是壮育秧肥料和壮秧剂仅施于苗床土壤中。
- 本田基肥：667 平方米施有机肥折氮 3 千克的基础上，667 平方米施尿素 30～50 千克，磷肥 30～50 千克，钾肥 10 千克。
- 分蘖肥：抛后 5 天，结合化除 667 平方米施硫酸二铵 2.5～5 千克。
- 促花壮秆肥：拔节前 5 天，667 平方米施尿素 2.5 千克，氯化钾 10 千克。
- 保花壮秆肥：倒 1.5 叶期施 667 平方米尿素 5 千克，或在叶枕平期，667 平方米施尿素 5 千克，钾肥 10 千克。
- 肥料运筹总体原则：本田总施纯氮量折算每 667 平方米纯氮。氮磷钾比例=3：1：2；N 肥运筹按基蘖肥：穗肥=7：3；磷肥全部作基肥。钾肥运筹按基肥：穗肥=5：5；磷肥基肥。

灌溉： 寸水活棵　浅水促蘖　够蘖苗≥80%　搁田　同前　灌溉　晾　灌溉　晾　灌溉　干湿交替　断水硬田

病虫草害防治：

旱育秧：
1. 种子处理：浸种前晒种 1 天，用 4.2%浸丰 2 毫升或 25%咪鲜胺 2 毫升加水 5～10 千克，浸 4～5 千克稻种，浸泡 36 小时。
2. 苗床处理：播种前每平方米用 70%敌克松 2.5 克，对水 1.5 千克喷施，并及时灌水降渍，以防立枯病。
3. 移栽前的预防：移栽前 5～7 天，每 667 平方米用 74%杀虫单与 25%扑虱灵配剂（如 51%锐劲特克水剂）60 克加 20%叶枯宁 100 克对水 40 千克喷雾预防秧田稻飞虱、稻蓟、稻瘟，预防白叶枯病。

大田化除：水稻移栽前 2 天，用 667 平方米用 12%恶草酮乳油 200 毫升直接均匀喷施于稻田土中，以防有效防除多种禾本草。以稗草、莎草为主的稻田，水稻移栽后 4～6 天，每 667 平方米用 50%苯噻草胺可湿性粉剂 30～40 克加土撒施。以稗草、莎草、阔叶草为主的稻田，水稻移栽后 7 天，每 667 平方米可湿性粉剂 50 克对土中均匀混用 14%乙苄可湿性粉 50 支拌土撒施。

1. 分蘖末期至孕穗期：重点防治稻飞虱、卷叶螟、纹枯病，达标治标 667 平方米用乳油扑虱灵粉剂 60～80 克加 20%阿维·唑磷 60～80 毫升对水 40 千克加匀喷雾。白叶枯病始见中心病株田同时加 20%叶枯宁 100 克喷雾。
2. 孕穗至破口期：稻飞虱、稻纵卷叶螟、二化螟、三化螟，稻瘟病、纹枯病、稻曲病 667 平方米每用 70%杀虫单 70 克加 20%此虫咪乳油 120 克对水加 40%稻瘟灵 100 克对水 50 千克进行，破口前 7～10 天，稻瘟病预防后每 667 平方米再用 10%真灵水乳剂 120 毫升补治一次，至灌浆期。
3. 抽穗期至灌浆初期：是病虫由情况，是病用乳油 40%毒死蜱况，稻穗虫加 40%毒死蜱乳油 100 克加 90%杀虫单 70 克加 20%此虫咪乳油 120 毫升对水 40 千克均匀喷雾。重点普治飞性的稻，每 667 平方米可选用 25%阿克泰水分散粒剂 3～4 克加 48%乐斯本 80 毫升对水 60 千克均匀喷雾或稻穗浮剂 30～40 毫升加 48%乐斯本 80 毫升对水 60 千克喷雾防治。

30. 准两优527 单季稻人工移栽高产栽培技术模式图

月份	4月 上旬	4月 中旬	4月 下旬	5月 上旬	5月 中旬	5月 下旬	6月 上旬	6月 中旬	6月 下旬	7月 上旬	7月 中旬	7月 下旬	8月 上旬	8月 中旬	8月 下旬
产量构成	全生育期约143天，叶片数15.7～16.3叶，目标产量750千克/667平方米，产量构成为：有效穗数19万～20万/667平方米，每穗135左右，粒重31～32克。												结实率90%以上，粒左右。		
生育期	4/上旬准备秧田		4/15～20播种	5/10～15移栽		有效分蘖期5/20～5/30		6/30前拔节		长穗期30天		7/28～30抽穗	灌浆结实期40天		9/10前成熟
育秧	大田用种量：1.0～1.2千克/667平方米。播种量：旱育秧40～45克/平方米；湿润育秧15～20克/平方米。|														
栽插	方式：人工划行插秧。行穴距：23.1厘米×23.1厘米或15.6厘米×26.4厘米；基本苗每穴2本苗。|														
施肥	秧田培肥：667平方米施30%复合肥20千克，尿素15千克。	起身肥：667平方米施尿素5～7千克。		大田基肥：667平方米施尿素约13千克，磷肥50千克，氯化钾9～10千克。	3叶1期：667平方米施尿素5千克。		分蘖肥：667平方米施尿素5～6千克。		促花肥：667平方米施尿素5～6千克，氯化钾10千克。		保花肥：667平方米施尿素2～3千克。		说明：◆每667平方米本田施纯肥：氮11～13千克、磷肥(P_2O_5)5.0～5.5千克、钾肥(K_2O)11～13千克。◆如果施用有机肥、复合肥、碳酸氢铵等肥料，则应计算其养分含量。		
灌溉	移栽田深水活苗		移栽后3～5天浅水分蘖		晒田控蘖（在有效分蘖终止期开始至腰沟和围沟排水晒田）				湿润长穗		有水抽穗		干湿壮籽		
病虫草防治	播种前：用强氯精或咪鲜胺浸种，或者用种衣剂包衣种子。	移栽前：拔秧前3～5天喷施高效农药，秧苗带药下田。		移栽后至孕穗期：或者栽稻稻除草剂，或者抛栽稻除草剂等，均可拌肥或者拌沙子撒施。		分蘖末期至孕穗期：每667平方米用25%扑虱灵粉剂60～80克加20%阿维60～80毫升加40%纹霉星60克，对水40千克喷雾。		抽穗期至灌浆初期：每667平方米用40%毒死蜱乳油100毫升加90%杀虫单70克加90%吡虫啉20%加10%真灵乳星120毫升，对水40千克喷雾。		说明：◆具体防治时同按照当地植保部门的病虫情报确定。◆用足水水量，以提高防治效果。						

注：大田基肥在插秧前1～2天施用；起身肥在插秧前4天施用；分蘖肥在插秧后5～7天施用；促花肥在7月初施用；保花肥在7月15～20日施用。

31. Y优1号单季稻人工移栽高产栽培技术模式图

月份	4月		5月			6月			7月			8月			9月
	中旬	下旬	上旬	中旬	下旬	上旬	中旬	下旬	上旬	中旬	下旬	上旬	中旬	下旬	上旬

产量构成： 全生育期约145天，叶片数15.5~16.0叶，目标产量750千克/667平方米，产量构成为：有效穗数19万~20万/667平方米，每穗155粒左右，结实率90%以上，千粒重26~27克。

生育期： 4/上旬准备秧田｜4/15~20播种｜5/10~15移栽｜有效分蘖期5/20~5/30｜6/30前拔节｜长穗期30天｜7/28~30抽穗｜灌浆结实期40天｜9/10前成熟

育秧： 大田用种量：1.0~1.2千克/667平方米。播种量：旱育秧40~45克/平方米；湿润育秧15~20克/平方米。

栽插： 方式：人工划行插秧。行穴距：23.1厘米×23.1厘米或15.6厘米×26.4厘米；基本苗每穴2本苗。

施肥：
秧田培肥：667平方米施30%复合肥20千克，尿素15千克。
起身肥：3叶期：667平方米施尿素5千克。
大田基肥：667平方米施尿素约13千克，磷肥50千克，氯化钾9~10千克。
分蘖肥：667平方米施尿素6~7千克。
促花肥：667平方米施尿素5~6千克，氯化钾9~10千克。
保花肥：667平方米施尿素2~3千克。
说明：◆每667平方米本田施纯肥氮12~14千克，磷肥（P_2O_5）5.0~5.5千克，钾肥（K_2O）11~12千克。◆如果施用有机肥、复合肥、碳酸氢铵等肥料，则应计算其养分含量。

灌溉： 移栽田深水活苗｜浅水分蘖｜晒田控蘖（在有效分蘖终止期开腰沟和围沟排水晒田）｜湿润长穗｜有水油穗｜干湿壮籽

病虫草防治：
播种前：用强氯精或咪鲜胺浸种，或者用种衣剂包衣种子。
移栽前：拔秧前3~5天喷施长效农药，秧苗带药下田。
移栽后3~5天：移栽稻除草剂，或者抛栽稻除草剂等，均可拌肥或者拌沙子撒施。
分蘖末期至孕穗期：每667平方米用25%扑虱灵粉剂60~80克加20%阿维·唑磷60~80毫升加40%纹霉星60克，对水40千克喷雾。
抽穗期至灌浆初期：每667平方米用40%毒死蜱乳油100毫升加90%杀虫单70克加20%吡虫啉有效成分量4克加10%真灵乳剂120毫升，对水40千克喷雾。
说明：◆具体防治时间按照当地植保部门的病虫情报确定。◆用足水量，以提高防治效果。

注：大田基肥在插秧前1~2天施用；起身肥在插秧前4天施用；分蘖肥在插秧后4天施用；促花肥在插秧后5~7天施用；保花肥在6月底施用；促花肥在7月中旬施用。

32. 内两优6号单季稻人工移栽高产栽培技术模式图

月份	4月		5月			6月			7月			8月			9月
	中旬	下旬	上旬	中旬	下旬	上旬	中旬	下旬	上旬	中旬	下旬	上旬	中旬	下旬	上旬
产量构成	全生育期约137天，目标产量750千克/667平方米，产量构成为：有效穗数17万~18万/667平方米，每穗160粒左右，结实率约85%，千粒重31~32克。														
生育期	4/上旬准备秧田	4/15~20播种	5/10~15移栽		有效分蘖期5/20~5/30		6/25前拔节	长穗期30天		7/25~28抽穗	灌浆结实期40天				9/初成熟
育秧	大田用种量：1.0~1.2千克/667平方米。播种量：湿润育秧15~20克/平方米。														
栽插	方式：人工划行插秧。行穴距：23.1厘米×23.1厘米或15.6厘米×26.4厘米。基本苗每穴2本苗。														
施肥	秧田培肥：667平方米施30%复合肥20千克、尿素15千克。		起身肥：667平方米施尿素5千克。	大田基肥：667平方米施尿素13千克、磷肥50千克、氯化钾9~10千克。	3叶期：667平方米施尿素5千克。		分蘖肥：667平方米施尿素6~7千克。		促花肥：667平方米施尿素6~7千克、氯化钾9~10千克。		保花肥：667平方米施尿素2~3千克。		说明：◆每667平方米本田施纯氮13~15千克、磷肥(P_2O_5)5.0~5.5千克、钾肥(K_2O)12~13千克。◆如果施用有机肥、复合肥、碳酸氢铵等肥料，则应计算其养分含量。		
灌溉	移栽田深水活苗		浅水分蘖		晒田控蘖（在有效分蘖终止期开腰沟和围沟排水晒田）				湿润长穗		有水抽穗			干湿壮籽	
病虫草防治	播种前：用强氯精或咪鲜胺浸种，或者用种衣剂包衣种子。		移栽前：拔秧前3~5天喷长效农药，秧苗带药下田。		移栽后3~5天：移栽稻除草剂，或者抛栽稻除草剂等，均可拌肥或者拌沙子撒施。		分蘖末期至孕穗期：每667平方米用25%扑虱灵粉剂60~80克加20%阿维·唑磷60~80毫升加40%纹霉星60克，对水40千克喷雾。		抽穗期至灌浆初期：每667平方米用40%毒死蜱乳油100毫升加70克加90%吡虫啉有效成分量20%吡虫啉10%真水乳剂120毫升，对水40千克喷雾。			说明：◆具体防治时间按照当地植保部门的病虫情报确定，以提高防治效果。			

注：大田基肥在插秧前1~2天施用；起身肥在插秧前4天施用；分蘖肥在插秧后5~7天施用；促花肥在7月上旬施用；保花肥在7月中旬施用。

33. 培两优3076 单季稻手插秧高产栽培技术模式图

月份	4月 中旬	4月 下旬	5月 上旬	5月 中旬	5月 下旬	6月 上旬	6月 中旬	6月 下旬	7月 上旬	7月 中旬	7月 下旬	8月 上旬	8月 中旬	8月 下旬	9月 上旬
产量构成	全生育期135~140天，叶片数15.5~16叶，目标产量750千克/667平方米，产量构成：有效穗数18万~19万/667平方米，每穗180粒左右，结实率85%以上，千粒重25~26克。														
生育期	4/10前准备秧田	4/15~17播种	5/15~17移栽		有效分蘖期5/25~6/8		6/27前拔节	长穗期30天	7/29~31抽穗		灌浆结实期40天				9/15~10日成熟
育秧	大田用种量：1.0~1.5千克/667平方米。播种量：旱育秧40~45克/平方米，湿润育秧15~20克/平方米。														
栽插	方式：人工划行插捅秧。行穴距：23.1厘米×23.1厘米或15.6厘米×26.4厘米；基本苗2苗/穴。														
施肥	秧田培肥：667平方米施30%复合肥20千克，尿素15千克。		起身肥：667平方米施尿素5千克。 3叶期：667平方米施尿素5千克。		大田基肥：667平方米施尿素13千克，磷肥50千克，氯化钾9~10千克。		分蘖肥：667平方米施尿素6~7千克。		促花肥：667平方米施尿素5~6千克，氯化钾9~10千克。		保花肥：667平方米施尿素2~3千克。	说明：◆每667平方米本田施纯氮12~14千克，磷肥(P_2O_5)5.0~5.5千克，钾肥(K_2O)11~13千克。◆如果施用有机肥、复合肥，碳酸氢铵等肥料，则应计算其养分含量。			
灌溉	移栽田深水活苗			浅水分蘖	晒田控蘖 （在有效分蘖终止期开腰沟利围沟排水晒田）				湿润长穗		有水抽穗				干湿壮籽
病虫草防治	播种前：用强氯精或咪鲜胺浸种，或者用种衣剂包衣种子。	移栽前：拔秧前3~5天喷施长效农药，秧苗带药下田。	移栽后3~5天：移栽稻除草剂，或者抛栽稻除草剂等，均可拌肥或者拌沙子撒施。			分蘖末期至孕穗期：每667平方米用25%扑虱灵粉剂60~80克加20%阿维·三唑磷60~80毫升加40%纹霉星60克，对水40千克喷雾。			抽穗期至灌浆初期：每667平方米用40%毒死蜱乳油100毫升加90%杀虫单70克加20%吡虫啉10%真菌水量4千克加10%乳剂120毫升，对水40千克喷雾。			说明：◆具体防治时间按照当地植保部门的病虫情报确定。◆用足水量，以提高防治效果。			

注：大田基肥在插秧前1~2天施用；起身肥在插秧前4天施用；分蘖肥在插秧后4天施用；促花肥在7月上旬月施用；保花肥在7月中旬月施用。

34. 准两优1141单季稻手插秧高产栽培技术模式图

月份	4月		5月			6月			7月			8月			9月
	中旬	下旬	上旬	中旬	下旬	上旬	中旬	下旬	上旬	中旬	下旬	上旬	中旬	下旬	上旬
产量构成	全生育期145~150天，叶片数16.0~16.5叶。目标产量780千克/667平方米，产量构成为：有效穗数18万~20万/667平方米，每穗粒数150粒左右，结实率约85%，千粒重32~33克。														
生育期	4/15前准备秧田		4/15~17播种		5/15~17移栽		6/30前拔节		长穗期30天		8月初抽穗		灌浆结实期40天		9/13~15成熟
育秧	大田用种量：1.0~1.5千克/667平方米。播种量：旱育秧40~45克/平方米，湿润育秧15~20克/平方米。														
栽插	方式：人工划行插秧。行穴距：23.1厘米×23.1厘米或15.6厘米×26.4厘米。基本苗2苗/穴。														
施肥	秧田培肥：667平方米施30%复合肥20千克，尿素15千克。	起身肥：3叶期：667平方米施尿素5千克。		大田培肥：667平方米施尿素5~7千克。	大田基肥：667平方米施尿素约13千克，磷肥50千克，氯化钾9~10千克。	分蘖肥：667平方米施尿素6~7千克。		促花肥：667平方米施尿素6~7千克，氯化钾9~10千克。		保花肥：667平方米施尿素2~3千克。	说明：◆每667平方米本田施纯氮13~15千克，磷肥（P_2O_5）5.0~5.5千克，钾肥（K_2O）12~13千克。◆如果施用有机肥、复合肥、碳酸氢铵等肥料，则应计算其养分含量。				
灌溉	移栽田深水活苗		浅水分蘖	晒田控蘖（在有效分蘖终止期开腰沟和围沟排水晒田）				湿润长穗			有水抽穗			干湿壮籽
病虫草防治	播种前：用强氯精或咪鲜胺浸种，或者用种衣剂包衣种子。	移栽前：拔秧前3~5天施长效农药，秧苗带药下田。		移栽后3~5天：移栽稻除草剂，或者抛栽稻除草剂等，均可拌肥或者拌沙子撒施。	分蘖末期至孕穗期：每667平方米用25%扑虱灵粉剂60~80克加20%阿维·唑磷60~80毫升加40%纹霉星60克，对水40千克喷雾。			抽穗期至灌浆初期：每667平方米用40%毒死蜱乳油100毫升加90%杀虫单70克加20%吡虫啉有效用量4克加10%真灵乳剂120毫升，对水40千克喷雾。			说明：◆具体防治时间按照当地植保部门的病虫情报确定。◆用足水量，以提高防治效果。			

注：大田基肥在插秧前1~2天施用；起身肥在插秧前4天施用；分蘖肥在插秧后4天施用；起身肥在插秧前5~7天施用；分蘖肥在插秧后5~7天施用；促花肥在7月上旬日施用；保花肥在7月中旬月施用。

第五章　长江中下游稻区连作超级稻品种栽培技术模式图

一、早稻超级稻品种栽培技术模式图

1. 中旱 22 早季稻手插高产栽培技术模式图

月份	3 月		4 月			5 月			6 月			7 月			8 月	
	中	下	上	中	下	上	中	下	上	中	下	上	中	下	上	中
节气	春分	惊蛰	清明		谷雨	立夏		小满	芒种		夏至	小暑		大暑	立秋	
主茎叶龄期		0	1	2	3	4	5	6	7	8	9	10	11	12		

产量构成：667 平方米有效穗数 17.5 万左右，每穗粒数 118.2 粒，结实率 74.2%左右，千粒重 27.5 克左右。

生育时期：秧田期 20~30 天（3 月下旬播种、4 月下旬移栽、6 月上旬拔节、6 月下旬抽穗、7 月下旬成熟）。

茎蘖动态：移栽叶龄 5~6 叶，移栽 667 平方米茎蘖苗 5 万~6 万，拔节期每 667 平方米茎蘖数 22 万~23 万，抽穗期每 667 平方米茎蘖数 20 万~22 万，成熟期每 667 平方米穗数 18 万~20 万。

育秧：3 月下旬播种，秧龄 25~30 天。清水播种，播量 5~6 千克/667 平方米。保持半干半湿润灌溉。

栽插：密度 1.8 万~2.0 万丛/667 平方米，规格 20~23 厘米×18~20 厘米。移栽后 5 天施分蘖肥促分蘖，分蘖肥可与除草剂混用。在 1 叶 1 心期，秧本比 8~10。

施肥：
苗床基肥：秧田 667 平方米用 25 千克三元复合肥作基肥，撒施干毛细秧板。苗床追肥：2 叶 1 心期 667 平方米用 5 千克尿素促分蘖，随后视苗情再施 5 千克尿素移栽前 667 平方米用 10 千克尿素作起身肥。
本田基肥：667 平方米施饼肥 50 千克（或 20 担猪牛栏肥），过磷酸钙 20 千克，KCl 8 千克，纯氮 1 千克（约尿素 2 千克）。分蘖肥：在栽后 5~6 天，667 平方米施 20 千克复合肥，加 4 千克尿素。穗肥：在到二叶叶龄期根据水稻生长状况 667 平方米施尿素 5 千克及适量施磷钾肥。
肥料运筹总体原则：培肥苗床，重施基肥，早施断奶肥，施足身肥；桔秆还田，磷钾配合。总施氮量：11 千克。

灌溉：2 叶 1 心期前灌浅灌，以后上水进行浅灌，并保持秧板水层。无水层 5~6 天灌水 3~4 天，抽穗期保持浅水层。栽后灌浅水层活棵，到施分蘖肥时要求地面已无水层，结合施分蘖肥灌水。当苗数到穗数的 80%时开始烤田，采用多次轻搁田，营养生长过旺时适当重搁田，控制苗峰。然后，烤田间有复水后湿润灌溉。

病虫草防治：播种前用 25%施保克 2 500 倍浸种，苗期用吡虫啉和福戈防治稻飞虱，移栽前 3 天用吡虫啉和福戈喷施。根据病虫测报用吡虫啉+杀虫双，防治螟虫、稻飞虱，杂草防治在施分蘖肥时结合施肥并田除草剂混施。根据病情同病应用吡虫啉防治螟虫、稻飞虱，兼治纹枯病。抽穗前 2~3 天用吡虫啉、井冈霉素、环唑等防治稻纵卷叶螟、稻飞虱、纹枯病、稻曲病和稻瘟病等。
策略：突出恶苗病的防治、强化螟虫、稻瘟病、纹枯病的防治，采用健康栽培为主的农业综合防治；在加强预测预报的基础上，采用高效低毒低残留农药进行无公害防治。

2. 中嘉早32早稻手插高产栽培技术模式图

月份	3月上	3月中	3月下	4月上	4月中	4月下	5月上	5月中	5月下	6月上	6月中	6月下	7月上	7月中	7月下	8月上	8月中
节气	惊蛰		春分	清明		谷雨	立夏		小满	芒种		夏至	小暑		大暑	立秋	
产量构成	667平方米有效穗数18.2万左右，每穗粒数145.2粒，结实率88.8%左右，千粒重26.4克左右。																
生育时期			3月下旬播种	秧田期20~30天		4月下旬移栽	有效分蘖期4/25~5/15			6月上旬拔节		6月下旬抽穗	6月下油穗	7月下旬成熟			
主茎叶龄期			0	1	2	3	4	5	6	7 8 9	10 11	12					
茎蘖动态	移栽叶龄5~6叶，移栽667平方米茎蘖苗5万~6万，拔节期每667平方米茎蘖数22万~23万，抽穗期每667平方米茎蘖数20万~22万，成熟期每667平方米茎蘖数20万~22万。																
育秧	3月下旬播种，秧龄25~30天。清水选种，播量5~6千克/667平方米，秧本比8~10。在1叶1心期，667平方米用200克15%MET喷施。																
栽插	密度1.8万~2.0万丛/667平方米，规格(20~23)厘米×(18~20)厘米。移栽后5天施分蘖肥促返青，分蘖肥可与除草剂混用。																
施肥	苗床基肥：秧田667平方米用25千克三元复合肥作基肥，撒施于毛秧板。		苗床追肥：2叶1心期667平方米用5千克尿素促分蘖，随后视苗情再施5千克尿素促壮蘖，移栽前667平方米用10千克尿素作起身肥。			本田基肥：667平方米施饼肥50千克(或20担猪牛栏肥)，过磷酸钙20千克，KCl 8千克，纯氮1千克(约尿素2千克)。	分蘖肥：在栽后5~6天，667平方米施20千克复合肥，加5千克尿素。			穗肥：在二叶叶龄期根据水稻生长状况667平方米施尿素6~8千克及适量施磷钾肥。		肥料运筹总原则：培育苗床、施足基肥、早施断奶肥，重施身身肥、枝杆还田、氮磷钾配合。总施氮量：10千克。					
灌溉	2叶1心期前沟灌，以后上水进行浅灌，并保持秧板无水层。栽后灌浅水层活棵，到施分蘖肥时要求地面已无水层，结合施分蘖肥灌水。然后，拔田间有浅水层3~4天，无水层5~6天灌水。当苗数到达穗数80%时开始搁田，采用多次轻搁田，控制苗峰。复水后湿润灌溉，营养生长过旺时适当重搁田。抽穗期保持浅水层。抽穗后干干湿湿润灌溉。																
病虫草防治	播种前用25%施保克2500倍浸种，苗期用吡虫啉和福戈防稻飞虱、稻蓟马，移栽前3天用吡虫啉和福戈喷施。			根据病虫测报用吡虫啉，稻飞虱，防治螟虫等。根据病虫测报用吡虫啉+杀虫双，防治螟虫，杂草防治在施分蘖肥时结合拌丁苄除草剂混施。根据田间病发生用吡虫啉，杀虫双和井冈霉素，防治螟虫、杀虫双、兼治纹枯病。						抽穗前2~3天用吡虫啉、井冈霉素、稻飞虱，环唑等防治稻纵卷叶蟆、稻曲病和稻瘟病等。						策略：突出恶苗病的防治、强化稻瘟病、稻曲病的防治，纹枯病的防治为主的农业综合防治，在加强预测预报的基础上，采用高效低毒低残留农药进行无公害防治。		

3. 中早22早季稻机插高产栽培技术模式图

月份	3月			4月			5月			6月			7月			8月		
	上	中	下	上	中	下	上	中	下	上	中	下	上	中	下	上	中	下
节气	惊蛰		春分	清明		谷雨	立夏		小满	芒种		夏至	小暑		大暑	立秋		处暑

目标产量及构成： 目标产量：550~600千克/667平方米。产量构成：667平方米有效穗数19万~20万，每穗粒数130~140，结实率85%以上，干粒重27克左右。

生育时期： 播种 — 苗床期 — 机插 — 缓苗 — 有效分蘖期 — 无效分蘖期 — 拔节 — 拔节长穗期 — 抽穗 — 灌浆结实期 — 成熟

主茎叶龄期： 0　1　2　3　4　5　6　7　8　9　10　11　12

茎蘖动态： 移栽叶龄3~3.5叶，667平方米插本苗3.5~4.5本，基本苗6万~7万，667平方米插基本苗18万~19万。抽穗期667平方米茎蘖19万~20万。成熟期667平方米茎蘖19万~20万。拔节期667平方米茎蘖25万左右。

育秧： 采用泥浆育秧方式育秧。播种前3天做好秧板。秧板宽1.5米，沟宽一般0.4米。要泥稠平、沉实、无杂质、无杂种子。以秧田与机插1：100左右。根据机插秧秧龄25~30天排播种期，确保秧苗适龄机插。每盘播100克左右干种，均匀播种。按每667平方米机插30盘准备种量。播种前用杀菌防病浸种催芽，覆白播种，覆盖保温膜，防虫防病。盘底与床面紧密贴合，盘内每667平方米施复合肥和15克/盘的壮秧剂，铺盘。播种后表层灌浆盖入盘内作营养土。秧苗管理要注意揭膜练苗，防虫防病。

整地与机插： 整地后待土壤沉实1~2天后机插，机插前大田水要浅。移栽前2~4天，视色施送嫁肥，一般按每盘用尿素0.5克，按1：100对水拌匀，干傍晚秧苗出叶片止水时均匀喷施；栽前要进行一次药剂防治工作，做到带药移栽，一药兼治。连作早稻播种密度为行距30厘米、株距12厘米，667平方米插1.85万丛，每丛有本2插3.5~4.5本，保证667平方米大田适宜的基本苗。要在插秧机机既定行距的前提下，调整好株距每穴的送秧量和取秧量，调节好相应的送秧苗的株数，保证667平方米大田适宜的基本苗。

施肥：
- 机插后水浆管理：机插后及时灌浅水（2~3厘米水层）护苗促蘖，壮秧促发根情施返青苗情施起身肥。
- 大田基肥：667平方米施碳铵40千克加过磷酸钙25千克并与后翻施耙翻后基本整平，等待机插。
- 返青分蘖期：同欢灌溉，水层以2~3厘米水为宜，并适时露田，然后再上水，做到以水调肥，以气养根，以气调肥，促进早生快发。
- 够苗期：及时搁田，面苗青后复水，但不宜太过，待水层自然落干后再轻搁，搁田时每次断水应为量使土壤不起裂缝，切忌一次重搁，造成有效分蘖死亡。
- 分蘖期：插1平方米667平方米用尿素8千克撒施。
- 促壮壮秆肥：倒4叶期施667平方米施尿素5千克、氯化钾8千克。
- 保花壮秆肥：适当施用粒肥，如撒施尿素3~5千克或喷施1~2次叶面肥，叶面肥浓度为0.5%，磷酸二氢钾0.2%~0.3%。
- 拔节长穗期：拔节后保持2~3厘米的浅水层。
- 根据田块土壤肥力及目标产量合理施用肥料，中等肥力土壤，这一阶段应保持浅水667平方米施用纯氮12千克，氮肥重前期，基肥、蘖肥和穗肥的比例为50：30：20，合理配施磷肥和钾肥。

灌溉：
- 开花结实期：干湿交替，不可断水过早，需水量较大，这一阶段应保持浅水层，出穗25天以上，自然落干2~4天再上水，且落干期应逐渐加长，灌水逐渐减少，直至成熟。
- 穗后的20~25天内，干湿交替，以湿为主，根系逐渐衰老，此地采用间歇灌溉，一次浅水后自然落干2~4天再上水，水浆逐渐减少，直至成熟。

病虫草防治： 播种前用25%施保克2500倍浸种，苗期用吡虫啉和福戈防螟，根据田间病虫测报用吡虫啉、稻飞虱，防治二化螟、稻蓟马，杂草防治在施分蘖肥时结合施分蘖肥时施，杀虫双和井冈霉素，兼治纹枯病、稻瘟病。抽穗前2~3天用吡虫啉、井冈霉素，三环唑等防治稻纵卷叶螟、稻飞虱、纹枯病、稻曲病和稻瘟病等。播种前用吡虫啉和福戈喷施，移栽前3天用吡虫啉和福戈喷施，稻蓟马、稻飞虱，杂草防治在施分蘖肥时结合分蘖肥施入田丁除草剂混施。

139

4. 中嘉早32早季稻机插高产栽培技术模式图

月份	3月			4月			5月			6月			7月			8月		
	上	中	下	上	中	下	上	中	下	上	中	下	上	中	下	上	中	下
节气	惊蛰		春分	清明		谷雨	立夏		小满	芒种		夏至	小暑		大暑	立秋		处暑
目标产量及构成	目标产量：500~550千克/667平方米 产量构成：667平方米有效穗数18万~19万，每穗粒数130~140，结实率85%以上，干粒重26克左右。																	
生育时期			播种	苗床期 机插	缓苗					拔节			抽穗 灌浆 结实期		成熟			
主茎叶龄期			0	1	2	3	4	5	6	7	8	9	10	11	12			
茎蘖动态	移栽叶龄3~3.5叶，667平方米插每丛苗3.5~4.5本，基本苗6万~7万						有效分蘖期		无效分蘖期			拔节期每667平方米茎蘖25万左右	拔节长穗期		抽穗期每667平方米茎蘖19万~20万	成熟期每667平方米茎蘖19万~20万		
育秧	采用泥浆育秧方式育壮秧，播种前3天做好软秧板，秧板宽1.5米，沟宽0.4米。要求稀泥、沉实，无杂质。以秧田与本田1：100左右。根据机插秧种龄25~30天排播种期，确保秧苗适龄机插。每盘播种100克左右干种，均匀播种，按每667平方米种子，播种前用杀菌防病浸种催芽，露白播种。盘底再用床土再上，盘底盘紧贴盖合复合肥和15克/盘的壮秧剂，铺盘后床内经冠沉淀白的表层泥浆育入盘内作营养土。秧苗管理注意搁膜炼苗，防虫防病。播种揭膜，覆盖保温膜。																	
整地与机插	整地后待土壤沉实1~2天后机插，机插前大田田水要浅。做到田平草净，一药兼治防药移栽。机插前调整机械，连行距插秧密度为行距30厘米，株距12厘米，667平方米插1.85万丛，保证每667平方米大田适宜的基本苗。栽前要进行一次药剂防治工作，做到带药移栽。要在密秧机既定行距的前提下，调节好株插和每穴插秧苗的棵数，调节好相应的送秧和取秧量，保证667平方米大田适宜的基本苗。																	
施肥	苗床：每盘施肥10克左右合肥及壮秧剂15克。移栽前根据苗情起身肥。		大田基肥：667平方米施碳酸氢铵40千克加磷酸钙25千克拌匀后撒施耙田后插，等待整机插。			分蘖肥：插后一周左右用尿素8千克促施。			促花壮秆肥：倒4叶期施667平方米用尿素5千克，氯化钾8千克。			保花肥：适当施用粒肥，如撒施尿素3~5千克或喷施1~2次面肥，叶面肥浓度：尿素0.5%至1%，磷酸二氢钾0.2%~0.3%。			根据田块土壤肥力及目标产量合理施肥。中等肥力土壤，一般每667平方米施纯氮12千克，氮磷钾施用重前期，控后期。基肥、蘖肥、穗肥的比例为50：30：20，合理配施磷肥和钾肥。			
灌溉	机插田水浆管理：机插后水应及时灌浅水（2~3厘米水层）护苗活棵，促进返青成活，扎根立苗。		返青分蘖期：同歇灌溉，水层以2~3厘米为宜，并适时露田，以露田落干后再上水，做到以水调气，以气养根，促进分蘖快发。			够苗期：及时晒田，面有明显脚印，但不下陷，表主不开裂为度，然后复水，待水自然落干后再轻搁。搁田时，每次断水应尽量使土壤不起泥浆，切忌一次重搁，以免造成有效分蘖死亡。			拔节长穗期：应保持10~15天的2~3厘米的浅水层。			开花结实期：干湿交替，不可断水过早，需水量较大，这一阶段应保持浅水灌溉。即灌水25天以内，根系逐渐衰老，此时采用干歇灌溉湿法。			开花灌浆期：干湿交替，稻株出穗后的20~25天内，移栽前3天用此虫虫嗪和福戈喷施，出穗25天以后，自然落干，根系逐渐衰老，灌水逐渐减少，直至成熟。			
病虫草防治	播种前用25%施保克2500倍液浸种，苗期用此虫虫嗪和福戈防治稻飞虱、稻蓟马、稻纵卷叶螟，移栽前3天用此虫虫嗪和福戈喷施。根据病虫测报用此虫虫螨+杀虫双，稻飞虱；杂草防治在施分蘖肥时结合丁苄除草剂混施。根据田间病虫发生用此虫虫嗪，防治螟虫，杀虫双和井冈霉素，防治纹枯病、兼治稻曲病、稻飞虱、稻瘟病。抽穗前2~3天用此虫虫嗪，三环唑等防治稻纵卷叶螟、井冈霉素等防治纹枯病和稻瘟病。																	

5. 中嘉早17早季稻机插高产栽培技术模式图

月份	3月			4月			5月			6月			7月			8月		
	上	中	下	上	中	下	上	中	下	上	中	下	上	中	下	上	中	下
节气	惊蛰	春分		清明		谷雨	立夏		小满	芒种		夏至	小暑		大暑	立秋		处暑

目标产量及构成： 目标产量：500~550千克/667平方米；产量构成：667平方米有效穗数18万~19万，每穗粒数130~140，结实率85%以上，千粒重26克左右。

生育时期： 播种—机插—苗床期—缓苗—无效分蘖期—有效分蘖期—拔节长穗期—抽穗—灌浆—结实期—成熟

主茎叶龄期： 0 1 2 3 4 5 6 7 8 9 10 11 12

茎蘖动态： 移栽叶龄3~3.5叶，667平方米播种每丛苗3.5~4.5本，基本苗6万~7万，拔节期每667平方米茎蘖25万左右，抽穗期每667平方米茎蘖19万~20万，成熟期每667平方米茎蘖19万~20万。

育秧： 采用泥浆育秧方式育秧，播种前3天做好秧板，秧板宽1.5米，沟宽0.4米。要求稻平、沉实、无杂质。以秧田与本田1：100，根据机插秧秧龄25~30天排播种期，播种前用杀菌剂浸种催芽，露白播种。按每667平方米机插30盘准备种子，每盘播100克左右净干种，均匀播种，铺盘、盘底与床面紧密贴合。播后泥浆口入盘内经沉淀后的表层泥浆营养土。覆盖保温膜，秧苗管理注意揭膜练苗。盘施复合肥和15克/盘的壮秧剂，防虫防病。

整地与机插： 整地待土壤沉实1~2天后机插，机插前大田水层要浅。移栽前2~4天，视苗色施起身肥。一般按每盘尿素0.5克，按1：100对水拌匀，干旋晚秧苗叶片水时均匀喷施，栽前要进行一次药剂防治。连作早稻插种密度为行距30厘米，株距12厘米，667平方米插1.85万丛，每丛有苗3.5~4.5本，调节好相应的送秧量和株数，保证667平方米适宜的基本苗。

施肥：
- 大田基肥：667平方米施碳酸钙40千克加过磷酸钙25千克并水拌匀后随施耕耙后基本整平。
- 够苗搁田：及时搁田，但不下陷，表土不开裂为度，然后反复水，待水层自落干后再轻搁，搁田时，每次断水应尽量使土壤不起裂缝，切忌一次重搁。
- 分蘖肥：插后一周左右用尿素8千克施撒施。
- 促花壮秆肥：倒4叶期施667平方米尿素3~5千克或施氯化钾8千克。
- 保花保肥：根据苗情适当施粒肥，如撒施1~2次叶面肥，叶面肥浓度0.5%至1%，磷酸二氢钾0.2%~0.3%。
- 根据田块土壤肥力及目标产量合理施肥。中等肥力土壤，一般667平方米施用纯氮12千克，后期施用重前期，控制穗肥的比例为50：30：20，基肥、蘖肥和穗肥合理配施磷肥和钾肥。

灌溉：
- 机插后水浆管理：栽培以及时灌溉水（2~3厘米水层）护苗活棵，促立返青成活，扎根立苗。
- 返青分蘖期：同款灌溉，水层以2~3厘米为宜，并适时露田，做到后干后上水，做到水气调节，以水调气，以气调根，促进分蘖早生快发。
- 拔节长穗期：应保持10~15天的2~3厘米的浅水层。
- 开花结实期：干湿交替，不可断水过早，穗后的20~25天内，需水量较大，这一阶段应保持浅水层；出穗25天以后，根系逐渐衰老，此时采用间歇灌溉法，即灌一次浅水后，自然落干，后再上水，且落干期应逐渐加长，灌水量逐渐减少，直至成熟。稻株出穗育秆黄熟，确保育秆黄熟。

病虫草防治： 杂草防治：插后7~10天结合施肥时拌入"稻田移栽净"等除草剂防除杂草。中嘉早17易感白叶枯病、稻瘟病，要重点做好叶枯病和稻瘟病的防治，并用锐劲特、杀虫双和扑虱灵等重点防治螟虫、稻飞虱、稻纵卷叶螟等虫害。

6. 淦鑫203早季稻人工移（抛）栽配套栽培技术模式图

月份	3月			4月			5月			6月			7月		
	上	中	下	上	中	下	上	中	下	上	中	下	上	中	下
节气	惊蛰	春分		清明	谷雨		立夏	小满		芒种	夏至		小暑	大暑	
产量构成	早稻籼型组合，全生育期113天；产量构成：有效穗数23万～25万/667平方米，每穗粒数100～110粒，结实率80%以上，千粒重27～28克。														
生育期	3/25～30 播种			秧田期25～30天		移栽	有效分蘖 无效分蘖		拔节长穗期		抽穗		灌浆结实期	7/16～21 成熟	
茎蘖动态			23万～25万			23万～25万			32万～35万			24万～26万		23万～25万	
育秧	育秧方式：塑盘旱育，每667平方米大田备足种子2.0千克；每667平方米大田备足561孔塑料秧盘45～50片或434孔塑料秧盘65～70片。														
栽插	栽插方式：人工移（抛）栽，秧龄：25天，密度：行株距23.3厘米×13.3厘米，每667平方米2.0万～2.2万兜，每兜2～3株。														
施肥	培肥苗床：冬前翻耕，667平方米施腐熟有机肥30～40担，作秧床。播后，每盘用育秧肥或壮秧剂10～15克，将壮秧剂1/2与细土拌匀后施入秧畦，另1/2摆盘后再装进秧盘孔穴中。		本田基肥：移栽田前每667平方米施复合肥40千克，或用钙镁磷肥40千克，对水300克尿素和3克氯化钾，施肥后喷施，用清水再喷一次。秧田追肥：移栽2～3天施送嫁肥，每盘3克尿素。			分蘖肥：在移栽后5～7天结合化学除草施用的667平方米施尿素6～7千克，氯化钾10千克。			穗肥：在倒2叶抽出期（约抽穗前15天）每667平方米施尿素7～8千克和氯化钾5千克。	肥料运筹总体原则：中等肥力田块，本田每667平方米施氮（N）12千克，磷（P$_2$O$_5$）5～6千克，钾（K$_2$O）8～10千克，红花草田穗肥氮酌情少施。					
灌溉	旱育秧或湿润旱育，无水或薄水移（抛）栽，薄水返青，湿润分蘖，达到18万～20万苗/667平方米晒田，保水孕穗扬花，干湿灌浆，收割前5天断水。														
病虫草防治	用强氯精或35%的恶苗灵浸种消毒。		秧苗期重点防治立枯病，发生立枯病时在发病处用3%广枯灵药液或敌克松或甲霜灵药液喷洒防治；秧前3～5天喷施一次长效农药，秧苗带药下田。			移栽后5～7天，每667平方米可选用30%丁苄100～120克或35%苄嘧20～30克等除草剂与分蘖肥拌匀后撒施，并保持浅水层5天。5月上旬（分蘖盛期）防治二化螟。			5月下旬至6月上旬（分蘖末期至孕穗期）重点防治纹枯病稻瘟病，纵卷叶螟。	6月中旬（破口抽穗初期）重点防治稻瘟病，纹枯病，二化螟。			6月下旬至7月上中旬（穗期）重点防治纹枯病，稻飞虱。		

7. 金优458人工移（抛）栽配套栽培技术模式图

月份	3月			4月			5月			6月			7月		
节气	上 惊蛰	中	下 春分	上 清明	中	下 谷雨	上 立夏	中	下 小满	上 芒种	中	下 夏至	上 小暑	中	下 大暑
产量构成	早稻籼型组合，全生育期113天；产量构成：有效穗数22万~24万/667平方米，每穗粒数105~115粒，结实率80%以上，千粒重28~29克。														
生育期			3月下旬播种[播种]	秧田期		移栽[移栽]　有效分蘖	无效分蘖	拔节[拔节]	拔节长穗期		抽穗[抽穗]	灌浆结实期		成熟[成熟]	
育秧	育秧方式：塑盘旱育；每667平方米大田备足种子2.0~2.5千克；每667平方米大田备足434孔塑料秧盘65~70片。														
栽插	栽插方式：人工移（抛）栽，秧龄：25天，密度：行株距23.3厘米×13.3厘米，每667平方米2.0万~2.2万蔸，每蔸2~3株。														
施肥	培育苗床：冬前翻耕，秧田施有机肥667平方米30~40担，作畦后，每盘用育肥或壮秧剂10~15克，将其中1/2与干细土拌匀后均匀撒施，另1/2摆盘后装秧进秧盘孔穴中。　秧田追肥：秧田2~3天施送嫁肥，按每盘3片秧用尿素和3克氯化钾，对水300千克喷施，施肥后用清水再喷一次。　本田基肥：移栽本田前每667平方米施用45%的复合肥40千克，或钙镁磷肥40千克，尿素10千克。　分蘖肥：在移栽后5~7天结合化学除草施分蘖肥，每667平方米施尿素6~7千克，氯化钾10千克。　穗肥：在倒2叶抽出期（约抽穗前15天）施穗肥，每667平方米施尿素7~8千克和氯化钾5千克。　肥料运筹总体原则：中等肥力田块，本田每667平方米施氮（N）12千克，磷（P_2O_5）5~6千克，钾（K_2O）8~10千克。红花草田需肥氮的酌情少施。														
灌溉	旱育秧或湿润播种育水断水。			无水或薄水移（抛）栽，薄水返青，湿润分蘖，达到17万~19万苗/667平方米晒田，保水孕穗扬花，干湿灌浆，收割前5天。											
病虫草防治	用强氯精或35%的恶苗灵精浸种消毒。		秧苗期重点防治立枯病，发生立枯病时在发病处用甲霜灵药液300~500倍敌克松或甲霜灵防治，起秧前3~5天喷施一次长效农药，秧苗带药下田。	移栽后5~7天，每667平方米可选用30%丁苄100~120克等除草剂与分蘖肥拌匀后撒施，并保持水层5天。5月上中旬（分蘖盛期）防治二化螟。			5月下旬至6月上旬（分蘖末期至孕穗期）重点防治纹枯病和稻瘟病，纹卷叶螟。			6月中旬（破口抽穗初期）重点防治稻瘟病，纹枯病，二化螟。			6月下旬至7月上中旬（穗期）重点防治纹枯病，稻病，稻飞虱。		

143

8. 新丰优22早季稻人工移（抛）栽配套栽培技术模式图

月份	3月上	3月中	3月下	4月上	4月中	4月下	5月上	5月中	5月下	6月上	6月中	6月下	7月上	7月中	7月下
节气	惊蛰		春分	清明		谷雨	立夏		小满	芒种		夏至	小暑		大暑
产量构成	早稻籼型组合，全生育期115天；产量构成：有效穗数21万～23万/667平方米，每穗粒数110～120粒，结实率80%以上，千粒重26克～27克。														
生育期		播种			移栽		有效分蘖	无效分蘖	拔节		拔节长穗期	抽穗	灌浆结实期		成熟
育秧	秧田期														

育秧：大田用种量2.0千克。育秧方式：湿润育秧，秧田与大田比为1：10；塑盘育秧，每667平方米大田备足434孔塑料秧盘65～70片。

栽插：秧龄：25天。密度：每667平方米抛足2.2万～2.4万蔸。移栽行株距23.1厘米×13.2厘米。

施肥：
- 培肥苗床：冬前翻耕，667平方米施腐熟有机肥30～40担。整地前667平方米秧田施尿素和氯化钾各3～4千克和氯化钾各10千克，钙镁磷肥50千克作秧田基肥。抛秧育秧秧田作畦。每盘施壮秧肥或将其中1/2与施肥均匀施入秧畦，另1/2摆播种前施入。
- 秧田追肥：湿润育秧在2叶1心期每667平方米秧田施尿素和氯化钾各2～3千克做"断奶肥"，秧苗瘦弱的在移栽前3～5天还可再施尿素和氯化钾各3千克做"送嫁肥"。抛秧育秧秧田作畦，每片秧盘3千克氯化钾，对水300千克喷施，施肥后用清水再喷一次。
- 本田基肥：湿润育秧：把田前每667平方米施含45%的复合肥40千克，或钙镁磷肥50千克，秧苗移栽前10～11千克。
- 分蘖肥：在移（抛）栽后5～7天结合化学除草施分蘖肥，每667平方米施尿素5～6千克，氯化钾8～10千克。
- 穗肥：在倒2叶期出现（抽穗前15～20天）看苗施穗肥，每667平方米施尿素7～8千克和氯化钾4～5千克。
- 肥料运筹总体原则：中等肥力田块，本田每667平方米施氮(N)12千克，磷(P_2O_5)5～6千克，钾(K_2O)8千克。红花草田穗肥氮酌情少施。

灌溉：无水或薄水移（抛）栽，薄水返青，湿润分蘖，达到18万～20万苗/667平方米晒田，保水孕穗扬花，干湿灌浆，收割前5天断水。

病虫草防治：
- 用强氯精或35%的恶苗灵浸种消毒。
- 秧苗期重点防治立枯病，发生立枯病时在发病处克霜灵药液或甲霜灵药液浇施。拔秧前3～5天喷施一次长效农药，秧苗带药下田。
- 移栽后5～7天，每667平方米可选用30%丁苄100～120克或35%苄嘧20～30克等除草剂与分蘖肥拌匀后撒施，并保持浅水层5天。5月上中旬（分蘖盛期）防治二化螟。
- 5月下旬至6月上旬（分蘖末期至孕穗期）重点防治纹枯病和稻纵卷叶螟。
- 6月中旬（破口抽穗初期）重点防治稻瘟病、纹枯病、二化螟。
- 6月下旬至7月上中旬（穗期）重点防治纹枯病、稻飞虱。

9. 春光1号早季稻人工移（抛）栽配套栽培技术模式图

月份	3月			4月			5月			6月			7月		
	上	中	下	上	中	下	上	中	下	上	中	下	上	中	下
节气	惊蛰		春分	清明		谷雨	立夏	小满		芒种		夏至	小暑		大暑

产量构成： 早稻稻型组合，全生育期108天；产量结构：每667平方米有效穗数24万~26万，每穗粒数95~100粒，结实率85%左右，千粒重25.5克左右。

生育期： 播种 — 秧田期 — 移栽 — 有效分蘖 — 无效分蘖 — 拔节 — 抽穗 — 灌浆结实期 — 成熟

茎蘖动态：

育秧： 大田用种量2.5千克。育秧方式：湿润育秧，秧田与大田比为1:10；塑盘旱育，每兜2~3株，每667平方米大田备足561孔塑料秧盘45~50片。

栽插： 人工移栽密度2.2万兜/667平方米，栽插规格为23.1厘米×13.3厘米，每兜2~3株。抛秧每667平方米抛足19~21万/667平方米。

施肥：

- 培肥苗床：冬前翻耕，机肥30~40担，整墒前667平方米施尿素和氯化钾各3~4千克，秧田前667平方米施尿素和氯化钾各10千克，钙镁磷肥50千克作秧田基肥。抛秧育秧田作畦，每盘壮秧肥或施壮秧剂10~15克，将其中1/2与细土拌匀后均入秧畦，另1/2摆播前施入。
- 秧田追肥：湿润育秧在2叶1心期每667平方米秧田施尿素和氯化钾各3~4千克，做"断奶肥"，瘦弱的在移栽前3~5天还可再施尿素和氯化钾各4~5千克做"送嫁肥"。抛秧盘每片秧盘3克尿素和3克氯化钾，施肥后用清水再喷一次。
- 本田基肥：耙田前每667平方米施45%的复合肥40千克，或钙镁磷肥50千克，尿素10~11千克。
- 分蘖肥：在移（抛）栽后5~7天结合化学除草施分蘖肥，每667平方米施尿素7~8千克，氯化钾8~10千克。
- 穗肥：在倒2叶抽出期（抽穗前15~20天）看苗施穗肥，每667平方米施尿素5~6千克和氯化钾5千克。
- 肥料运筹总体原则：中等肥力田块，本田每667平方米施氮（N）11~12千克，磷（P_2O_5）5~6千克，钾（K_2O）8千克。红花草田穗肥氮酌情少施。

灌溉： 旱育秧采用干湿水移（抛）栽，无水或薄水移栽下田，薄水返青，湿润分蘖，达到19~21万/667平方米晒田，保水孕穗扬花，干湿灌浆，收割前5天断水。

病虫草防治：

- 播种前用强氯精或35%的恶苗灵浸种消毒，用吡虫啉防治蓟马，移栽前3天用吡虫啉喷施。
- 秧苗期重点防治立枯病，发生立枯病时在发病处用敌克松或甲霜灵药液喷洒防治；秧田3~5天喷施一次长效农药，秧苗带药下田。
- 移栽后5~7天，每667平方米可选用30%丁苄100~120克或35%苄嘧灵药液或甲萦灵药液起秧蘸施，并保持浅水层5天中旬（分蘖盛期）防治二化螟。
- 5月下旬至6月上旬（分蘖末期至孕穗期）重点防治纹枯病和稻纵卷叶螟。
- 6月中旬（破口抽穗初期）重点防治稻瘟病、纹枯病，叶面喷施"爱苗"。
- 6月下旬至7月上中旬（穗期）重点防治纹枯病、稻飞虱，花后结合病虫防治，叶面喷施"爱苗"。

10. 株两优819早季稻抛栽高产配套栽培技术模式图

月份	3月 上	3月 中	3月 下	4月 上	4月 中	4月 下	5月 上	5月 中	5月 下	6月 上	6月 中	6月 下	7月 上	7月 中	7月 下
节气	惊蛰		春分	清明		谷雨	立夏		小满	芒种		夏至	小暑		大暑
产量构成	早稻籼型组合，生育期107天。产量构成：有效穗数21万～25万/667平方米，每穗粒数110粒左右，结实率80%以上，千粒重25克。															
生育期			播种	秧田期	移栽	有效分蘖 无效分蘖		拔节	拔节长穗期	抽穗	灌浆结实期	成熟			
茎蘖动态	6万～8万			21万～25万			32万～36万			22万～26万			21万～25万		
育秧	育秧方式：塑盘旱育，每667平方米大田备足杂交稻种子2.0千克。															
栽插	栽插方式：人工移栽，秧龄25天，密度：行株距23.3厘米×13.3厘米，每667平方米大田备足561孔塑料秧盘45～50片，每蔸2～3株。每667平方米大田2.0～2.2万蔸。															
施肥	培肥苗床：冬前翻耕，每667平方米施腐熟有机肥30～40担，作睡后，每盘用育秧肥或壮秧剂10～15克，将其中1/2与干细土拌匀后均匀施入秧睡，另1/2摆盘后装进盘孔穴中。	秧田追肥：移栽前2～3天施送嫁肥，每片秧盘3克尿素或3克氯化钾，对水300克喷施，施肥后用清水再喷一次。	本田基肥：把本田667平方米按田前每667平方米的复合肥40千克，或钙镁磷肥40或钙镁磷肥40千克，尿素10千克。	分蘖肥：在移栽后5～7天结合化学除草施分蘖肥，667平方米施尿素6～7千克，氯化钾12千克。	穗肥：在（倒）2叶抽出期（约抽穗前15天）每667平方米施尿素7～8千克和氯化钾5千克。	肥料运筹总体原则：中等肥力田块，本田每667平方米施氮（N）12千克，磷（P_2O_5）5～6千克，钾（K_2O）10千克。红花草田施肥氮酌情少施。											
灌溉	旱育秧或湿润播育秧	无水或薄水（抛）栽	薄、浅水返青	移栽后5～7天，每667平方米选用30%丁苄100～120克或35%苄嘧磺20～30克等除草剂与分蘖肥拌匀后撒施，并保持浅水层5天。5月上中旬（分蘖盛期）防治二化螟。	湿润分蘖，达到18万～20万苗/667平方米晒田，保水孕穗扬花，干湿灌浆，收割前5天断水。											
病虫草防治	用强氯精或35%的恶苗灵浸种消毒。	秧苗期防治立枯病，发生立枯病时在发病初用300～500倍敌克松或甲霜灵药液喷洒防治；秧前3～5天喷施一次长效农药，秧苗带药下田。		5月下旬至6月上旬（分蘖末期至孕穗期）重点防治纹枯病和稻纵卷叶螟。	6月中旬（破口抽穗初期）重点防治稻瘟病、纹枯病、二化螟。	6月下旬至7月上中旬（穗期）重点防治纹枯病、稻飞虱。									

注：本规程适用于江西省区域。

11.03优66早季人工移（抛）栽配套栽培技术模式图

月份	3月上	3月中	3月下	4月上	4月中	4月下	5月上	5月中	5月下	6月上	6月中	6月下	7月上	7月中	7月下
节气	惊蛰		春分	清明		谷雨	立夏		小满	芒种		夏至	小暑		大暑
产量构成	早稻籼型组合，全生育期109天，产量构成：有效穗数24万~26万/667平方米，每穗粒数85~95粒，结实率85%以上，千粒重27克。														
生育期			3/25~30 播种 秧田期25~30天		4/20~25 栽 秧田期25~30天				抽穗	灌浆结实期			成熟		
茎叶动态						6万~8万	24万~26万（有效分蘖 无效分蘖）		33万~38万		26万~28万			24万~26万	
							拔节长穗期								
育秧	育秧方式：塑盘旱育，每667平方米大田备足杂交稻种子2.5千克；每667平方米大田备足561孔塑料秧盘45~50片。														
栽插	栽插方式：人工移栽或抛栽，秧龄：20~25天，密度：行株距23.3厘米×13.3厘米，每667平方米2.0~2.2万兜，每兜2~3株。														
施肥	培肥苗床：冬前翻耕，667平方米大田施有机肥30~40担，作睡后，每盘用育秧肥或壮秧剂10~15克，将其中1/2与干细土拌匀后均匀施入秧睡，另1/2摆盘后施进秧盘孔穴中。			秧田追肥：移栽前2~3天施送嫁肥，按每片秧盘3克尿素和3克氯化钾，对水300克喷施，施肥后用清水再喷一次。		本田基肥：耙田前每667平方米施含45%的复合肥30千克，或钙镁磷肥30千克、尿素10千克。		分蘖肥：在移栽后5~7天结合化学除草施分蘖肥，每667平方米施尿素15千克、氯化钾5千克。		穗肥：在（倒）2叶抽出期（约抽穗前15天）施尿素7~8千克、氯化钾5千克。	中等肥力田块，本田每667平方米施氮（N）11千克、磷（P$_2$O$_5$）5~6千克、钾（K$_2$O）8~10千克。红花草田穗肥氮酌情少施。				
灌溉	无水或薄水移栽、薄水返青、湿润分蘖，达到18万~20万苗/667平方米晒田，保水孕穗扬花、干湿灌浆，收割前5天断水。														
病虫草防治	旱育秧或湿播旱育		用强氯精或35%的恶苗灵精或苗灵浸种消毒。	秧苗期重点防治立枯病，发生立枯病时在发病处用300~500倍敌克松或甲霜灵药液喷洒防治；秧前3~5天喷施一次长效农药，秧苗带药下田。		移栽后5~7天，每667平方米可选用30%丁苄100~120克或35%苄嘧磺隆20~30克等除草剂与分蘖肥拌匀后撒施，并保持浅水层5天；5月上旬（分蘖盛期）防治二化螟。			5月下旬至6月上旬（分蘖末期至孕穗期）重点防治纹枯病和稻纵卷叶螟。		6月中旬（破口抽穗初期）重点防治稻瘟病、纹枯病、二化螟。		6月下旬至7月上中旬（穗期）重点防治纹枯病、稻瘟病、稻飞虱。		

12. 株两优819早季稻抛秧高产栽培技术模式图

月份	3月 上旬	中旬	下旬	4月 上旬	中旬	下旬	5月 上旬	中旬	下旬	6月 上旬	中旬	下旬	7月 上旬	中旬	下旬
产量构成	全生育期约108天，叶片数12.0~12.5叶，目标产量520千克/667平方米，产量构成为：每667平方米22万~23万穗，每穗110粒左右，结实率85%以上，千粒重24~25克。														
生育期	3/20~23准备秧田 3/26~28播种			秧田期 4/25~27移栽			有效分蘖期5/5~17 5/20前拔节			长穗期 6/15~17抽穗			灌浆结实期 7/15前成熟		
育秧	大田用种量2.5~3.0千克/667平方米，每667平方米353孔塑料种盘65盘，播种量40~42克/盘。														
栽插	方式：摆栽或点抛栽秧，密度约每平方米30穴（行穴距16.5厘米×19.8厘米），基本苗2~3苗/穴。														
施肥	秧田培肥：667平方米施30%复合肥20千克，尿素10千克。			起身肥：3叶期，667平方米施尿素4~5千克。 大田基肥：667平方米施尿素约10千克，磷肥50千克，氯化钾6~7千克。			分蘖肥：667平方米施尿素4~6千克。 促花肥：667平方米施尿素约5千克，氯化钾6~7千克。			保花肥：667平方米施尿素2~3千克。		说明：◆每667平方米本田施纯氮9~10千克，磷肥(P_2O_5)4.5~5.0千克，钾肥(K_2O)7~8千克，复合肥、碳酸氢铵等有机肥，则应计算其养分含量。◆如果施用有机肥料，则应计算其养分含量。◆大田基肥在插秧前1~2天施用；分蘖肥在插秧后7~8天施用；促花肥在5月13~15日施用；保花肥在5月27~30日施用。			
灌溉	移栽田深水（抛秧湿润） 活苗			浅水分蘖（在有效分蘖终止期开沟和围沟排水晒田）			晒田控蘖		湿润长穗	有水抽穗		干湿壮籽			
病虫草防治	播种前用强氯精或鲜氯胺浸种，或者用种衣剂包衣种子。 秧苗期重点防治立枯病，发生立枯病时在发病处用300~500倍敌克松或甲霜灵药液喷洒防治。起秧或拔秧前3~5天喷施一次长效农药，秧苗带药下田。			移栽前3~5天：移栽稻除草剂，或者抛栽稻除草剂等，均可拌细土或者拌砂子撒施。			5月20~25日：二化螟：1.8%阿维菌素+40%毒死蜱油等。纹枯病：井冈霉素等。			6月15日前后：稻纵卷叶螟：50%阿维菌散乳油，或20%氯虫苯甲酰胺悬浮剂等。稻飞虱：25%吡蚜酮等。纹枯病：井冈霉素。二化螟：1.8%阿维菌素+40%毒死蜱油等。		说明：◆具体防治时间按照当地植保部门的病虫情报确定。◆用足水量，以提高防治效果。			

注：本规程适用于湖南省省区域。大田基肥在插秧前1~2天施用；起身肥在插秧前4天施用；分蘖肥在插秧后5~7天施用；促花肥在插秧后1~2天施用；大田基肥在插秧前1~2天施用；保花肥在5月10~15日施用；促花肥在插秧后5~7天施用；保花肥6月初施用。

13. 陆两优819早季稻抛秧高产栽培技术模式图

月份	3月			4月			5月			6月			7月		
	上旬	中旬	下旬	上旬	中旬	下旬	上旬	中旬	下旬	上旬	中旬	下旬	上旬	中旬	下旬
产量构成	全生育期约107天，叶片数12.2~12.7叶，目标产量530千克/667平方米，产量构成为：每667平方米22万~23万穗，每穗110粒左右，结实率85%左右，千粒重26~27克。														
生育期	3/20~23 准备秧田	3/26~28 播种		秧田期	4/25~27 移栽		有效分蘖期 5/5~17		5/22 前拔节	长穗期	6/15~17 抽穗		灌浆结实期		7/15 前成熟
育秧	大田用种量2.5~3.0千克/667平方米，每667平方米353孔塑料秧盘65盘，播种量40~42克/盘。														
栽插	方式：摆栽或点抛栽秧，密度约每平方米30穴（行穴距16.5厘米×19.8厘米），基本苗2~3苗/穴。														
施肥	秧田培肥：每667平方米施30%复合肥20千克、尿素10千克。 起身肥：3叶期：667平方米施尿素4~5千克。看苗适量施用。			大田基肥：667平方米施尿素约10千克，磷肥50千克，氯化钾7~8千克。			分蘖肥：667平方米施尿素5~6千克。			促花肥：667平方米施尿素5千克，氯化钾7~8千克。 保花肥：667平方米施尿素2~3千克。			说明：◆每667平方米本田施纯氮9~10千克，磷肥(P₂O₅)4.5~5.0千克，钾肥(K₂O)7~8千克。◆如果施用有机肥、复合肥、碳酸氢铵等肥料，则应分别计算其养分含量。◆大田基肥在插秧前1~2天施用；分蘖肥在插秧后7~8天施用；促花肥在5月13~15日施用；保花肥在5月27~30日施用。		
灌溉	移栽田深水（抛秧田湿润）		活苗		浅水分蘖		晒田控蘖		湿润长穗	有水抽穗		干湿壮籽			
						（在有效分蘖终止期开腰沟和围沟排水晒田）								
病虫草防治	播种前：用强氯精或咪鲜胺浸种，或者用种衣剂包衣种子。		秧苗期重点防治立枯病，发生立枯病时在发病处用300~500倍敌克松或甲霜灵药液喷洒防治。起秧或拔秧前3~5天喷施一次长效农药，秧苗带药下田。	移栽后3~5天：移栽稻除草剂，或者抛栽稻除草剂等，均可拌肥或拌沙子撒施。			5月20~25日：二化螟：1.8%阿维菌素+40%毒死蜱乳油等。纹枯病：井冈霉素等。			6月15日前后：纵卷叶螟：50%稻丰散乳油，或20%氯虫苯甲酰胺悬浮剂等稻飞虱：25%吡蚜酮等纹枯病：井冈霉素等二化螟：1.8%阿维菌素+40%毒死蜱乳油等。			说明：◆具体防治时间按照当地植保部门的病虫情报确定。◆用足水量，以提高防治效果。		

注：大田基肥在插秧前1~2天施用；起身肥在插秧前4天施用；分蘖肥在插秧后5~7天施用；促花肥在5月10~15日施用；保花肥在6月初施用。

149

14. 两优287早季稻抛秧高产栽培技术模式图

月份	3月 上旬	中旬	下旬	4月 上旬	中旬	下旬	5月 上旬	中旬	下旬	6月 上旬	中旬	下旬	7月 上旬	中旬	下旬
产量构成	全生育期113天，叶片数12.5~13.0叶，千粒重25~26克。			目标产量540千克/667平方米，产量构成为：每667平方米22万~23万穗，每穗120粒左右，结实率约85%。											
生育期	3/20~23准备秧田	3/26~28播种	秧田期	4/25~27移栽	有效分蘖期5/5~17		5/22前拔节	长穗期		6/22~23抽穗	灌浆结实期		7/23前成熟		
育秧	大田用种量2.5~3.0千克/667平方米，每667平方米353孔塑料秧盘65盘，播种40~42克/盘。														
栽插	方式：摆栽或点抛栽秧，每平方米约30穴（行穴距16.5厘米×19.8厘米），基本苗2~3苗/穴。														
施肥	秧田培肥：667平方米施30%复合肥20千克，尿素10千克。	3叶期：667平方米施尿素4~5千克。	起身肥：看苗适量施用。	大田基肥：667平方米施尿素约11千克，磷肥50千克，氯化钾7~8千克。	分蘖肥：667平方米施尿素4~6千克。		促花肥：667平方米施尿素5千克，氯化钾7~8千克。	保花肥：667平方米施尿素2~3千克。		说明：◆每667平方米本田施纯氮10~11千克，磷肥（P_2O_5）4.5~5.0千克，钾肥（K_2O）8~9千克。◆如果施用有机肥、复合肥、碳酸氢铵等肥料，则应计算其中其次分含量。◆大田基肥在插秧前1~2天施用；促花肥在插秧后7~8天施用；保花肥在5月13~15日施用。分蘖肥在5月27~30日施用。					
灌溉	移栽田深水（抛秧田湿润）		活苗	浅水分蘖	晒田控蘖（在有效分蘖终止期开腰沟和围沟排水晒田）		湿润长穗	有水抽穗	干湿壮籽						
病虫草防治	播种前：用强氯精或咪鲜胺浸种，或者用种衣剂包衣种子。	秧苗期重点防治立枯病，发生立枯病时在发病处用300~500倍敌克松或甲霜灵药液喷洒防治。起身前3~5天喷施一次长效农药，秧苗带药下田。		移栽后3~5天：移栽稻除草剂，或者抛栽稻除草剂，均可拌肥或者拌沙子撒施。	5月20~25日：二化螟：1.8%阿维菌素+40%毒死蜱乳油等。纹枯病：井冈霉素等。		6月15日前后：纵卷叶螟：50%稻丰散乳油，或20%氯虫苯甲酰胺悬浮剂等。稻飞虱：25%吡蚜酮等。纹枯病：井冈霉素等。二化螟：1.8%阿维菌素+40%毒死蜱乳油等。		说明：◆具体防治时间按照当地植保部门的病虫情报确定。◆用足水量，以提高防治效果。						

注：大田基肥在插秧前1~2天施用；起身肥在插秧前4天施用；分蘖肥在插秧后4天施用；促花肥在插秧后5~7天施用；分蘖肥在插秧后5~7天施用；保花肥在5月17~10日施用；促花肥在6月初施用。

15. 中嘉早32早季稻抛秧高产栽培技术模式图

月份	3月上旬	3月中旬	3月下旬	4月上旬	4月中旬	4月下旬	5月上旬	5月中旬	5月下旬	6月上旬	6月中旬	6月下旬	7月上旬	7月中旬	7月下旬
产量构成	全生育期约112天，叶片数12.5～12.8叶，干片重29～30克。目标产量540千克/667平方米，产量构成为：每667平方米18万～20万穗，每穗140粒左右，结实率80%以上。														
生育期	3/20～23准备秧田	3/26～28播种		4/25～27移栽			有效分蘖期5/5～17	5/21前拔节	长穗期	6/21～22抽穗	灌浆结实期	7/21前成熟			
育秧	大田用种量4.5～5.0千克/667平方米，每667平方米353孔塑料秧盘每667平方米65盘，播种量65～70克/盘。														
栽插	方式：摆栽或点播抛栽秧，密度每平方米约30穴（行穴距16.5厘米×19.8厘米），基本苗5～6苗/穴。														
施肥	播种前：用强氯精或咪鲜胺浸种，或者用种衣剂包衣种子。 秧田培肥：667平方米施30%复合肥20千克，尿素10千克。 3叶期：667平方米施尿素约5千克。 起身肥：看苗适量施用。 大田基肥：667平方米施尿素约11千克，磷肥50千克，氯化钾7～8千克。 分蘖肥：667平方米施尿素4～6千克。 促花肥：667平方米施尿素约5千克，氯化钾7～8千克。 保花肥：667平方米施尿素2～3千克。 说明：◆每667平方米本田施纯氮10～11千克，磷肥（P_2O_5）4.5～5.0千克，钾肥（K_2O）7～8千克，碳酸氢铵等肥料。◆如果施用有机肥、复合肥、碳酸氢铵等肥料，则应计算其养分含量。◆大田基肥在插秧前1～2天施用；促花肥在插秧后7～8天施用；保花肥在5月13～15日施用；分蘖肥在5月27～30日施用。														
灌溉	移栽田深水（抛秧田湿润）		活苗		浅水分蘖		晒田控蘖（在有效分蘖终止期开腰沟和围沟排水晒田）		湿润长穗	有水抽穗	干湿壮籽				
病虫草防治	秧苗期重点防治立枯病，发生立枯病时在发病初期用300～500倍敌克松或惠灵药液喷洒防治。起秧3～5天喷施一次长效农药，秧苗带药下田。		移栽后3～5天，或者抛栽稻除草剂等，均可拌肥或者拌沙子撒施。		5月20～25日：一化螟：1.8%阿维菌素+40%毒死蜱乳油等，纹枯病：井冈霉素等。		6月15日前后：纵卷叶螟：50%稻丰散乳油，或20%氯虫苯甲酰胺悬浮剂等 稻飞虱：25%吡蚜酮等 纹枯病：井冈霉素等 一化螟：1.8%阿维菌素+40%毒死蜱乳油等。		说明：◆具体防治时间按照当地植保部门的病虫情报确定。◆用足水量，以提高防治效果。						

注：大田基肥在插秧前1～2天施用；起身肥在插秧前4天施用；分蘖肥在插秧后5～7天施用；促花肥在5月13～17日施用；保花肥在6月初施用。

16. 陵两优268早季稻高产栽培技术模式图

月份	3月上旬	3月中旬	3月下旬	4月上旬	4月中旬	4月下旬	5月上旬	5月中旬	5月下旬	6月上旬	6月中旬	6月下旬	7月上旬	7月中旬	7月下旬
产量构成	全生育期113天，叶片数12.5～12.7叶，目标产量550千克/667平方米，产量构成为：每667平方米22万～23万穗，每穗110粒左右，结实率85%以上，千粒重26～27克。														
生育期		3/20～23准备秧田	3/26～28播种			4/25～27移栽	有效分蘖期5/5～17	5/20前拔节		长穗期	6/20～22抽穗		灌浆结实期	7/23前成熟	
育秧	大田用种量2.5～3.0千克/667平方米，旱育秧每667平方米本田约20平方米旱秧床，播种量90～95克/平方米，353孔塑盘秧每667平方米70盘，播种量35～40克/盘。														
栽插	方式：人工插秧（旱育秧），或者摆栽或点抛（塑盘秧）。行穴距：13.2厘米×23.1厘米，或者16.5厘米×19.8厘米。基本苗2～3苗/穴。														

施肥

秧田培肥：667平方米施20千克，尿素5千克。（3叶期：667平方米施尿素4～5千克。）

起身肥：看苗适量施用。

大田基肥：667平方米施尿素约12千克，磷肥50千克，氯化钾8～10千克。

分蘖肥：667平方米施尿素5～6千克，氯化钾8千克。

促花肥：667平方米施尿素7～8千克。

保花肥：667平方米施尿素7～8千克。

说明：◆每667平方米本田施纯氮11～12千克，磷肥（P_2O_5）4.5～5.0千克，钾肥（K_2O）9～10千克。◆如果施用有机肥料，复合肥、碳酸氢铵等肥料，则应计算其养分含量。◆大田基肥在插秧前1～2天施用；分蘖肥在插秧后7～8天施用；促花肥在5月13～15日施用；保花肥在5月27～30日施用。

灌溉

移栽田深水（抛秧田湿润）— 活苗 — 浅水分蘖 — 晒田控蘖（在有效分蘖终止期开好腰沟和围沟排水晒田）— 湿润长穗 — 有水抽穗 — 干湿壮籽

病虫草防治

播种前：用强氯精或咪鲜胺浸种，或者用种衣剂包衣种子。

秧苗期重点防治立枯病、发生立枯病时在发病处用300～500倍敌克松或甲霜灵药液喷洒防治。起秧或成秧前3～5天喷施一次长效农药，秧苗带药下田。

移栽后3～5天：移栽稻除草剂，或者抛栽稻除草剂等，均可拌肥或者拌沙子撒施。

5月20～25日：二化螟：1.8%阿维菌素+40%毒死蜱乳油等。纹枯病：井冈霉素等。

6月15日前后：纵卷叶螟：50%稻丰散乳油，或20%氯虫苯甲酰胺悬浮剂等。稻飞虱：25%吡蚜酮等。纹枯病：井冈霉素二化螟：1.8%阿维菌素+40%毒死蜱乳油等。

说明：◆具体防治时间按照当地植保部门的病虫情报确定。◆用足水量，以提高防治效果。

注：大田基肥在插秧前1～2天施用；起身肥在插秧前4天施用；分蘖肥在插秧后5～7天施用；促花肥在5月10～15日施用；保花肥在6月初施用。

二、晚稻超级稻品种栽培技术模式图

1. 五丰优 T025 连作晚稻人工移（抛）栽配套栽培技术模式图

月份	6月			7月			8月			9月			10月		
	上	中	下	上	中	下	上	中	下	上	中	下	上	中	下
节气	芒种		夏至	小暑		大暑	立秋		处暑	白露		秋分	寒露		霜降
产量构成	晚稻籼型组合；全生育期115天；每667平方米有效穗数21万~23万，每穗粒数140~160粒，结实率85%左右，干粒重23~24克。														
生育期	播种			秧田期		移栽		拔节		抽穗				成熟	
							无效分蘖		灌浆结实期						
茎蘖动态			6万~8万			6万~8万	21万~23万		28万~30万	22万~24万			21万~23万		
育秧	大田用种量：1.25~1.5千克/667平方米。湿润育秧：秧田与大田比为1：8；塑盘育秧：每667平方米大田备足434孔秧盘55~60片。														
栽插	人工移栽：秧龄20~25天，密度：行株距23.3厘米×13.3厘米，每667平方米2.0万~2.2万蔸，每蔸2~3株；人工抛栽：秧龄20天，密度：每667平方米2.2万~2.4万蔸。														
施肥	秧田基肥：每667平方米秧田施用总合肥40千克或每667平方米施45%的复合肥40千克，氯化钾10千克，钙镁磷肥40千克。秧田追肥：1叶1心期每平方米用多效唑150克对水100千克叶面喷施；湿润育秧667平方米施5~6千克尿素做断奶肥；移栽前4~5天667平方米施尿素4~5千克，氯化钾10千克，塑盘育秧在1叶1心~2叶1心期，看苗情每667平方米用尿素0.5千克和氯化钾0.5千克对水20千克喷洒，喷后用清水再喷施一次。						本田基肥：在稻草还田的基础上，每667平方米施总养分45%的复合肥40千克或施尿素11~13千克，钙镁磷肥40~50千克。分蘖肥：在移（抛）栽后5~7天，结合化学除草施分蘖肥，667平方米施尿素4~5千克，氯化钾10千克。			穗肥：在倒2叶抽出时（约抽穗前15天）施穗肥，667平方米施尿素6~8千克和氯化钾5千克。肥料运筹总体原则：中等肥力田块，本田每667平方米施氮（N）12~13千克，磷（P_2O_5）5~6千克，钾（K_2O）8~10千克。					
灌溉	塑盘育秧湿润播旱育，湿润播湿润，干湿灌播浅灌，收割前7天断水。						薄水移（抛）栽，浅水活棵，湿润分蘖，达到16万~18万苗/667平方米晒田，足水保胎，有水抽穗扬花，干湿壮籽。								
病虫草防治	用强氯精或咪鲜胺浸种消毒。秧田期注意防治稻蓟马和叶蝉、二化螟。拔节期3~5天喷施一次长效农药，秧苗带药下田。						移（抛）栽后5~7天，每667平方米可选用30%丁苄100~120克或35%苄嘧20~30克除草剂与分蘖肥拌匀后撒施，并保持浅水层4~5天。7月底至8月初（分蘖期），注意防治二化螟。8月中下旬（分蘖末期至孕穗期）上旬用30%丁苄至穗末期重点防治稻曲病、纹枯病、细条病和稻纵卷叶螟。			9月中旬（破口抽穗初期）重点防治稻曲病、纹枯病、二化螟。9月下旬至10月中旬（穗期）重点防治纹枯病、稻纵卷叶螟、稻飞虱。					

2. 浙鑫 688 连作晚稻人工移栽配套栽培技术模式图

月份	4月	5月			6月			7月			8月			9月			10月	
	下	上	中	下	上	中	下	上	中	下	上	中	下	上	中	下	上	中
节气	谷雨	立夏	小满		芒种		夏至	小暑	大暑		立秋		处暑	白露	秋分		寒露	

产量构成： 晚稻籼型组合，全生育期 123～125 天，产量构成：每 667 平方米有效穗数 20 万，每穗粒数 150，结实率 75% 以上，千粒重 24～25 克。

生育时期： 6/15～20 播种；秧田期 25～28 天；7/15～20 移栽；有效分蘖 无效分蘖；拔节；拔节长穗期；抽穗；灌浆 结实期；成熟。

育秧： 育秧方式：湿润育秧，每 667 平方米大田用种量：1.2～1.5 千克。

栽插： 方式：人工栽插和抛秧。秧龄：25～28 天。密度：每 667 平方米 1.8 万穴左右。基本苗：一般每 667 平方米 6 万～8 万茎蘖数。

施肥：
- 培肥苗床：播种前 7 天，每 667 平方米施用腐熟猪牛粪 1000 千克，每平方米用多效唑 200 克对水 100 千克，秧床用细土 7.5 千克加育秧专用肥 75 克混合均匀，培肥床土。
- 秧田追肥：1 叶 1 心每 667 平方米大田用多效唑 200 克对水 100 千克，叶面喷施。秧苗追施每 667 平方米追施 0.5 千克尿素和 0.5 千克氯化钾对水 20 千克喷洒。
- 本田基肥：中等肥力田块每 667 平方米大田施尿素 12 千克、钙镁磷 50 千克作基肥。
- 分蘖肥：在移栽后 5～7 天结合化学除草剂施分蘖肥，每 667 平方米施尿素 6 千克、氯化钾 13 千克。
- 促花肥：667 平方米施尿素 12 千克，在倒 5 叶露尖（约抽穗前 30 天，8 月中旬）施促花肥，每 667 平方米施尿素 6 千克和氯化钾 6 千克并灌浅水。
- 保花肥：大穗型品种在剑叶抽出一半时施保花肥，每 667 平方米施尿素 6 千克。
- 中等肥力田块，本田每 667 平方米米施氮（N）13～14 千克、磷（P_2O_5）6～7 千克、钾（K_2O）10～12 千克。

灌溉： 湿润育秧；薄水浅插，寸水活棵，湿润分蘖，达到计划苗数 80% 时晒田，有水抽穗扬花，干湿交替灌浆，收割前 7 天断水。

病虫草防治：
- 播种前用 10% 高兴龙大功臣浸种剂浸种消毒。
- 秧田期注意防治稻瘿蚊、稻蓟马、叶蝉和二化螟，起秧或移栽前 3～5 天喷施一次长效农药，秧苗带药下田。
- 移栽后 5～7 天，每 667 平方米可选用 30% 丁工 100～120 克或 35% 苄嘧 20～30 克等除草剂与分蘖肥拌匀后撒施，并保持浅水层 5 天。7 月下旬（分蘖期），注意防治二化螟。
- 9 月中旬（破口抽穗初期）重点防治稻曲病、纹枯病、二化螟。
- 9 月下旬至 10 月中旬（穗期）重点防治纹枯病、稻纵卷叶螟、稻飞虱。

3. 天优998连作晚稻人工移（抛）栽配套栽培技术模式图

月份	6月			7月			8月			9月			10月		
	上	中	下	上	中	下	上	中	下	上	中	下	上	中	下
节气	芒种		夏至	小暑		大暑	立秋		处暑	白露		秋分	寒露		霜降
产量构成	晚稻籼型组合，全生育期120~125天，产量构成：每667平方米有效穗数18万，每穗粒数132粒，结实率85%，千粒重27克。														
生育期		6/10~20播种		秧田期25~30天		7/5~15移栽	有效分蘖 无效分蘖		拔节	拔节长穗期	抽穗		灌浆结实期	成熟	
育秧	育种方式：露地旱床育秧；每667平方米大田备足杂交稻种子1.0~1.5千克；秧田与大田比例为1:10；每667平方米大田备足434孔秧盘58~65片。基本方式：人工栽插，秧龄：25~30天，密度：行株距23.3厘米×16.7厘米或26.4厘米×13.3厘米，每667平方米1.8万穴左右。每667平方米6万~8万茎蘖苗。一般每667平方米6万~8万茎蘖数。														
栽插／施肥	培肥苗床：播种前7天，每667平方米施腐熟猪牛粪1000千克，每平方米秧床用干细土7.5千克加育秧专用肥75千克混合均匀，培床土。	秧田追肥：1叶1心期每667平方米用多效唑200克对水100千克叶面喷施。看苗每667平方米追施0.5千克尿素和0.5千克氯化钾对水20千克喷洒。		本田基肥：中等肥力田块每667平方米施尿素12千克，纯镁磷50千克，作基肥。		分蘖肥：在移栽（抛）后5~7天，结合化学除草施分蘖肥，每667平方米施尿素6千克，氯化钾14千克。				促花肥：在（倒）3叶露尖期（约抽穗前30天，8月中旬）施促花肥，每667平方米施氯化钾6千克并灌浅水。			保花肥：大穗型品种在剑叶抽出一半时施保花肥，每667平方米施尿素6千克。	中等肥力田块，本田667平方米施氮（N）13~14千克，磷（P_2O_5）7.0~8.0千克，钾（K_2O）12千克。	
灌溉	薄水浅插，寸水活棵，湿润分蘖，达到计划苗数80%时晒田，有水抽穗扬花，干湿交替灌浆，收割前7天断水。			移栽后5~7天，667平方米可选用30%丁苄100~120克或35%苄嘧20~30克等除草剂拌匀后撒施，并保持浅水层5天。7月下旬（分蘖期），注意防治二化螟。											
病虫草防治	播种前用强氯精或咪鲜胺浸种消毒。	秧田期注意防治稻蓟马和叶蝉，二化螟。起秧或移栽前3~5天喷施或喷施一次长效农药，秧苗带药下田。		8月中下旬至9月上旬重点防治纹枯病，条病和稻纵卷叶螟。						9月中旬（破口抽穗初期）重点防治稻曲病、纹枯病、二化螟。			9月下旬至10月中旬（穗期）重点防治稻曲病，稻纵卷叶螟，稻飞虱。		

4. 五优308连作晚稻人工移（抛）栽配套栽培技术模式图

月份	6月			7月			8月			9月			10月		
	上	中	下	上	中	下	上	中	下	上	中	下	上	中	下
节气	芒种		夏至	小暑		大暑	立秋		处暑	白露		秋分	寒露		霜降
产量构成	晚稻籼型组合，全生育期120天左右，产量构成：有效穗数20万/667平方米，每穗粒数150粒，结实率75%以上，千粒重25~26克。														
生育期	6/20~25播种			秧田期20~25天		7/15~20移栽				拔节 无效分蘖 有效分蘖		抽穗	灌浆结实期		成熟
育秧	湿润育秧：旱床塑盘育秧，每667平方米大田用种量：1.0~1.5千克，每667平方米大田备足434孔秧盘58~65片。														
栽插方式	抛秧，秧龄：20~25天。种植密度：每667平方米2.0万~2.2万蔸。														
施肥	秧田基肥：每667平方米秧田施用含肥45%的复合肥40千克或每667平方米施尿素10千克、氯化钾10千克、钙镁磷肥40千克。		秧田追肥：1叶1心期每667平方米用多效唑150克对水100千克叶面喷施。湿润育秧667平方米施2~2.5千克尿素做断奶肥；移栽前4~5天每667平方米施尿素4~5千克做送嫁肥。塑盘育秧在1叶1心期，看苗情每盘育秧在1叶1心期667平方米用尿素0.5千克和氯化钾0.5千克对水20千克喷洒，喷后用清水再喷施一次。		本田基肥：在50%稻草还田基础上，每667平方米施稻尿素10千克、钙镁磷肥50千克，也可补施硫酸锌1千克，硅肥50千克，硫磺3千克等中微量肥料作基肥。中等肥力田块未稻草还田时，每667平方米大田施尿素11.5千克、钙镁磷67千克作基肥。		分蘖肥：在移（抛）栽后5~7天结合化学除草施分蘖肥，667平方米施尿素6.0千克、氯化钾12.5千克。		促花肥：在倒2叶抽出期（约8月下旬，施促花肥，667平方米施尿素10千克和氯化钾6千克。		中等肥力田块，本田每667平方米施氮（N）13千克，磷（P₂O₅）7.0~8.0千克，钾（K₂O）10~12千克。				
灌溉	塑盘育秧湿播旱育，湿润育秧湿播浅灌花，干湿灌浆。收割前7天断水。					薄水抛（插），浅水活棵，湿润分蘖，达到16万~18万/667平方米苗晒田，湿润分蘖，足水保胎，有水抽穗扬花。									
病虫草防治	用强氯精或咪鲜胺浸种消毒。		秧田期注意防治稻蓟马和叶蝉，二化螟。拔秧前3~5天喷施一次长效农药，秧苗带药下田。			移栽后5~7天，每667平方米可选用30%丁苄100~120克或35%苄喹20~30克除草剂与分蘖肥拌匀后撒施，并保持浅水层4~5天。7月/底~8月/初（分蘖期），注意防治二化螟。				8月中下旬9月上旬（分蘖末期至孕穗期）重点防治纹枯病、纹枯病、细条病和稻纵卷叶螟。			9月中下旬（破口抽穗初期）重点防治稻曲病、纹枯病、二化螟。		9月下旬至10月中旬（穗期）重点防治纹枯病、稻纵卷叶螟、稻飞虱。

5. 丰源优299连作晚稻人工移（抛）栽配套栽培技术模式图

月份	6月			7月			8月			9月			10月		
	上	中	下	上	中	下	上	中	下	上	中	下	上	中	下
节气	芒种		夏至	小暑		大暑	立秋		处暑	白露		秋分	寒露		霜降

产量构成： 晚稻籼型组合，全生育期114～116天，产量构成：有效穗数18万～22万/667平方米，每穗粒数130～140粒，结实率85%以上，千粒重29克。

生育期： 6/20～25播种；秧田期25天；7/15～20移栽；有效分蘖 无效分蘖；拔节；拔节长穗期；抽穗；灌浆结实期；成熟。

育秧： 大田用种量：1.25～1.75千克/667平方米。湿润育秧：秧田与大田比为1：10；塑盘育秧：每667平方米大田备足434孔秧盘60片。

栽插方式： 人工移栽，秧龄25天左右。密度：行株距（23.3～26.7）厘米×13.3厘米，每穴1～2粒谷苗，每667平方米1.7万～1.9万兜。

施肥：
- 秧田基肥：每667平方米秧田施用含氮磷钾45%或每667平方米施尿素10千克，氯化钾10千克，钙镁磷肥40千克。
- 秧田追肥：1叶1心期每667平方米用多效唑150克对水100千克叶面喷施。湿润育秧667平方米施2～2.5千克尿素断奶肥；移栽前4～5天每667平方米施尿素4～5千克做送嫁肥。塑盘育秧在1叶1心～2叶1心期，看苗情每667平方米用尿素0.5千克和氯化钾0.5千克对水20千克喷洒，喷后用清水再喷施一次。
- 本田基肥：在稻草还田667平方米的基础上，每667平方米合施氮磷钾45%的复合肥40千克或施尿素13～14千克，钙镁磷肥40千克。
- 分蘖肥：在移栽后5～7天结合化学除草施分蘖肥，667平方米施尿素5千克，氯化钾12.5千克。
- 穗肥：在倒2叶抽出期（约抽穗前7～10天）施穗肥，667平方米施尿素10～12千克和氯化钾5～6千克。
- 中等肥力田块，本田每667平方米施氮（N）14千克，磷（P_2O_5）7～8.0千克，钾（K_2O）12千克。

灌溉： 薄水抛（插），浅水活棵，湿润分蘖，达到16万～18万/667平方米苗晒田，足水保胎，有水抽穗扬花。

病虫草防治：
- 用强氯精或咪鲜胺浸种种消毒。
- 秧田期注意防治稻蓟马和叶蝉、二化螟，拔秧前3～5天喷施一次长效农药，秧苗带药下田。
- 移栽后5～7天，每667平方米选用30%丁苄100～120克或35%苄嘧·丙草胺拌肥撒施，并保持浅水层4～5天。7月/底至8月/初（分蘖期），注意防治二化螟。
- 8月中下旬（分蘖期）至9月上旬（孕穗期）重点防治稻纹枯病、细条病和稻纵卷叶螟。
- 9月下旬至10月中旬（穗期）防治稻纵卷叶螟、稻飞虱。
- 9月中旬（破口抽穗初期）重点防治稻曲病、纹枯病、二化螟。

6. 国稻3号晚稻高产配套栽培技术模式图

月份	6月 上	6月 中	6月 下	7月 上	7月 中	7月 下	8月 上	8月 中	8月 下	9月 上	9月 中	9月 下	10月 上	10月 中	10月 下
节气	芒种		夏至	小暑		大暑	立秋		处暑	白露		秋分	寒露		霜降
产量构成	晚稻和型组合，全生育期120天左右，产量构成：有效穗数21万/667平方米左右，每穗粒数125~140粒，结实率80%以上，干粒重26~27克。														
生育期	6/15~20播种		秧田期25~30天			7/15~20移栽		拔节		抽穗				成熟	
主茎叶龄期	0 1 2 3 4		5 6 7 8 9 10 11 12			有效分蘖 无效分蘖 13 14 15 16 17		拔节长穗期		灌浆结实期					
育秧	大田用种量：1千克/667平方米。湿润育秧：秧田与大田比为1：8；塑盘育秧：每667平方米大田备足434孔秧盘60片。														
栽插方式	人工移栽或抛栽，秧龄：25~30天。密度：行株距26.7厘米×16.7厘米，每穴1~2粒谷苗。每667平方米1.5万蔸，1~2株种子苗。														
施肥	秧田基肥：每667平方米秧田施用含45%的复合肥40千克或每667平方米施尿素10千克、氯化钾10千克、钙镁磷肥40千克。	秧田追肥：1叶1心期每667平方米用多效唑150克兑水100千克叶面喷施。湿润育秧每667平方米施尿素2~2.5千克或移栽前4~5天每667平方米施尿素5千克、氯化钾0.5千克做送嫁肥。叶1心~2叶1心期，看苗情每667平方米用氯化钾0.5千克对水20千克喷施，后用清水再喷施一次。			本田基肥：在稻草还田的基础上，667平方米含45%的复合肥40千克或每667平方米施尿素10千克、钙镁磷肥40千克。		分蘖肥：在移(抛)栽后5~7天结合化学除草，667平方米施尿素6千克、氯化钾12.5千克。		穗肥：在倒2叶抽出期(约穗前15天)施，每667平方米施尿素12千克、氯化钾5~6千克。		中等肥力田块，本田每667平方米施氮(N)12千克，磷(P_2O_5)7~8.0千克，钾(K_2O)12千克左右。				
灌溉	塑盘育秧湿润浅灌，湿润秧苗旱育干湿灌浆，收割前7天断水。			移栽后5~7天，薄水返青(浦)，浅水活棵。		薄水返青，浅水活棵，够苗(667平方米达到16万~18万/667平方米苗)晒田，湿润分蘖，有水抽穗扬花，足水保胎，9月下旬至10月中旬晒田。									
病虫草防治	用强氯精或咪鲜胺浸种消毒。	秧田期注意防治稻蓟马和叶蝉、二化螟，3~5天喷施一次长效农药，秧苗带药下田。		移栽后5~7天，每667平方米可选用30%丁•苄克或35%苄嘧•苯噻20~30克除草剂与分蘖肥拌匀后撒施，并保持浅水层4~5天。7月底至8月初(分蘖期)，注意防治二化螟。		8月中下旬(蒲)8月上旬至孕穗期防治纹枯病、细条病和稻纵卷叶螟。			9月中旬(破口抽穗初期)重点防治稻曲病、纹枯病，二化螟。		9月下旬至10月中旬(穗期)稻飞虱、稻纵卷叶螟，重点防治纹枯病、枯病。				

7. 丰源优299连作晚稻手插秧高产栽培技术模式图

月份	6月 上旬	6月 中旬	6月 下旬	7月 上旬	7月 中旬	7月 下旬	8月 上旬	8月 中旬	8月 下旬	9月 上旬	9月 中旬	9月 下旬	10月 上旬	10月 中旬	10月 下旬
产量构成	全生育期约118天，叶片数15.0~15.5叶，目标产量550千克/667平方米，产量构成：有效穗17万~18万，每穗135粒左右，结实率80%以上，千粒重29~30克。														
生育期	6/上旬秧田准备		6/20播种	秧田期	7/20移栽	无效分蘖	有效分蘖	8/15前拔节	拔节长穗期		9/15前抽穗	灌浆结实期		10/20前成熟	
育秧	大田用种量1.3~1.5千克/667平方米，湿润育秧，每平方米播种20~24克，秧田与本田比为1:8。														
栽插	方式：手工插秧，行穴距为16.5厘米×23.1厘米，或者19.8厘米×19.8厘米，每穴基本苗2粒种谷苗。														
施肥	秧田培肥：667平方米施30%复合肥20千克，或者尿素10千克。		起身肥：3叶期：667平方米施尿素5千克。	大田基肥：667平方米施尿素11~12千克，磷肥45千克，氯化钾7~8千克。		分蘖肥：667平方米施尿素4~5千克。	促花肥：667平方米施尿素5~6千克，氯化钾7~8千克。		保花肥：667平方米施尿素2~3千克。		说明：◆每667平方米本田施纯氮10~12千克，磷肥（P₂O₅）4.0~4.5千克，钾肥（K₂O）8~9千克。◆如果施用有机肥、复合肥、碳酸氢铵等肥料，则应计算其养分含量。				
灌溉	移栽田深水（抛秧田湿润）	活苗	浅水分蘖	晒田控蘖（在有效分蘖终止期开腰沟和围沟排水晒田）		湿润壮穗	有水抽穗		干湿壮籽						
病虫草防治	播种前：用强氯精或咪鲜胺浸种，或者用种衣剂包衣种子。	移栽前：拔秧前3~5天喷施稻壮草剂等，秧苗带药下田。	移栽后3~5天：稻除草剂等，均可拌肥或者拌沙子撒施。			8月10日前后：667平方米用25%扑虱灵粉剂60~80克加20%阿维·唑磷星80毫升或40%纹霉星60克，对水40千克喷雾。			9月10日前后：每667平方米用40%毒死蜱乳油100毫升加90%杀虫单70克加20%吡虫啉10%真灵水乳4克加120毫升，对水40千克喷雾。		说明：◆具体防治时间按照当地植保部门的病虫情报确定，保用足水量，以提高防治效果。				

注：大田基肥在插秧前1~2天施用；起身肥在插秧前4天施用；分蘖肥在插秧后5~7天施用；促花肥在8月5~10日施用；保花肥在8月25~30日施用。

159

8. 金优299 连作晚稻手插秧高产栽培技术模式图

月份	6月 上旬	6月 中旬	6月 下旬	7月 上旬	7月 中旬	7月 下旬	8月 上旬	8月 中旬	8月 下旬	9月 上旬	9月 中旬	9月 下旬	10月 上旬	10月 中旬	10月 下旬
产量构成	全生育期约115天，叶片数14.9~15.3叶，目标产量530千克/667平方米，产量构成：有效穗17万~18万，每穗130粒左右，结实率80%以上，千粒重26~27克。														
生育期	6/上旬秧田准备		6/22播种	秧田期	7/20移栽	有效分蘖 无效分蘖		8/15前拔节	拔节长穗期		9/15前抽穗	灌浆结实期			10/18日前成熟
育秧	大田用种量1.3~1.5千克/667平方米，湿润育秧，每平方米播种量20~24克，秧田与本田比为1:8。														
栽插	方式：手工插秧，行穴距为16.5厘米×23.1厘米，或者19.8厘米×19.8厘米，每穴基本苗2粒谷合苗。														
施肥	秧田培肥：667平方米施30%复合肥20千克、尿素10千克。		起身肥：3叶期：667平方米施尿素5千克。	大田基肥：667平方米施尿素11~12千克、磷肥45千克、氯化钾7~8千克。			分蘖肥：667平方米施尿素4~5千克。	促花肥：667平方米施尿素5~6千克、氯化钾7~8千克。		保花肥：667平方米施尿素2~3千克。		说明：每667平方米本田施纯氮10~12千克、磷肥（P₂O₅）4.0~4.5千克、钾肥（K₂O）8~9千克。如果施用有机肥、复合肥、碳酸氢铵等肥料，则应计算其养分含量。			
灌溉	移栽田深水（抛秧田湿润）			活苗	浅水分蘖	晒田控蘖（在有效分蘖终止期开始止腰沟和围沟排水晒田）	湿润壮穗	有水抽穗		干湿壮籽					
病虫草防治	播种前：用强氯精或咪鲜胺浸种，或者用种衣剂包衣种子。	移栽前：拔除稗草3~5天喷施长效农药，秧苗带药下田。		移栽后3~5天：移栽稻除草剂等，或可拌稻草灰或者拌沙子撒施。			8月10日前后：每667平方米用25%扑虱灵粉剂60~80克加20%阿维·唑磷星80毫升加40%纹霉星60克，对水40千克喷雾。			9月10日前后：每667平方米用40%毒死蜱乳油100毫升加90%杀虫单70克加20%吡虫啉有效水乳4克加10%真灵水乳剂120毫升，对水40千克喷雾。		说明：◆具体防治时间应按照当地植保部门的病虫情报确定。◆用足水量，以提高防治效果。			

注：大田基肥在插秧前1~2天施用；起身肥在插秧前4天施用；分蘖肥在插秧后5~7天施用；促花肥在8月5~10日施用；保花肥在8月25~30日施用。

9. 赣鑫688连作晚稻手插秧高产栽培技术模式图

月份	6月 上旬	6月 中旬	6月 下旬	7月 上旬	7月 中旬	7月 下旬	8月 上旬	8月 中旬	8月 下旬	9月 上旬	9月 中旬	9月 下旬	10月 上旬	10月 中旬	10月 下旬
产量构成	全生育期125天，叶片数15.5~16.0叶，目标产量560千克/667平方米，产量构成：有效穗19万~20万，每穗145粒左右，结实率约80%，千粒重24~25克。														
生育期	6/上旬秧田准备	6/17播种		秧田期	7/17前移栽		有效分蘖	无效分蘖	8/15前拔节	拔节长穗期	9/15前抽穗		灌浆结实期	10/25日前成熟	
育秧	大田用种量1.3~1.5千克/667平方米，湿润育秧，每平方米播种量20~24克，秧田与本田比为1:8。														
栽插	方式：手工插秧，行穴距为16.5厘米×23.1厘米，或者19.8厘米×19.8厘米，每穴基本苗2粒种谷苗。														
施肥	秧田培肥：667平方米施30%复合肥20千克、尿素10千克。		秧田基肥：667平方米施尿素5千克。	起身肥：3叶期：667平方米施尿素5千克。	大田基肥：667平方米施尿素12~13千克、磷肥45千克、氯化钾7~8千克。		分蘖肥：667平方米施尿素5~6千克、氯化钾7~8千克。		促花肥：667平方米施尿素5~6千克、氯化钾7~8千克。	保花肥：667平方米施尿素2~3千克。		说明：◆每667平方米本田施纯氮11~13千克，磷肥（P_2O_5）4.0~4.5千克，钾肥（K_2O）8~9千克。◆如果施用有机肥、复合肥料，则应计算其养分含量。			
灌溉	移栽田深水（抛秧田湿润）			活苗	浅水分蘖		晒田控蘖（在有效分蘖终止期开腰沟和围沟排水晒田）		湿润壮穗	有水抽穗	干湿壮穗		干湿壮籽		
病虫草防治	播种前：用强氯精或咪鲜胺浸种，或者用种衣剂包衣种子。		移栽前：拔秧前3~5天喷施长效农药，秧苗带药下田。		移栽后3~5天：移栽或者抛栽，稻除草剂等，均可拌肥或者拌沙子撒施。		8月10日前后：每667平方米用25%扑虱灵粉剂100~80克加氟虫双酰胺20%阿维·唑磷60毫升加80毫升加40%纹枯星60克，对水40千克乳喷雾。			9月10日前后：每667平方米用40%毒死蜱乳油100毫升加90%杀虫单70克加20%吡虫啉有效用量4克加10%真灵水乳剂120毫升，对水40千克喷雾。			说明：◆具体防治时间按照当地植保部门的病虫情报确定。◆用足水量，以提高防治效果。		

注：大田基肥在插秧前1~2天施用；起身肥在插秧前4天施用；分蘖肥在插秧前5~7天施用；促花肥在插秧后5~10日施用；保花肥在8月25~30日施用。

10. 天优华占作晚稻手插秧高产栽培技术模式图

月份	6月			7月			8月			9月			10月			11月		
	上	中	下	上	中	下	上	中	下	上	中	下	上	中	下	上	中	下
节气	芒种		夏至	小暑		大暑	立秋		处暑	白露		秋分	寒露		霜降	立冬		小雪

目标产量及构成：目标产量：500～550 千克/667 平方米。产量构成：667 平方米有效穗数 17 万～18 万，每穗粒数 145～150，结实率 85%以上，千粒重 24.5 克左右。

生育期：播种—苗床期；移栽—分蘖期；拔节—拔节长穗期；抽穗—灌浆结实期—成熟。长江中下游连晚全生育期 127 天左右。

主茎叶龄期：0 1 2 3 4 5 6 7 8 9 10 11 12 13 14 15

茎蘖动态：移栽叶龄 4～5 叶，667 平方米插每丛苗 3.0～4.0 本，667 平方米插穗数 17 万～18 万。成熟期每 667 平方米穗数 17 万～18 万。 拔节期每 667 平方米茎蘖 4 万～5 万，基本苗 4 万～5 万。 抽穗期每 667 平方米茎蘖 22 万～23 万。 抽穗期每 667 平方米茎蘖 18 万～19 万。

育秧：6 月下旬播种，秧田 667 平方米用 25 千克三元复合肥作基肥，撒施干毛秧板。播种 5～6 千克/667 平方米。清水选种，随后视苗情再施 5 千克尿素促蘖。2 叶 1 心期 667 平方米用 200 克 15% MET 喷施。在 1 叶 1 心期，667 平方米用 10 千克尿素作起身肥，移栽前情再施 5 千克尿素作起身肥。秧龄过 30 天左右。

整地与移插：早稻收获后，及时整地和耙平后移栽。移栽密度 1.0 万～1.3 万丛/667 平方米，规格 (28～30) 厘米× (18～20) 厘米。秧苗栽前要进行一次药剂防治工作，做到带药移栽，一药兼治。

施肥：原则：天优华占可少施氮肥获高产，一般每 667 平方米施纯氮不超过 12 千克，氮肥施用重前期，穗肥施用比例一般不超过 20%。 大田基肥：667 平方米施碳铵 40 千克加过磷酸钙 25 千克再拌匀后撒施耙田，结合施用基肥，待整地耙糊后再整平，等待机插。 分蘖肥：连作晚稻分蘖早，速度快，需及早加重分蘖肥使用。在栽插后 10 天内每 667 平方米可用尿素 12～15 千克，氯化钾 7.5～10 千克。 促花肥：促花肥在幼穗分化始穗（叶龄余数 3.2～3.0 叶）施用。施用时间同和用量视苗情而定。一般 667 平方米施尿素 3～5 千克加氯化钾 5 千克。 保花肥：保花肥在出穗前 18～20 天，即叶余数 1.5～1.2 叶时视苗情适当补施，一般可 667 平方米施 3～5 千克。

灌溉：浅水移栽，栽后灌浅水层活棵，到施分蘖肥时要求地面已无水层，结合施用分蘖肥。 返青分蘖期：同歇灌溉，水层以 2～3 厘米为宜，并适时露田，表土不开裂再上水，做到以水调肥，以气促根，调气，以气促蘖早生快发。 够苗期：及时搁田，以人站在田面有明显脚印，表土不开裂为度，然后复水，待水层自然落干后再轻搁，搁田时，每次断水应一次重搁，使土壤不起裂缝，切忌一次重搁，造成有效分蘖死亡。 拔节长穗期：应保持 10～15 天的 2～3 厘米的浅水层。 开花结实期：干湿交替，不可断水过旱，黄熟一阶段应保持浅水层，在出穗 25 天以后，自然落干 2～4 天再上水，且落干中后期应逐渐减少，直至成熟。 此时采用同歇灌溉，即浅一次浅灌，且落干中后期应逐渐加深，灌水。

病虫草防治：移栽前带药下田，秧苗嫩绿易遭稻蓟马，蚜虫危害，"稻田移栽净"等除草剂防除杂草。在栽前 1～2 天即用干红等农药防治。根据病虫害预报，及时做好病虫害防治。天优华占要重点做好稻瘟病的防治，杀虫双和井冈霉素，稻飞虱，稻纵卷叶螟等虫害。

注意事项：连作晚稻前期气温高，秧苗注意控制株高，合理喷施多效唑。在育秧子出苗后 1～2 天喷施 200×10^{-6} 的多效唑，促进壮秧。

11. 天优华占连作晚稻机插秧高产栽培技术模式图

月份	6月			7月			8月			9月			10月			11月		
	上	中	下	上	中	下	上	中	下	上	中	下	上	中	下	上	中	下
节气	芒种		夏至	小暑		大暑	立秋		处暑	白露	秋分		寒露		霜降	立冬		小雪
目标产量及产量构成	目标产量：500～550 千克/667 平方米。产量构成：667 平方米有效穗数 17 万～18 万，每穗总粒数 145～150 粒，结实率 85% 以上，千粒重 24.5 克左右。																	
生育期				播种	机插		苗床期	分蘖期		拔节	拔节长穗期		抽穗	灌浆结实期		成熟	长江中下游晚连全生育期 120 天左右。	
主茎叶龄期				0	1	2	3	4	5	6	7	8	9	10	11	12	13	14	15
茎蘖动态	移栽叶龄 4～5 叶，667 平方米插每丛苗 3.0～4.0 本，基本苗 17 万～18 万，成熟期每 667 平方米穗数 17 万～18 万。						拔节期每 667 平方米茎蘖 22 万～23 万			抽穗期每 667 平方米茎蘖 18 万～19 万								
育秧	采用泥浆育秧方式育秧，播种前 3 天做好秧板，秧板宽 1.5 米，沟宽 0.4 米，沟深一般 0.4 米。每盘播 70～80 克干种，均匀播种，每 667 平方米插种 25～30 盘。以秧田与本田 1：100 左右。根据早稻收获时期安排播种，通过多效唑控长延长秧龄，露白播种，播种前在准备好的秧板上按 10 克/盘的壮秧剂，铺底，盘底与床面紧密贴合，播后床面盖无纺布或遮阳网，出苗后揭开。秧田期保持秧板湿润，移栽前 3～4 天，天晴灌半沟水炼苗，或放水炼苗，确保机插时能起快秧技术断为秧板，以利机插。																	
整地与机插	早稻收获后及时整地，土壤沉实 1 天后机插，机插前大田田水要浅。秧苗栽前要进行一次药剂防治，做到带药移栽，一药兼治。机插前调整机械。667 平方米插基本苗在 5 万～7 万。																	
施肥	苗床：每盘施 10 克左右复合肥及壮秧剂 15 克。移栽前最后整施苗情施壮身肥。			大田基肥：667 平方米施碳酸氢铵 40 千克加过磷酸钙 25 千克拌匀后撒施，以利犁耙混拌匀后最后整平待机插。			分蘖肥：连作晚稻分蘖早，速度快，需双早加算分蘖肥使用，在栽插后 10 天内每 667 平方米可施尿素 12～15 千克，氯化钾 7.5～10 千克。			促花肥：促花肥在幼穗分化始期（叶龄余数 3.2～3.0 叶）施用。施用时间和用量视苗情而定，一般可 667 平方米施氯化钾 5 千克。			保花肥：保花肥在抽穗前 18～20 天，即叶片余数 1.5～1.2 叶时视苗情适当补施，一般可 667 平方米施尿素 3～5 千克。			天优华占可少施氮肥获高产，一般每 667 平方米施纯氮不超过 12 千克，氮肥施用重前期，控前期，穗肥的比例一般不超 20%。		
灌溉	机插后水浆管理：栽后水层浅（2～3 厘米水层）护苗活棵，机插前根据苗情防治，扎稳立苗。			返青分蘖期：间歇灌溉并适时露田，做到以水调肥，以气促根，促早生快发。			够苗期：及时搁田，人站在田面有明显脚印，搁至田面开裂为度，然后复水。待水层自然落干后再轻搁，搁田时，每次断水应尽量使土壤不起裂缝，切忌一次重搁，造成分蘖死亡。			拔节长穗期：促花肥程度以幼穗分化始期（叶龄余数 3.2～3.0 叶）施用。促花肥程度以幼穗化始，但不干上下略，表土不开裂为度，搁田后复水层浅水层的浅水层。			开花结实期：干湿交替，不可断水过早，确保青秆黄熟。搁田 15 天应保持 10～15 天内在出穗 25 天以后用间歇灌溉法，即灌一次浅水后干 2～4 天再上水，且落干天数逐渐减少，直至黄熟。			天优华占可争穗数获高产，稻株出穗后的 20～25 天内，在出穗 25 天以后，根系逐渐衰老，此时应用间歇灌溉法，即灌一次浅水后，自然落干后，且落干期一般应逐渐加长。		
病虫草防治	移栽前带药下田，秧苗嫩绿易遭稻蓟马、蚜虫等危害，在移栽前 1～2 天可用于红等农药防治。杂草防治：栽后 7～10 天结合施肥拌入 "稻田移栽净" 等除草剂防除杂草，并用锐劲特、杀虫双和吡虫啉等重点防治螟虫、稻飞虱、稻纵卷叶螟等虫害。天优华占要重点做好稻瘟病的防治，为控制株高，机插育秧苗秧龄短，根据病虫害预报，及时做好病虫害的防治。																	
注意事项	连作晚稻后期气温低，机插秧苗秧龄短，在种子出苗后 1～2 天喷施 200×10^{-6} 的多效唑，控制秧苗高度，促进壮秧。																	

第六章 西南稻区超级稻品种栽培技术模式图

1. Ⅱ优602单季稻超高产强化栽培技术模式图

月份	3月	4月			5月			6月			7月			8月			9月	
	下	上	中	下	上	中	下	上	中	下	上	中	下	上	中	下	上	中
节气	春分	清明		谷雨	立夏	小满		芒种		夏至	小暑		大暑	立秋		处暑	白露	

产量构成： 667平方米有效穗数16.3万，每穗粒数150.5粒，结实率82.4%，千粒重29.7克。

生育时期： 3月中旬播种 | 秧田期30~35天 | 4月下旬移栽 | 6月中下旬拔节 | 7月下旬抽穗 | 8月下旬成熟

主茎叶龄期： 1　2　3　4　5　6　7　8　9　10　11　⑫13　14　⑮　16　17

茎蘖动态： 移栽时叶龄4叶，拔节期每667平方米茎蘖数23万~25万，抽穗期每667平方米茎蘖数16万~18万，成熟期每667平方米穗数15万~16万。

育秧： 3月中旬播种，秧龄30~35天。清水选种，播量0.8千克/667平方米本田，塑盘育秧1:60。

栽插： 移栽规格40厘米×40厘米。密度4167丛，每丛按7厘米的等边三角形栽3苗，基本苗达到1.25万/667平方米。

施肥：
- 秧田施肥：秧田667平方米用25千克三元复合肥作基肥，撒施于苗床用壮秧剂配制营养土。
- 本田基肥：667平方米施碳铵50千克，过磷酸钙40千克，氯化钾7.5千克。
- 分蘖肥：在栽后10~15天，667平方米施5~8千克尿素。
- 促花壮秆肥：在栽后30~35天，667平方米施5~8千克尿素。
- 穗肥：一般在倒3叶叶长出一半时看苗施用穗肥，追施尿素3千克，苗好少施，苗弱多施，旺苗不施。
- 肥料运筹总体原则：苗床阶段：施足基肥，防止低温；本田阶段：浅栽，小苗早栽，重底肥，总施氮量=干克，底肥：追肥1：追肥2：穗肥＝5:2:2:1或者底肥：追肥1：追肥2：穗肥＝5:2:1:2。

灌溉： 栽后灌浅水层活苗返青。施分蘖肥前灌一次水。然后干歇灌溉，抽穗期湿润灌溉，抽穗期保持浅水层。复水后湿润灌溉。（田间有浅水层3~4天，无水层5~6天）够苗晒田，干湿交替，成熟前10天左右排干田水，防止田间断水过早。但应不影响稻株的正常生长，提值分次晒田。

病虫草防治：
- 播前3~5天投入毒饵干苗床四周灭鼠。播种前用25%2500倍浸种，稻瘟病常发区移栽前用三环唑防治一次。
- 病虫防治：适时用吡虫啉+杀虫双，或三唑磷·阿维·三唑磷防治二化螟。化学除草：在施分蘖肥时结合拌丁·苄，乙·苄，苄嘧磺隆等除草剂混施。
- 螟害：抽穗前2~3天用吡虫啉+杀虫双，三唑磷·阿维·三唑磷防治二化螟。稻纵卷叶螟：稻瘟病：加强田间检查，一经发现，用三环唑，富士一号等药剂进行。纹枯病：粉锈宁等药防治2~3次。其他：部分区域需要加强三化螟，稻飞虱，稻苞虫，稻曲病的防治。
- 策略：苗床期突出鼠害，恶苗病和杂草的防治，稻纵卷叶螟，稻纵卷叶螟，纹枯病的防治，在加强预测预报的基础上，采用高效低毒低残留农药，结合物理诱杀和生物农药进行无公害防治。本田病虫的防治：生产上需要防治2~3次。用井冈霉素，稻苞等。

2. D优202单季稻手插秧高产栽培技术模式图

月份	4月			5月			6月			7月			8月			9月	
节气	清明		谷雨	立夏		小满	芒种		夏至	小暑		大暑	立秋		处暑	白露	
产量构成	667平方米有效穗数17万左右，每穗粒数158粒，结实率83%左右，干粒重28克左右。																
生育时期	秧田期（45±5）天			5月中下旬移栽		有效分蘖期6/25			7/1±5拔节			8月上旬抽穗		8月下旬～9月上旬成熟			
主茎叶龄期	0 1 2 3	4	5 6	7	8 9	10 11	⑫ 13 14	△ 16	17								
茎蘖动态	移栽叶龄6～8叶，移栽667平方米茎蘖苗5～8万，拔节期每667平方米茎蘖数20万～23万，抽穗期每667平方米茎蘖数16万～19万，成熟期每667平方米穗数15万～16万。																
育秧	4月上旬播种，秧龄35～45天。清水选种，播量1千克/667平方米本田，旱育秧秧本比1：15，塑盘育秧1：60，机插秧1：140。																
栽插	密度1.5万～1.8万丛/667平方米，规格（26～30）厘米×（16～20）厘米。确保基本苗5万～8万。																
施肥	苗床基肥：秧田667平方米施三元复合肥25千克，施尿磷钾，撒施干秧田。		苗床追肥：3叶1心期667平方米施5～8千克尿素对水泼施或者均匀撒施，施后视苗情再施5千克尿素促蘖，移栽前1周不再追肥。			本田基肥：667平方米施碳铵40千克，过磷酸钙30千克。			分蘖肥：在栽后5～10天，667平方米施尿素8～10千克，氯化钾5千克，追施。			穗肥：复水后，在倒3叶全展时施，看苗施用穗肥，追施尿素5～8千克，底肥，苗好少施，苗弱多施，旺苗不施。			肥料运筹总体原则：培肥苗床，施足基肥，早施断奶肥，不施送嫁肥，秸秆还田，氮、磷、钾配合，底施氮量：总施氮量＝10：11。干克，底肥：追肥：穗肥＝6：2：2，或者底肥：追肥：穗肥＝7：3。			
灌溉	结合施用旱育保姆进行包衣育秧，按照旱育秧、塑盘育秧、机插秧等各自的技术规程进行肥水管理。栽后灌浅水层返青，施分蘖肥前灌一次田水。然后间歇灌溉（田间有浅水层3～4天，无水层5～6天），控制苗峰，复水后湿润灌溉，苗差重晒，抽穗期保持浅水层。当苗数到够穗数18万苗时开始晒田，苗好湿晒，黄熟前10天排干田水。																
病虫草防治	播前3～5天杀人畜饲干苗床四周灭鼠。苗床前用25%施保克2500倍浸种，秧苗期用吡虫啉和锐劲特防治稻飞虱，稻蓟马，移栽前3天用吡虫啉和锐劲特喷施，稻瘟病常发区移栽前用三环唑防治一次。		病虫防治：根据病虫测报用吡虫啉＋杀虫双，或三唑磷、阿维·三唑磷防治螟虫、稻飞虱。化学除草结合施丁·苄，苄·乙，苄·野老等除草剂混施。			螟虫：抽穗前2～3天用虫虫啉＋杀虫双，三唑磷、阿维·三唑磷纵卷叶螟。稻瘟病：环唑、富士一号等药剂进行。纹枯病：生产上高要用三唑酮、烯唑醇、粉锈宁等进行。其他：个别地方需要加强三化螟，稻苞虫、稻飞虱、稻曲病的防治。									策略：突出恶苗病的防治，强化螟虫、纹枯病、稻瘟病的防治，采用健康栽培为主的农业综合防治，在加强健康栽培的基础上，采用高效低毒低残留农药进行无公害防治。			

3. D 优 527 单季稻手插秧高产栽培技术模式图

月份	4 月			5 月			6 月			7 月			8 月			9 月	
	上	中	下	上	中	下	上	中	下	上	中	下	上	中	下	上	中
节气	清明		谷雨	立夏		小满	芒种		夏至	小暑		大暑	立秋		处暑	白露	
生育时期	4 月上中旬播种 秧田期（45±5）天				5 月中下旬移栽		有效分蘖期~6/25			7 月上旬拔节			8 月上旬抽穗			9 月上旬成熟	
主茎叶龄期		0	1	2	3	4	5	6	7	8	9	10	11	⑫	13	14	⑮ 16 17

产量构成：667 平方米有效穗数 17.6 万左右，每穗粒数 154.6 粒，结实率 78.8 左右，千粒重 29.7 克左右。

茎蘖动态：移栽叶龄 6~8 叶，移栽 667 平方米茎蘖苗 5~8 万，拔节期每 667 平方米茎蘖数 23 万~25 万，抽穗期每 667 平方米茎蘖数 17 万~20 万，成熟期每 667 平方米穗数 14 万~17 万。

育秧：4 月上旬播种，秧龄 40~50 天。清水选种，旱育秧秧本比 1:15，塑盘育秧 1:60，机插秧 1:140，确保基本苗 5 万~8 万。

栽插：密度 1.3 万~1.5 万丛/667 平方米，规格（26~30）厘米×（16~20）厘米。

施肥：
- 苗床基肥：秧田 667 平方米用 25 千克三元复合肥作基肥，撒施于秧田。
- 苗床追肥：3 叶 1 心期 667 平方米用 5~8 千克尿素对水泼施或者均匀撒施，促分蘖，随后视苗情再施 5 千克尿素促蘖，移栽前 1 周不再追肥。
- 本田基肥：667 平方米施碳铵 40 千克，过磷酸钙 30 千克。
- 分蘖肥：在栽后 5~10 天，667 平方米施尿素 8~10 千克尿素，氯化钾 5 千克，苗好早追，苗弱多施，苗旺不施。追肥用与除草剂混用同时进行化学除草。
- 穗肥：复水后，一般在倒 2 叶尖长出时施尿素 5~8 千克，钾素 5 千克，苗好早施，苗弱不施。
- 肥料运筹总体原则：培肥苗床，施足基肥，秸秆还田，配合，重底早追，总施氮量：底肥，穗肥；或者底肥不施。氮、磷、钾用量：10~11 千克，底肥：追肥：穗肥＝6:2:2，早施断奶肥，穗肥：追肥＝7:3。

灌溉：结合施用旱育保姆进行包衣育秧，按照旱育秧，塑盘育秧，机插秧等各自的技术规程进行水管理。栽后灌浅水层活苗返青。施分蘖肥前灌一次田水。然后间歇灌溉（田间有浅水层 3~4 天，无水层 5~6 天）。栽后露浅水层，苗好重晒，控制苗峰。复水后湿润灌溉，当苗数到够苗数 18 万苗时开始晒田。抽穗期保持干干湿湿，湿润灌溉。黄熟前 10 天排干田水。苗差轻晒，苗到露晒。

病虫草防治：
- 播前 3~5 天人畜符干苗床四同灭鼠。播种前用 25% 施保克 2 500 倍浸种。秧苗期用吡虫啉和锐劲特防治稻飞虱，稻蓟马，稻纵卷叶螟。移栽前 3 天用吡虫啉和锐劲特喷施，稻瘟病常发区移栽前用三环唑防治一次。
- 病虫防治：根据病虫测报用吡虫啉+杀虫双，报用三唑磷、阿维、稻飞虱。化学药剂防治螟虫：三唑磷、阿维、稻飞虱，稻纵卷叶螟。时结合井冈霉素，粉锈宁等防治。纹枯病：井冈霉素，粉锈宁等。
- 螟虫：抽穗前 2~3 天用吡虫啉+杀虫双，适用三唑磷、阿维、三唑磷防治二化螟。稻纵卷叶螟：一经发现，一经药剂进行。富士一号等药剂进行。生产上需要防治 2~3 次。用井冈霉素、粉锈宁等进行。其他：个别地方需要加强二化螟，稻苞虫，稻飞虱，稻曲病的防治。
- 策略：突出恶苗病的防治，强化螟虫、稻瘟病、纹枯病的防治，在加强健康栽培为主的农业综合防治基础上，采用高效低毒低残留农药进行病害预测预报的防治。无公害防治。

4. Ⅱ优602 单季稻手插秧高产栽培技术模式图

月份	4月			5月			6月			7月			8月			9月	
	上	中	下	上	中	下	上	中	下	上	中	下	上	中	下	上	中
节气	清明		谷雨	立夏	小满		芒种		夏至	小暑		大暑	立秋		处暑	白露	
产量构成	667平方米有效穗数16.3万，每穗粒数150.5粒，结实率82.4%，千粒重29.7克。																
生育时期	4月上旬播种｜秧田期(45±5)天｜5月中下旬移栽｜有效分蘖期~6/25｜7月上旬拔节｜8月上旬抽穗｜9月上旬成熟																
主茎叶龄期	0	1	2	3 4	5 6	7	8	9 10	11 ⑫	13 14	△ 16	17					
茎蘖动态	移栽叶龄7~8叶，移栽667平方米茎蘖苗5万~8万，平方米穗数15万~18万。拔节期每667平方米茎蘖数20万~25万，抽穗期每667平方米茎蘖数18万~20万，成熟期每667平方米穗数18万~20万。																
育秧	4月上旬播种，秧龄40~50天。清水选种，播量1千克/667平方米，旱育秧秧本比1:15，塑盘育秧1:60，机插秧1:140。																
栽插	密度1.5万~1.8万丛/667平方米。规格(26~30)厘米×(16~20)厘米。确保基本苗5万~8万。																
施肥	苗床基肥：秧田667平方米施25千克三元复合肥作基肥，撒施于秧田。			苗床追肥：3叶1心期667平方米施5~8千克尿素对水泼施或者均匀撒施，随后施后视苗情再施5千克，移栽前1周尿素促蘖促发，不再追肥。			本田基肥：667平方米施碳酸钙40千克、过磷酸钙40千克、氯化钾5千克。		分蘖肥：在栽后5~10天，667平方米施8~10千克尿素。追肥可与除草剂混用同时进行化学除草。	穗肥：复水后，一般在倒3叶尖出叶时施穗肥，苗好少施，苗弱多施，旺苗不施。		肥料运筹总体原则：培肥苗床，施足基肥，早施断奶肥，不施送嫁肥，秆还田，氮、磷配合，重底早追。总施氮量：10~11千克/667平方米，底：追：穗肥=6:2:2。					
灌溉	结合施用旱育保姆进行包衣育秧，塑盘育秧。然后用薄膜覆盖（田间有浅水层3~4天，无水层5~6天）。抽穗期保持浅水层，黄熟前10天排干田水。						机插秧等各自的技术规程进行水管理。机插秧到穗苗数18万时开始晒田。			按照旱育秧，塑盘育秧，机插秧等自己的技术规程进行肥水管理。栽后灌浅水层活苗返青。施分蘖肥前一次灌一次田水，苗足重晒，苗差轻晒。复水后湿润灌溉。							
病虫草防治	播前3~5天投入毒饵于苗床四周灭鼠。播种前用25%施保克2500倍浸种。秧苗期用吡虫啉和锐劲特防治稻飞虱，稻瘟病和稻蓟马，移栽前3天用吡虫啉和锐劲特喷施，发病区移栽前三环唑防治一次。			病虫防治：根据病虫测报用吡虫啉+杀虫双，施用三唑磷、阿维、稻飞虱、稻纵卷叶螟，化学除草：在施分蘖肥时结合拌丁、乙，苄·嘧磺隆、野老等除草剂混施。			螟虫：抽穗前2~3天用吡虫啉+杀虫双，三唑磷、阿维、稻飞虱、三化螟。稻瘟病强目同检查，富士一号等药剂进行。纹枯病：井冈霉素，粉锈宁等防治。其他：个别地方需要加强三化螟，稻苞虫、稻飞虱，稻纵卷叶螟，稻曲病防治。			策略：突出恶苗病的防治，强化螟虫、稻瘟病、纹枯病病的防治，采用健康栽培为主的农业综合防治，在加强预测预报的基础上，采用高效低毒低残留农药进行无公害防治。							

5. Ⅱ优602 免耕抛移简高效栽培技术模式图

月份	4月 上	4月 中	4月 下	5月 上	5月 中	5月 下	6月 上	6月 中	6月 下	7月 上	7月 中	7月 下	8月 上	8月 中	8月 下	9月 上	9月 中
节气	清明		谷雨	立夏		小满	芒种		夏至	小暑		大暑	立秋		处暑	白露	
产量构成	667 平方米有效穗数 17 万左右，每穗粒数 158 粒，结实率 83%左右，千粒重 28 克左右。																
生育时期			4 月上中旬播种		5 月中下旬移栽		有效分蘖 6/25			7 月上旬拔节			8 月上旬抽穗			9 月上旬成熟	
	秧田期（45±5）天																
主茎叶龄期			0	1	2 3	4 5 6 7 8	9	10 11	⑫	13 14 15 16	17						
茎蘖动态	移栽叶龄 7~8 叶，移栽 667 平方米茎蘖苗 3 万~6 万，拔节期每 667 平方米茎蘖数 22 万~25 万，抽穗期每 667 平方米茎蘖数 18 万~20 万，成熟期每 667 平方米穗数 18 万~20 万。																
	平方米穗数 15 万~18 万。																
育秧	4 月上旬播种，秧龄 40~50 天。清水选种，播量 1~1.2 千克/667 平方米本田，选用 434 孔塑料软盘，每 667 平方米 40~50 盘。先装填 1/3 的营养土，清水育秧，湿润育秧，撒施干秧田上，再用细土盖种。每穴播种 1~2 粒种子，摆在做好的营养土，洒水湿透后起浆盖膜。按照塑盘湿润旱育秧技术规程进行育秧管理。																
栽插	用免耕抛窝器打孔，密度 1.5 万~1.8 万丛/667 平方米，规格 (26~30) 厘米×(16~20) 厘米。起苗移栽，每孔苗在一穴二苗，确保基本苗 5 万~8 万。																
施肥	苗床基肥：秧田 667 平方米用 25 千克三元复合肥作基肥，撒施于秧田。苗床追肥：3 叶 1 心期 667 平方米施尿素对水泼施或者均匀撒施后视苗情再施 5 千克尿素促蘖，移栽前 1 周不再追肥。本田基肥：667 平方米施碳铵 40 千克、过磷酸钙 40 千克、氯化钾 5 千克。分蘖肥：在栽后 5~10 天，667 平方米施 8~10 千克尿素追肥，追施后可与除草剂混用同时进行化学除草。穗肥：复水后，一般在倒 3 叶和倒 2 叶用穗肥，足底早施，苗好少施，苗弱多施，旺苗不施。肥料运筹总体原则：培育壮秧，施足基肥，早施断奶肥，早施分蘖肥，氮、磷、钾配合，足底早追。总施氮量：10~11 千克，底肥：追肥：穗肥＝5:3:2。底肥一定要施用速效氮肥（如碳铵以促进分蘖的早发快发）。																
灌溉	按照塑盘湿润旱育秧技术规程进行肥水管理。浅水湿润后揭窝，浅水活苗层活苗返青，移栽 3 天后灌后揭窝，施分蘖肥前灌一次田水。然后间歇灌溉（田间有浅水层 3~4 天，无水层 5~6 天）。黄熟前 10 天排干田水。当苗数到计划苗数的 18 万苗时开始够苗，控制苗峰，复水后湿润灌溉，抽穗期保持浅水层。保持干干湿湿，湿润灌溉。																
病虫草防治	播前 3~5 天投入毒饵于苗床四周灭鼠，播种前用 25% 施保克 2 500 倍浸种，秧苗期用吡虫啉和锐劲特防治稻飞虱，移栽前 3 天用吡虫啉和锐劲特防治稻蓟马、稻瘟病等，发区移栽前三环唑喷雾防治一次。病虫草防治：根据病虫报用吡虫啉+杀虫双，或三唑磷、阿维·三唑磷防治螟虫、稻飞虱。化学除草：在施分蘖肥时结合丁·苄，野老等除草剂混施。螟虫：抽穗期前 2~3 天用吡虫啉+杀虫双、三唑磷、阿维·三唑磷等防治二化螟。稻瘟病强田间检查，一经发现，选用三环唑、富士一号等药剂进行。纹枯病：生产上需要防治 2~3 次。用井冈霉素、粉锈宁等进行。其他：个别地方需要加强二化螟、稻曲病的防治。策略：突出恶苗病的防治，强化螟虫、稻瘟病、纹枯病的防治，采用以农业防治为主的综合防治，在加强健康栽培的基础上，采用高效低毒低残留农药进行无公害防治。																

6. Q优6号单季稻手插秧高产栽培技术模式图

月份	4月			5月			6月			7月			8月			9月	
	上	中	下	上	中	下	上	中	下	上	中	下	上	中	下	上	中
节气	清明		谷雨	立夏		小满	芒种		夏至	小暑		大暑	立秋		处暑	白露	
产量构成	667平方米有效穗数16万左右，每穗粒数176.6粒，结实率77.2%左右，千粒重29克左右。																
生育时期	4月上中旬播种（秧田期）（45±5）天			5月中下旬移栽			有效分蘖期6/25			7月上旬拔节			8月上旬抽穗			9月上旬成熟	
主茎叶龄期	0	1	2	3	4	5	6	7	8	9	10	11	12	13	14	15 16	17
茎蘖动态	移栽叶龄7~8叶，移栽667平方米茎苗5万~8万，拔节期每667平方米茎蘖数23万~25万，抽穗期每667平方米茎蘖数18万~20万，成熟期每667平方米穗数14万~17万。																
育秧	4月上旬播种，秧龄40~50天。清水选种，播量1千克/667平方米本田，旱育秧本田比1:15，塑盘育秧1:60，机插秧1:140。																
栽插	密度1.4万~1.6万丛/667平方米，规格（26~30）厘米×（16~20）厘米。确保基本苗5万~8万。																

施肥

苗床基肥：秧田667平方米施入25千克三元复合肥作基肥，撒施于秧田。

苗床追肥：3叶1心期667平方米用5~8千克尿素对水泼浇或者浇均匀，撒施后浇水再施5千克尿素促蘖，随后视苗情再施5千克尿素促蘖，移栽前1周不再追肥。

本田基肥：667平方米施碳酸氢铵40千克，过磷酸钙30千克，氯化钾5千克。

分蘖肥：在栽后5~10天，667平方米用8~10千克尿素，追肥可与除草剂混用同时进行化学除草。

穗肥：复水后，一般在倒3叶长出时看苗施穗肥，追施尿素5~8千克，苗弱多施，苗旺苗好少施，苗弱多施，苗好不施。

肥料运筹总体原则：培肥苗床，施足基肥，早施断奶肥，早施送嫁肥，秸秆还田，有机肥与化肥配合，重底早追，总施氮量干兑，底肥:穗肥:追肥=6:2:2，氮、磷、钾用量:10~12千克，底肥:穗肥:追肥=7:3。或者底肥:追肥=7:3。

灌溉

结合施用旱育保姆进行包衣育秧，按照旱育秧、塑盘育秧、机插秧等各自的技术规程进行肥水管理。栽后浅水层活苗返青，够苗数到栽插苗数18万时田开始晒田，苗差重晒，苗好轻晒，复水后湿润灌溉，控制苗峰，然后间歇灌溉（田间有浅水层3~4天，无水层5~6天），湿润湿润，黄熟前10天排干田水。抽穗期保持浅水层。保持干干湿湿。

病虫草防治

病虫防治：根据病虫测报用吡虫啉+杀虫双或三唑磷、阿维·三唑磷防治螟虫、稻纵卷叶螟。

化学除草：在施分蘖肥时结合拌丁·苄、苄·乙等进行除草。

播前3~5天投入毒饵于苗床四周灭鼠，播种前用25%施保克2500倍浸种，秧苗期用吡虫啉和锐劲特防飞虱，移栽前3天用吡虫啉和锐劲特喷施。稻瘟病常发区移栽前用三环唑喷施一次防治一次。

螟虫：抽穗前2~3天用吡虫啉+杀虫双、三唑磷、阿维·三唑磷防治二化螟。

稻纵卷叶螟：选用三唑磷、富士一号等药剂进行防治。

纹枯病：富士一号、纹霉素、井冈霉素、粉锈宁等防治。一经发现，生产上需要防治2~3次。用井冈霉素防治2~3次，稻曲病、稻瘟病要加强预测预报的防治。

其他：个别地方若需要重点加强三化螟、稻飞虱、稻曲病的防治。

策略：突出恶苗病的防治，强化螟虫、稻瘟病、纹枯病的防治，采用健康栽培为主的农业综合防治，在加强预测预报的基础上，采用高效低毒低残留农药进行无公害防治。

7. 金优527 单季稻手插秧高产栽培技术模式图

月份	4月			5月			6月			7月			8月			9月	
	上	中	下	上	中	下	上	中	下	上	中	下	上	中	下	上	中
节气	清明		谷雨	立夏		小满	芒种		夏至	小暑		大暑	立秋		处暑	白露	
产量构成	667平方米有效穗数16.5万左右，每穗粒数161.7粒，结实率80.9%左右，干粒重29.5克左右。															
生育时期	4月上旬播种 秧田期35~50天			5月中下旬移栽			有效分蘖6/25			7月上旬拔节			7月下旬8月上旬抽穗			8月下旬9月上旬成熟	
主茎叶龄期	0	1	2	3	4	5	6	7	8	9	10	11	⑫	13	14	**15**	16	17
茎蘖动态	移栽叶龄6~8叶，移栽667平方米茎蘖苗5~8万，拔节期每667平方米茎蘖数23万~25万，抽穗期每667平方米茎蘖数17万~20万，成熟期每667平方米穗数14万~17万。															
育秧	4月上旬播种，秧龄40~50天。清水选种，移栽667平方米用种1千克/667平方米。密度1.4万~1.8万/667平方米，规格（26~30）厘米×（16~20）厘米。旱育秧秧本比1：60，塑盘育秧1：15，旱育秧秧本比1：60，机插秧1：140。确保基本苗5万~8万。															
栽插	苗床基肥：秧田667平方米施三元复合肥25千克作基肥，撒施于秧田。苗床追肥：3叶1心期667平方米施5~8千克尿素对水泼施或者施尿素均匀撒施三叶促分蘖，施三叶视苗情再施5千克尿素促蘖。移栽前1周尿素促蘖不再追肥。			本田基肥：667平方米施碳铵40千克，过磷酸钙30千克，氯化钾5千克。			分蘖肥：在栽后5~10天，667平方米施8~10千克尿素。追肥可与除草剂混用同时进行化学除草。			穗肥：复水后，一般在倒2叶长出时看苗施用穗肥，追施尿素5~8千克，苗好少施，苗弱多施，旺苗不施。			肥料运筹总体原则：培肥苗床，施足基肥，早施断奶肥，不施送嫁肥，重底早施；氮，磷，钾配合，总施氮量：10~11千克，或者底肥：追肥：穗肥=6：2：2，或者底肥：追肥：穗肥=7：3。	
施肥	结合施用旱育保姆进行包衣育秧，按照旱育秧，塑盘育秧，机插秧等各自的技术规程进行肥水管理（田间有浅水层3~4天，无水层5~6天，湿润灌溉，黄熟前10天排干田水。											栽后灌浅水层活苗返青。施分蘖肥前灌一次田水。当苗数到达到预期穗数18万时开始晒田，苗好重晒，苗差轻晒，复水后湿润灌溉，控制苗峰。								
病虫草防治	播前3~5天投入毒饵干苗床四周灭鼠，播种前用25%施保克2500倍浸种。秧苗期用吡虫啉和锐劲特防治稻飞虱，移栽前3天用吡虫啉和锐劲特喷施，稻瘟病常发区移栽前用三环唑喷雾防治一次。			病虫防治：根据病虫测报用吡虫啉＋杀虫双，三唑磷，阿维·三唑磷防治螟虫，稻飞虱，化学除草：在结合拌丁·苄，丁·苄，野老等除草剂混施。			螟虫：抽穗前2~3天用吡虫啉＋杀虫双，三唑磷，阿维·三唑磷。稻纵卷叶螟，稻瘟病强田间检查，富士一号等药剂进行。纹枯病：井冈霉素上等要防治2~3次。用井其他：个别地方常要加强三化螟，稻曲病的防治。			抽穗期病虫的防治2~3天用吡虫啉＋杀虫双，三唑磷，阿维·三唑磷等防治二化螟。一经发现，一次药剂进行。富士一号：生产上需要防治2~3次。用井冈霉素：粉锈宁等加强三化螟，稻曲病的防治。			策略：突出恶苗病的防治，强化螟虫，纹枯病，稻瘟病，稻瘟病等综合防治。在加强预测预报的基础上，采用健康栽培为主的农业低毒高效低残留农药进行无公害防治。	

8. 协优527单季稻手插秧高产栽培技术模式图

月份	4月			5月			6月			7月			8月			9月	
	上	中	下	上	中	下	上	中	下	上	中	下	上	中	下	上	中
节气	清明		谷雨	立夏		小满	芒种		夏至	小暑		大暑	立秋		处暑	白露	

产量构成： 667平方米有效穗数17万左右，每穗粒数139.2粒，结实率82.7%左右，干粒重32.3克左右。

生育时期： 4月上旬播种，秧田期45～55天；5月中下旬移栽；有效分蘖期6/25；7月上旬拔节；7月下旬8月上旬抽穗；9月上旬成熟。

主茎叶龄期： 0　1　2　3　4　5　6　7　8　9　10　11　⑫　13　14　⑮　16　17

茎蘖动态： 移栽叶龄6～8叶，移栽667平方米茎蘖苗5万～8万，拔节期每667平方米茎蘖数23万～25万，抽穗期每667平方米茎蘖数17万～20万，成熟期每667平方米茎蘖数14万～17万。

育秧： 4月上旬播种，秧龄40～50天。清水选种，播量1千克/667平方米本田，旱育秧秧床1千克：60，塑盘育秧1：15，机插盘秧1：140。

栽插： 密度1.4万～1.6万丛/667平方米，规格（26～30）厘米×（16～20）厘米。确保基本苗5万～8万。

施肥：
- 苗床基肥：秧田667平方米施25千克三元复合肥作基肥，撒施于秧田。
- 苗床追肥：3叶1心期667平方米施5～8千克尿素均匀或者撒施，随施后浇水，促分蘖，促后视苗情再施5千克尿素促蘖，移栽前1周不再追肥。
- 本田基肥：667平方米施碳酸氢铵40千克，过磷酸钙30千克，氯化钾5千克。
- 分蘖肥：在栽后5～10天，667平方米施尿素5～8千克除草剂，追肥可与除草剂混用同时进行化学除草。
- 穗肥：在栽后5～10天，在倒2叶长出时看苗施尿素5～8千克，苗好少施，苗弱多施，旺苗不施。
- 肥料运筹总体原则：培肥苗床、施足基肥、早施断奶肥、不施送嫁肥；秸秆还田，钾配合，重底肥，氮、磷、钾底肥。总施氮量：10～11千克，或者底肥。追肥：穗肥=6：2：2，或者底肥。追肥：穗肥=7：3。

灌溉： 结合施用旱育保姆进行包衣育秧，按照旱育秧、塑盘育秧，机插秧等各自的技术规程进行肥水管理。栽后灌浅水层苗返青，施分蘖肥前灌一次田水。然后间歇灌溉（田间有浅水层3～4天，无水层5～6天），栽后灌浅水层苗数到穗数18万时开始晒田，苗差轻晒，苗好重晒，控制苗峰。复水后湿润灌溉，抽穗期保持浅水层。黄熟前10天排干田水。保持干干湿湿。

病虫草防治： 播前3～5天投入毒饵于苗床四周灭鼠，播种前用25%施保克2500倍浸种。秧苗期用吡虫啉和稻飞虱，稻蓟马、稻蚊虫等特效防治。移栽前3天用吡虫啉、稻瘟病常发区移栽前喷施锐劲特稻瘟病发常用三环唑防治一次。

病虫害防治：根据病虫测报用吡虫啉+杀虫双，磷·三唑磷，阿维·三唑磷防治稻纵卷叶螟、稻苞虫等，化学防治：在苗期分蘖期时结合治丁，节、节瘟螟隆、野老等除草剂混施。

螟虫：抽穗前2～3天用吡虫啉+杀虫双，阿维·三唑磷防治二化螟。稻瘟病强化对稻纵卷叶螟，一经发现生产上要要进行2～3次。用井冈霉素，粉锈宁等防治。其他：个别地方需要加强三化螟，稻苞虫、稻飞虱，稻蓟虫混施。

策略：突出恶苗病的防治，采用健康栽培为主的农业防治，强化预测预报的基础上，采用高效低毒农药留残低毒无公害防治。纹枯病，稻瘟病，在加强病虫的防治，采用健康栽培为主的农业综合防治。稻瘟病：突出恶苗病防治，采用预测预报无公害防治。

第七章 北方稻区超级稻品种栽培技术模式图

1. 龙粳21单季稻手插秧高产栽培技术模式图

生育时期	播种	离乳期	插秧	返青期	有效分蘖期	无效分蘖期	拔节期	孕穗期	抽穗开花期	灌浆期	成熟期
节气		谷雨	立夏	小满	芒种	夏至	小暑	大暑	立秋	处暑	白露	秋分
月份	15 20 25 30	6 10 15 20 25 30	6 10 15 22 25 30	1 7 15 23 25 30	1 8 15 20 23 30	1 8 15 20 23 30	5 10
	4月	5月	6月	7月	8月	9月	10月

产量构成： 667平方米产700千克产量结构：667平方米有效穗数29~31万，每穗粒数80~100粒，结实率（88±2%），千粒重（26.0±0.5）克。

生长阶段： 营养生长期 ｜ 生殖生长期

管理目标：

秧田期（苗期）	培育带蘖壮秧。
本田前期（分蘖期）	密度控制29.7厘米×13.2厘米促进早生快发，控制无效分蘖，提高分蘖成穗率。
本田中期（长穗期）	培育壮秆大穗，防止小穗退化，确保穗大粒多。
本田后期（结实期）	养根保叶，提高成熟度，促进籽粒饱粒，防止空秕粒。

栽培技术措施：

施肥

秧田期：
①用优质壮秧剂配制育苗营养土；
②浦秧前施送嫁肥，每平方米施硫酸铵50克。

本田前期：
①翻地前施入15%复合肥20千克，把地前施入15%复合肥20千克；
②6月上旬施分蘖肥，每667平方米15复合肥13.5千克，6月中旬补施尿素8.5千克。

本田中期：
7月5日左右施穗肥，每667平方米尿素4千克，6.5千克钾肥。

本田后期：
8月10日前后视稻田长势长相施粒肥，长势差的地块每667平方米施尿素2千克左右。

灌水

秧田期：
苗床出现表土发白或早晨稻苗不吐水时浅水灌。

本田前期：
①3~5厘米浅水返青；
②3厘米以内浅水分蘖；
③分蘖后期长势旺的田块适度晒田。

本田中期：
浅湿同歇，以浅为主，遇低温时深水护苗。

本田后期：
①抽穗开花阶段保持3厘米浅水层；
②灌浆阶段干湿交替，以湿为主；
③蜡熟阶段干湿交替，以干为主。

防病

农艺措施：
培育壮秧，增施有机肥，平衡施肥，施足基肥，早施追肥，增施磷、钾肥，避免偏施氮肥，增施磷、钾肥；
播种前用恶苗净或咪鲜胺等严格进行种子消毒，防治恶苗病；
7月中下旬用富士一号乳油或稻瘟净可湿性粉剂对水喷雾防叶瘟；抽穗前5~7天施富士一号防治穗颈瘟。老稻田适当施用硅肥，采用"干湿交替灌溉技术"，适时晒田。

化学药剂：
1. 恶苗病：播种前用恶苗净或咪鲜胺等严格进行种子消毒，防治恶苗病；
2. 稻瘟病：7月中下旬用富士一号5%井冈稻丰灵对水喷雾，或用40%瘟净水剂150毫升，或用50%DT杀菌剂150克，对水喷雾。
3. 纹枯病：每667平方米用5%井冈霉素水剂150毫升，对水喷雾。
4. 稻曲病：抽穗前5~7天喷施稻丰灵，对水喷雾。

治虫

①稻水象甲：移栽后发现稻水稻叶片时施药，如果用药后7~10天，仍发现有较多虫态时，再次用药；每667平方米用20%三唑磷乳油100~150毫升，按说明对水喷雾。
②二化螟：在一代幼虫孵化高峰期（6月下旬至7月上旬）后1周左右施药。每667平方米用18%杀虫双撒滴剂250克，按说明对水喷雾。

灭草

苗床除草剂封闭苗床	移栽后5~7天化学药剂封闭	人工拔除

172

2. 吉粳88 单季稻手插秧高产栽培技术模式图

生育时期	播种	离乳期	返青期	插秧	有效分蘖期	无效分蘖期	拔节期	孕穗期	抽穗开花期	灌浆期	成熟期
节气		谷雨		立夏	小满	芒种	夏至	小暑	大暑	立秋	处暑	白露	秋分
月份	5 10 15 20 25 30		6 10 15 20 25 30		1 7 15 22 25 30		1 7 15 23 25 30		1 8 15 20 23 30		1 8 15 20 23 30	5 10
月份	4月		5月		6月		7月		8月		9月	10月

产量构成： 667平方米产750千克产量结构：667平方米有效穗数28万～29万，每穗粒数120～130粒，结实率（91±2）%，千粒重（23.0±0.5）克。

生长阶段： 营养生长期 ｜ 生殖生长期

生长阶段	秧田期（苗期）	本田前期（分蘖期）	本田中期（长穗期）	本田后期（结实期）
管理目标	培育带蘖壮秧。	密度控制29.7厘米×（13.2～14.9）厘米促进早生快发，控制无效分蘖，提高分蘖成穗率。	培育壮秆大穗，防止小穗退化，确保穗大粒多。	养根保叶，提高成熟度，促进粒大粒饱。

栽培技术措施

施肥：
①用优质壮秧剂配制育苗营养土；②插秧前施送嫁肥，每平方米施硫酸铵50克。
①移栽前每667平方米施农家肥1 000～1 500千克和15千克磷酸二铵，5千克钾肥；②5月末6月初施尿素第一次分蘖肥，每667平方米施尿素5千克；③6月中旬施尿素第二次分蘖肥，每667平方米施尿素3千克。
7月中旬施穗肥，每667平方米施尿素5千克加3千克钾肥。
8月10日前后视稻田长势长相施粒肥，长势差的地块每667平方米施尿素3千克左右。

灌水：
苗床出现表土发白或早晨稻苗不吐水时浇水，如缺水应在早晨一次性浇透。
①3～5厘米浅水返青；②3厘米以内浅水分蘖；③分蘖后期长势旺的田块适度晒田。
浅湿间歇，以浅为主，遇低温时深水护苗。
①抽穗开花阶段保持3厘米浅水层；②灌浆前段干湿交替，以湿为主，再灌下一次浅水；③蜡熟后段干湿交替，以干为主，自然落干后再灌下一次浅水，即灌一次浅水，自然落干后再灌，即灌一次浅水，适时晒田；采用"干湿交替灌溉技术"，适时晒田。

防病：
农艺措施：培育壮秧，平衡施肥，增施有机肥，施足基肥，早施追肥，避免偏施氮肥，增施磷、钾肥。
化学药剂：
1. 恶苗病：播种前用恶苗净或咪鲜胺等严格进行种子消毒，防治恶苗病；
2. 稻瘟病：7月中下旬富士一号乳油或5%井冈霉素水剂150毫升，或用40%温纹粉剂防叶瘟，或用40%温纹粉剂80～100克，对水喷雾防治穗瘟。抽穗前5～7天施富士一号，抽穗5～7天施井岗霉素防治，隔7～10天再喷一次，对水喷雾。
3. 纹枯病：每667平方米用5%井冈霉素水剂150克，或用50%DT杀菌剂150克，对水喷雾。
4. 稻曲病：抽穗前5～7天喷施稻丰灵，或用50%DT杀菌剂150克，对水喷雾。

治虫：
①稻水象甲：移栽后发现稻叶有稻水象甲时施药，如果用药后7～10天，仍发现有较多成虫时，再次用药，每667平方米用18%杀虫双撒滴剂250克，按说明对水喷雾。
②二化螟：在一代幼虫卵孵化高峰期（6月下旬至7月上旬）后1周左右施药，每667平方米用20%三唑磷乳油100～150毫升，按说明对水喷雾。

灭草：
苗床除草剂封闭育苗床 ｜ 移栽后5～7天化学除草 ｜ 人工拔除

3. 吉粳83单季稻手插秧高产栽培技术模式图

生育时期	播种	离乳期	插秧	返青期	有效分蘖期	无效分蘖期	拔节期	孕穗期	抽穗开花期	灌浆期	成熟期
节气	谷雨	立夏	小满	芒种	夏至	小暑	大暑	立秋	处暑	白露	秋分　成熟期
月份	4月 10 15 20 25 30	5	5月 10 15 20	6月 1 6 10 15 22 25 30		7月 1 7 15 23 25 30		8月 1 8 15 20 23 30		9月 1 8 15 20 23 30	10月 5 10

产量构成： 667平方米产700千克产量结构：667平方米有效穗数28万~29万，每穗粒数90~100粒，结实率（88±2）%，千粒重（25.0±0.5）克。

生长阶段： 营养生长期 | 生殖生长期

秧田期（苗期） | 本田前期（分蘖期） | 本田中期（长穗期） | 本田后期（结实期）

管理目标：
- 培育带蘖壮秧。
- 密度控制29.7厘米×（16.5~19.8）厘米促进早生快发，控制无效分蘖，提高分蘖成穗率。
- 培育壮秆大穗，防止小穗退化，确保穗大粒多。
- 养根保叶，提高成熟度，促进粒大粒饱，防止空秕粒。

施肥：
- ①用优质壮秧营养剂配制育苗营养土；②插秧前施送嫁肥，每平方米施磷酸铵50克。
- ①移栽前每667平方米施农家肥1 000~1 500千克，尿素7~8千克和15千克磷酸二铵，3千克钾肥；②5月末6月初施第一次分蘖肥，每667平方米施尿素4千克；③6月中旬施第二次分蘖肥，每667平方米尿素2千克。
- 7月中旬施穗肥，每667平方米尿素4千克加3千克钾肥。
- 8月10前后视稻田长势长相施粒肥，长势差的地块每667平方米施尿素2千克左右。

灌水：
- 苗床出现表土发白或早晨稻苗不吐水时浇水。
- ①3~5厘米深水返青；②3厘米以内浅水分蘖；③分蘖后期长势旺的田块适度晒田。
- 浅湿间歇，以浅为主，遇低温时深水护苗。
- ①抽穗开花阶段保持3厘米浅水层，以湿为主；②灌浆阶段干湿交替，以湿为主；③蜡熟阶段干湿交替，以干为主。

栽培技术措施

防病：
农艺措施：培育壮秧，平衡施肥，增施有机肥，施足基肥，早施追肥，避免偏施氮肥，增施磷、钾肥，老稻田适当施用硅肥；采用"干湿交替灌溉技术"，适时晒田。
化学药剂：
1. 恶苗病：播种前用恶苗净或咪酰胺或富士一号乳油或净秀严格进行种子消毒，防治恶苗病。
2. 稻瘟病：7月中下旬用富士一号乳油或稻瘟净水剂150毫升，或用40%温纹叶瘟防叶瘟。抽穗前5~7天施富士一号防治穗颈瘟。
3. 纹枯病：每667平方米用5%井岗霉素水剂150毫升，或用40%温纹净水剂80~100克，对水喷雾。
4. 稻曲病：抽穗前5~7天喷施稻丰灵，或用50%DT杀菌剂150克，对水喷雾。

治虫：
①稻水象甲：移栽后发现稻水象甲啃食水稻叶片时施药，每667平方米用18%杀虫双撒滴剂250克，按说明对水喷雾；②二化螟：在一代幼虫卵孵化高峰期（6月下旬至7月上旬）后1周左右施药，每667平方米用20%三唑磷乳油100~150毫升，按说明对水喷雾。如果用药后7~10天，仍发现有较多虫时，再次用药；每667平方米用20%三唑磷乳油100~150毫升，隔7~10天再喷一次。

灭草： 苗床除草剂封闭苗床 | 移栽后5~7天化学药剂封闭 | 人工拔除

4. 吉粳102单季稻手播秧高产栽培技术模式图

生育时期	节气	月份
播种	谷雨	5 10 15 20 25 30（4月）
离乳期	立夏	6 10 15 20 25 30（5月）
返青期	小满	
插秧	芒种	
有效分蘖期	夏至	1 7 15 22 25 30（6月）
无效分蘖期拔节期	小暑 大暑	1 7 15 23 25 30（7月）
孕穗期	立秋	
抽穗开花期	处暑	1 8 15 20 23 30（8月）
灌浆期	白露	
成熟期	秋分	1 5 15 20 23 30（9月） 5 10（10月）

产量构成： 667平方米产700千克以上产量结构：667平方米有效穗数28万~29万，每穗粒数90~100粒，结实率（88±2）%，千粒重（25.0±0.5）克。

生长阶段： 营养生长期　生殖生长期

生长阶段	营养生长期		生殖生长期	
	秧田期（苗期）	本田前期（分蘖期）	本田中期（长穗期）	本田后期（结实期）
管理目标	培育带蘖壮秧。	密度控制29.7厘米×（16.5~19.8）厘米促进早生快发，控制无效分蘖提高分蘖成穗率。	培育壮秆大穗，防止小穗退化，确保穗大粒多。	养根保叶，提高成熟度，促进粒粒饱大，防止空秕粒。

栽培技术措施

施肥：
- 秧田期：①用优质壮秧剂配制育苗营养土；②插秧前施送嫁肥，每平方米施硫酸铵50克。
- 本田前期：①移栽前每667平方米施农家肥1 000~1 500千克，尿素7~8千克和15千克磷酸二铵，3千克钾肥；②5月末6月初施穗肥，每667平方米施第一次分蘖肥4千克；③6月中旬施第二次分蘖肥，每667平方米尿素2千克。
- 本田中期：7月中旬施穗肥，每667平方米施尿素4千克加3千克钾肥。
- 本田后期：8月10日前后视稻田长势长相施粒肥，长势差的地块每667平方米施尿素2千克左右。

灌水：
- 秧田期：苗床出现表土发白或早晨稻苗不吐水时浇水。
- 本田前期：①3~5厘米浅水返青；②3厘米以内浅水分蘖；③分蘖后期长势旺的田块适度晒田。
- 本田中期：浅湿间歇，以浅为主，遇低温时深水护苗。
- 本田后期：①抽穗开花阶段保持3厘米浅水层；②灌浆阶段干湿交替，以湿为主；③蜡熟阶段干湿交替，以干为主。

防病：
农艺措施：培育壮秧，平衡施肥，增施有机肥，施足基肥，早施追肥，避免偏施氮肥，老稻田适当施用硅肥，老稻田及早晒田；采用"干湿交替灌溉技术"，适时晒田。
化学药剂：
1. 恶苗病：播种前用恶苗净或富士一号乳油或咪酰胺等严格进行种子消毒，防治恶苗病；
2. 稻瘟病：7月中下旬用富士一号井冈霉素对水喷雾防叶瘟，防治稻瘟病；抽穗前5~7天施富士一号防治穗颈瘟，每667平方米用5%井冈霉素150毫升，或用40%瘟净粉剂80~100克，对水喷雾。
3. 纹枯病：每667平方米用5%井冈霉素150毫升，或成用40%瘟净粉剂80~100克，对水喷雾。
4. 稻曲病：抽穗前5~7天喷施稻丰灵，或用50%DT杀菌剂150克，对水喷雾。

治虫：
①稻水象甲：移栽后发现稻水象甲啃食水稻叶片时施药，如果用药后7~10天，仍发现有较多成虫时，再次用药，每667平方米用20%三唑磷乳油100~150毫升，按说明对水喷雾。
②二化螟：在一代二化螟卵孵化高峰期（6月下旬至7月上旬）后1周左右用药，每667平方米用18%杀虫双撒滴剂250克，按说明对水喷雾。

灭草：
- 苗床除草剂封闭苗床。
- 移栽后5~7天化学药剂封闭。
- 人工拔除。

5. 沈农 265 单季稻手插秧高产栽培技术模式图

生育时期	播种	离乳期	立青	插秧 返青期	有效分蘖期 无效分蘖期	拔节期	孕穗期	抽穗开花期	灌浆期	成熟期
节气	谷雨	立夏	小满	芒种	夏至	小暑 大暑	立秋	处暑	白露	秋分
月份	5 10 15 20 25 30（4月）	6 10 15 20 25 30（5月）		6 10 15 22 25 30（6月）	1 7 15 20 23（7月）	1 8 15 20 23 30（8月）		1 8 15 20 23 30（9月）		10（10月）

产量构成： 667 平方米产 700 千克产量结构：667 平方米有效穗数 19.5 万~20.5 万，每穗粒数 135~155 粒，结实率（88±2）%，千粒重（27.5±0.5）克。

生长阶段： 营养生长期 ｜ 生殖生长期

管理目标：

秧田期（苗期）	本田前期（分蘖期）	本田中期（长穗期）	本田后期（结实期）
培育带蘖壮秧。	密度控制 29.7 厘米×（13.2~14.9）厘米以促进早生快发，控制无效分蘖，提高分蘖成穗率。	培育壮秆大穗，防止小穗退化，确保穗大粒多。	养根保叶，提高成熟度，促进粒饱粒大，防止空秕粒。

栽培技术措施

施肥：
① 用优质壮秧剂配制育苗营养土；
② 插秧前施送嫁肥，每平方米施硫酸铵 50 克。

① 移栽前每 667 平方米施农家肥 2000 千克，尿素 7.5 千克和 5 千克磷酸二铵，5 千克钾肥，锌肥 2.5 千克；
② 5 月末 6 月初施第一次分蘖肥，每 667 平方米施尿素 7.5 千克；
③ 6 月 20 左右施第二次分蘖肥，每 667 平方米施尿素 10 千克。

7 月中旬施穗肥，每 667 平方米施尿素 4 千克。

8 月 10 日前后视稻田生长势长相施粒肥，长势差的地块每 667 平方米施尿素 2 千克左右。

灌水：
苗床出现表土发白或早晨稻苗不吐水时浇水。

① 3~5 厘米浅水返青；
② 3 厘米浅水以内浅水分蘖；
③ 分蘖后期水势旺的田块适度晒田。

浅湿间歇，以浅为主，遇低温时深水护苗。

① 抽穗开花阶段保持 3 厘米浅水层，以湿为主；
② 灌浆阶段干湿交替，以湿为主；
③ 蜡熟阶段干湿交替，以干为主。采用"干湿交替灌溉技术"，适时晒田。

防病：
农艺措施：培育壮秧，平衡施肥，施足基肥，增施有机肥，增施磷、钾肥，避免施氮肥过量，老稻田适当施用硅肥。
化学药剂：
1. 恶苗病：播种前用恶苗净或咪酰胺等严格进行种子消毒，防治恶苗病。
2. 稻温病：7 月中下旬用富士一号乳油或富米乐可湿性粉剂对水喷雾防叶瘟，抽穗前 5~7 天施富士一号防治穗颈瘟。
3. 纹枯病：每 667 平方米用 5% 井岗霉素水剂 150 毫升，或用 40% 瘟纹净水剂 80~100 克，对水喷雾。隔 7~10 天再喷一次。
4. 稻曲病：抽穗前 5~7 天喷施稻丰灵，或用 50% DT 杀菌剂 150 克，对水喷雾。

治虫：
① 稻水象甲：移栽后发现稻水象甲啃食水稻叶片时施药，如果用药后 7~10 天，仍发现有较多虫时，再次用药；每 667 平方米用 20% 三唑磷油 100~150 毫升，按说明对水喷雾。
② 二化螟：在一代二化螟幼虫孵化高峰期（6 月下旬至 7 月上旬）后 1 周左右施药，每 667 平方米用 18% 杀虫双撒滴剂 250 克，按说明对水喷雾。

灭草： 苗床除草剂封闭苗床。 移栽后 5~7 天化学药剂封闭。 人工拔除。

6. 龙粳14 单季稻手插秧高产栽培技术模式图

生育时期	播种	离乳期	立夏	插秧	返青期	有效分蘖期	无效分蘖期	拔节期	孕穗期	抽穗开花期	灌浆期	成熟期
节气	谷雨	立夏	小满	芒种	夏至	小暑	大暑	立秋	处暑	白露	秋分	
月份	15　20　25　30（4月）		6　10　15　20　25　30（5月）		6　10　15　22　25　30（6月）		1　7　15　23（7月）		1　8　15　20　23　30（8月）		1　8　15　20　23　30（9月）	5　10（10月）

产量构成： 667平方米产700千克产量结构：667平方米有效穗数29万～31万，每穗粒数80～100粒，结实率（88±2）%，千粒重（26.0±0.5）克。

生长阶段： 营养生长期｜生殖生长期

生长阶段	秧田期（苗期）	本田前期（分蘖期）	本田中期（长穗期）	本田后期（结实期）
管理目标	培育带蘖壮秧。	密度控制29.7厘米×（9.9～13.2）厘米以内促进早生快发，控制无效分蘖，提高分蘖成穗率。	培育壮秆大穗，防止小穗退化，确保穗大粒多。	养根保叶，提高成熟度，促进粒大粒饱，防止空秕粒。

栽培技术措施

施肥
- 秧田期：①用优质壮秧剂配制育苗营养土。②插秧前施送嫁肥，每平方米施硫酸钾50克。
- 本田前期：①移栽前每667平方米施尿素二铵、硫酸钾6.5千克，插秧后一周每667平方米施尿素3.5千克；②6月中旬施分蘖肥，每667平方米施尿素5千克，硫酸钾3.5千克。
- 本田中期：7月中旬施穗肥，每667平方米施尿素4千克。
- 本田后期：8月10日前后视稻田长势长相施粒肥，长势差的地块每667平方米施尿素2千克左右。

灌水
- 秧田期：苗床出现表土发白或早晨稻苗不吐水时浇水。
- 本田前期：①3～5厘米浅水返青；②3厘米以内浅水分蘖；③分蘖后期长势旺的田块适度晒田。
- 本田中期：浅湿间歇，以浅为主，遇低温时深水护苗。
- 本田后期：①抽穗开花阶段保持3厘米浅水层；②灌浆阶段干湿交替，以湿为主；③蜡熟阶段干湿交替，以干为主。
- 生殖生长期老稻田适当施用硅肥；采用"干湿交替灌溉技术"，适时晒田。

防病

农艺措施：培育壮秧，增施有机肥，平衡施肥，施足基肥，早施追肥，避免偏施氮肥，增施磷、钾肥，老稻田适当施用硅肥；
化学药剂：
1. 恶苗病：播种前用恶苗净或咪酰胺等严格进行种子消毒；防治恶苗病。
2. 稻瘟病：7月中下旬用富士一号乳油或井冈霉素防叶瘟，抽穗前5～7天施富士一号防治穗颈瘟。每667平方米用5%井冈霉素150毫升，或用40%稻纹清粉剂对水喷雾防叶瘟，抽穗前每667平方米用稻瘟净80～100克，或三唑酮150克，对水喷雾。
3. 纹枯病：每667平方米用5% DT杀菌剂150克，对水喷雾。
4. 稻曲病：抽穗前5～7天施稻丰灵，或用50% DT杀菌剂150克，对水喷雾。

治虫
①稻水象甲：移栽后发现稻水象甲啃食水稻叶片时施药，如果用药后7～10天，仍发现有较多成虫时，再次用药；每667平方米用20%三唑磷乳油100～150毫升，按说明对水喷雾。
②二化螟：在一代二化螟幼虫卵孵化高峰期（6月下旬至7月上旬）每667平方米用18%杀虫双撒滴剂250克，按说明对水喷雾。

灭草
- 苗床除草剂封闭苗床
- 移栽后5～7天化学药剂封闭
- 人工拔除

7. 盐丰 47 单季稻手插秧高产栽培技术模式图

生育时期： 播种 — 插秧 — 返青期 — 离乳期 — 无效分蘖期 — 有效分蘖期 — 拔节期 — 孕穗期 — 抽穗开花期 — 灌浆期 — 成熟期

节气： 谷雨 立夏 小满 芒种 夏至 小暑 大暑 立秋 处暑 白露 秋分

月份： 4 月（15、20、25、30） 5 月（5、10、15、20、25、30） 6 月（6、10、15、22、25、30） 7 月（1、7、15、23、30） 8 月（1、8、15、20、23、30） 9 月（1、8、15、20、23、30） 10 月（5、10）

产量构成： 667 平方米产 700 千克产量结构：667 平方米有效穗数 21 万～22 万，每穗粒数 125～145 粒，结实率（92±2）%，千粒重（26.0±0.5）克。

生长阶段： 营养生长期（秧田期〔苗期〕、本田前期〔分蘖期〕）；生殖生长期（本田中期〔长穗期〕、本田后期〔结实期〕）。

管理目标	内容
秧田期（苗期）	培育带蘖壮秧。
本田前期（分蘖期）	密度控制 29.7 厘米×（13.2～14.9）厘米促进早生快发，控制无效分蘖，提高分蘖成穗率。
本田中期（长穗期）	培育壮秆大穗，防止小穗退化，确保穗大粒多。
本田后期（结实期）	养根保叶，提高成熟度，促进粒粒饱满粒大，防止空批粒。

栽培技术措施

施肥：
① 用优质壮秧剂配制青苗营养土；
② 苗床施送嫁肥，每平方米施磷酸二铵 30～50 克。
① 移栽前每 667 平方米施尿素 8.5 千克，磷酸二铵 4.5 千克，硫酸钾 5 千克；插秧后一周每 667 平方米施尿素 10 千克；
② 6 月中旬施分蘖肥，每 667 平方米施尿素 6.5 千克，磷酸二铵 5.5 千克，硫酸钾 5 千克。
7 月中旬施穗肥，每 667 平方米施尿素 2 千克。
8 月 10 日前后视稻田长势长势相施粒肥，长势差的地块每 667 平方米施尿素 2 千克左右。

灌水：
苗床出现表土发白或稻苗早晨苗不吐水时浇水。
① 3～5 厘米浅水返青；② 3 厘米以内浅水分蘖；③ 分蘖后期长势旺的田块适度晒田。
浅湿间歇，以浅为主，遇低温时深水护苗。
① 抽穗开花阶段保持 3 厘米浅水层；② 灌浆阶段干湿交替，以湿为主；③ 蜡熟阶段干湿交替，以干为主。
采用"干湿交替灌溉技术"，适时晒田。

防病：
农艺措施：培育壮秧，平衡施肥，增施有机肥，施足基肥，早施追肥，平衡施肥，避免偏施氮肥，防治恶苗病；
化学药剂：
1. 恶苗病：播种前用恶苗净或咪鲜胺等严格进行种子消毒。
2. 稻瘟病：7 月中下旬用富士一号乳油或三环唑对水喷雾防叶瘟；抽穗前 5～7 天施富士一号防治穗颈瘟。
3. 纹枯病：每 667 平方米用 5% 井冈霉素水剂 150 毫升，或用 40% 纹霉净粉剂 80～100 克，对水喷雾。
4. 稻曲病：抽穗前 5～7 天施穗丰灵，或用 50% DT 杀菌剂 150 克，对水喷雾。
老稻田适当施用硅肥；抽穗前 5～7 天施富士一号防治穗颈瘟，隔 7～10 天再喷一次。

治虫：
① 稻水象甲：移栽返青后发现稻水象甲啃食稻叶片时施药，如果用药后 7～10 天，仍发现较多成虫时，再次用药；每 667 平方米用 20% 三唑磷乳油 100～150 毫升，按说明对水喷雾。
② 二化螟：在一代幼虫孵化高峰期（6 月下旬至 7 月上旬）后 1 周左右施药；每 667 平方米用 18% 杀虫双撒滴剂 250 克，按说明对水喷雾。

灭草：
苗床除草剂封闭苗床；移栽后 5～7 天化学药剂封闭。
人工拔除。

8. 辽星1号高产栽培技术模式图

生育时期	播种	返青期	插秧	有效分蘖期	无效分蘖期	拔节期	孕穗期	抽穗开花期	灌浆期	成熟期
节气	谷雨	离乳期	立夏 小满	芒种 夏至	小暑	大暑	立秋	处暑	白露 秋分	
月份	4月 15 20 25 30	5月 5 10 15 20 25 30	6月 6 10 15 20 25 30	7月 1 7 15 23 25 30	8月 1 8 15 20 23 30		9月 1 8 15 20 23 30		10月 5 10	

产量构成： 667平方米产750千克产量结构：667平方米有效穗数23万~22万，每穗粒数130~150粒，结实率(90±2)%，千粒重(24.5±0.5)克。

生长阶段： 营养生长期 / 生殖生长期

管理目标

秧田期（苗期）	本田前期（分蘖期）	本田中期（长穗期）	本田后期（结实期）
培育带蘖壮秧。	密度控制29.7厘米×(16.5~19.8)厘米以促进早生快发，控制无效分蘖，提高分蘖成穗率。	培育壮秆大穗，防止小穗退化，确保穗大粒多。	养根保叶，提高成熟度，促进粒大饱粒，防止空秕粒。

栽培技术措施

施肥

秧田期（苗期）：①用优质壮秧剂配制育苗营养土；②插秧前施送嫁肥，每平方米施磷酸二铵50克。

本田前期（分蘖期）：①移栽前每667平方米施农家肥500千克，尿素7~8千克和15千克磷酸二铵，5千克伸肥；②6月初施第一次分蘖肥，每667平方米施尿素5千克；6月中旬施第二次分蘖肥，每667平方米施尿素3千克。

本田中期（长穗期）：7月中旬施穗肥，每667平方米施5千克尿素，3千克钾肥。

本田后期（结实期）：8月10日前后视稻田长势长相施粒肥，长势差的地块每667平方米施尿素3千克左右。

灌水

秧田期：苗床出现表土发白或早晨稻苗不吐水时浇水，如缺水应在早晨一次性浇透。

本田前期：①3~5厘米浅水返青；②3厘米以内浅水分蘖；③分蘖后期长势旺盛的田块适度晒田。

本田中期：浅湿间歇，以浅为主，温时深水护苗。

本田后期：①抽穗开花阶段保持3厘米浅水层；②灌浆阶段干湿交替，以湿为主；③收获前7~10天停水。采用"干湿交替灌溉技术"，适时晒田。

防病

农艺措施：培育壮秧，平衡施肥，增施有机肥，施足基肥，早施追肥，避免偏施氮肥，增施磷、钾肥，老稻适当施用硅肥；老稻富士一号防治稻瘟病。

化学药剂：
1. 恶苗病：播种前用恶苗净或咪酰胺等严格进行种子消毒，防治恶苗病；
2. 稻瘟病：7月中下旬用富士一号乳油或湿性粉剂对水喷雾防叶瘟，抽穗前5~7天施穗颈瘟；
3. 纹枯病：每667平方米用5%井冈霉素水剂150毫升，或用40%噬菌净对水喷雾80~100克，隔7~10天再喷一次。
4. 抽穗期用50%DT杀菌剂150克，对水喷雾。

治虫

①稻水象甲：移栽后发现稻水象甲啃食水稻叶片时施药，如果用药后7~10天，仍发现有较多虫害时，再次用药；每667平方米用20%三唑磷乳油100~150毫升，按说明对水喷雾。

②二化螟：在一代二化螟幼虫孵化高峰期(6月下旬至7月上旬)后1周左右施药，每667平方米用18%杀虫双撒滴剂250克，按说明对水喷雾。

灭草

苗床除草剂封闭苗床；移栽后5~7天化学除草。

人工拔除

9. 松粳 9 号高产栽培技术模式图

生育时期	播种	离乳期	插秧	返青期	有效分蘖期	无效分蘖期	拔节期	孕穗期	抽穗开花期	灌浆期	成熟期
节气	谷雨	立夏	小满	芒种	夏至	小暑	大暑	立秋	处暑	白露	秋分
月份	4月 5 10 15 20 25 30	5月 6 10 15 20 25 30		6月 6 10 15 22 25 30		7月 1 7 15 23 25		8月 1 8 15 20 23 30		9月 1 8 15 20 23 30	10月 5 10

产量构成： 667 平方米产 700 千克产量结构：667 平方米有效穗数 25 万～27 万，每穗粒数 110～130 粒，结实率（88±2）%，千粒重（25.0±0.5）克。

生长阶段： 营养生长期 ｜ 生殖生长期

生长阶段（细分）： 种田期（苗期）｜ 本田前期（分蘖期）｜ 本田中期（长穗期）｜ 本田后期（结实期）

管理目标

- 种田期：培育带蘖壮秧。
- 本田前期：密度控制 29.7 厘米×（16.5～19.8）厘米，促进早生快发，控制无效分蘖，提高分蘖成穗率。
- 本田中期：培育壮秆大穗，防止小穗退化，确保穗大粒多。
- 本田后期：养根保叶，提高成熟度，促进粒大粒饱。

栽培技术措施

施肥

- 种田期：①用优质壮秧剂配制育苗营养土；②插秧前施送嫁肥，每平方米施磷酸二铵 100 克。
- 本田前期：①移栽前每 667 平方米施农家肥 500 千克，尿素 10 千克和 15 千克磷酸二铵，15% 复合肥 20 千克；②5 月末结合封闭施药第一次分蘖肥，每 667 平方米施尿素 10 千克；
- 本田中期：7 月中旬施穗肥，每 667 平方米施 20 千克 15% 复合肥。
- 本田后期：8 月 10 日前后视稻田长势长相施粒肥，长势差的地块每 667 平方米施尿素 2 千克左右。

灌水

- 种田期：苗床出现表土发白或早晨稻苗不吐水时浇水返青，如缺水应在早晨一次性浇透。
- 本田前期：①3～5 厘米浅水返青；②3 厘米以内浅水分蘖；③分蘖后期长势旺盛对的田块适度晒田。
- 本田中期：浅湿间歇，以浅为主，遇低温时深水护苗。
- 本田后期：①抽穗开花阶段保持 3 厘米浅水层；②灌浆阶段干湿交替，以湿润为主；③收获前 7～10 天停水。

防病

农艺措施：培育壮秧，平衡施肥，增施有机肥，施足基肥，早施追肥，避免偏施氮肥，增施磷、钾肥，老稻田适当施用硅肥，采用"干湿交替灌溉技术"，适时晒田。

化学药剂：
1. 恶苗病：播种前用恶苗净或咪鲜胺等严格进行种子消毒，防治恶苗病；
2. 稻瘟病：7 月中下旬用富士一号乳油或瘟散可湿性粉剂对水喷雾防叶瘟；抽穗前 5～7 天施富士一号，对水喷雾；抽穗后用 40% 盐纹净水剂 150 毫升，或用 40% 盐纹净粉剂 80～100 克，对水喷雾。
3. 纹枯病：每 667 平方米用 5% 井冈霉素水剂 150 毫升，对水喷雾。

治虫

①稻水象甲：移栽后发现稻水象甲啃食水稻叶片时施药，如果用药 7～10 天，仍发现有较多成虫时，再次用药；每 667 平方米用 20% 三唑磷乳油 100～150 毫升，按说明对水喷雾。
②二化螟：在一代二化螟卵孵化高峰期（6 月下旬至 7 月上旬）后 1 周左右施药，每 667 平方米用 18% 杀虫双水剂 250 克，按说明对水双喷雾。

（右列）8 月 10 日前后视稻田长势长相，长势差的……隔 7～10 天再喷一次。

灭草

苗床除草剂封闭苗床 ｜ 移栽后 5～7 天化学药剂封闭 ｜ 人工拔除

10. 沈农9816高产栽培技术模式图

生育时期	播种	离乳期	插秧	返青期	有效分蘖期	无效分蘖期	拔节期	孕穗期	抽穗开花期	灌浆期	成熟期
节气	谷雨	立夏	小满	芒种	夏至	小暑	大暑	立秋	处暑	白露	秋分　成熟期
月份	5　10　15　20　25　30（4月）		6　10　15　20　25　30（5月）		6　10　15　22　25　30（6月）		1　7　15　23　25　30（7月）	1　8　15　20　23　30（8月）		1　8　15　20　23　30（9月）	5　10（10月）

产量构成： 667平方米产700千克产量结构：667平方米有效穗数24万～25万，每穗粒数130～150粒，结实率(88±2)%，千粒重(22.5±0.5)克。

生长阶段： 营养生长期｜生殖生长期

管理目标：
- 秋田期（苗期）：培育带蘖壮秧。
- 本田前期（分蘖期）：密度控制29.7厘米×(13.2～14.9)厘米促进早生快发，控制无效分蘖，提高分蘖成穗率。
- 本田中期（长穗期）：培育壮秆大穗，防止小穗退化，确保穗大粒多。
- 本田后期（结实期）：养根保叶，提高成熟度，促进粒大、防止空秕粒。

栽培技术措施：

施肥：
①用优质壮秧剂配制育苗营养土；②插秧前施送嫁肥，每平方米施磷酸二铵50克。
①移栽前每667平方米施农家肥1 500～2 000千克，尿素14千克和14千克磷酸二铵、20千克钾肥，1千克锌肥；②5月末6月初施蘖肥，每667平方米施尿素第一次分蘖肥14千克、7千克钾肥；③7月中旬施穗肥，每667平方米施7千克尿素。
8月10日前后视稻田长势与长相施粒肥，长势差的地块每667平方米施尿素2千克左右。

灌水：
苗床出现表土发白或早晨稻苗不吐水时浇水，如缺水应在早晨一次性浇透。
①3～5厘米浅水返青；②3厘米浅水以内促进分蘖；③分蘖后期长势旺的田块适当晒田。
浅湿间歇，以浅为主，遇低温时深水护苗。
①油穗开花阶段保持3厘米浅水层；②灌浆阶段干湿交替，以湿润为主；③收获前7～10天停水。
采用"干湿交替灌溉技术"，适时晒田。

防病：
农艺措施：培育壮秧，平衡施肥，增施有机肥，施足基肥，早施追肥，避免偏施氮肥，增施磷、钾肥；老稻田适当施用硅肥；抽穗前5～7天施富士一号防治穗颈瘟。
化学药剂：
1. 恶苗病：播种前用恶苗净或咪酰胺严格进行种子消毒，防治恶苗病。
2. 稻瘟病：7月中下旬用富士一号乳油或井冈霉素水剂150毫升，或用40%瘟绞净粉剂80～100克，对水喷雾。
3. 纹枯病：每667平方米用5%井冈霉素水剂150毫升，或用50%DT杀菌剂150克，对水喷雾。
4. 稻曲病：抽穗前5～7天施稻脚青，对水喷雾。

治虫：
①稻水象甲：移栽后发现稻水象甲叶时施药，如果发现有较多虫时，每667平方米用18%杀虫双撒滴剂250克，按说明对水喷雾；再次用药，每667平方米用20%三唑磷乳油100～150毫升，按说明对水喷雾。②二化螟：在一代幼虫卵孵化高峰期（6月下旬至7月上旬），仍发现有较多虫时，每667平方米用20%三唑磷乳油100～150毫升，按说明对水喷雾。人工拔秧

灭草： 苗床除草剂封闭苗床｜移栽后5～7天化学药剂封闭｜人工拔秧

11.新稻18超高产精确栽培技术规程模式图

月份	5月			6月			7月			8月			9月			10月		
	上	中	下	上	中	下	上	中	下	上	中	下	上	中	下	上	中	下
节气		小满	芒种		夏至		小暑		大暑	立秋		处暑	白露		秋分	寒露		霜降

栽培总目标
产量指标：667平方米单产：650～750千克
667平方米有效穗：22万～24万
每穗粒数：140粒
结实率：85%以上
千粒重：26克
稻谷指标：国标二级

株型：株高105厘米，根系黄而不黑，
全株青秀且成熟时有2~3张绿叶

| 生育时期 | 播种 | | 移栽 | 返青 | | | 无效分蘖期 | | 拔节 | 拔节孕穗期 | | 抽穗 | 灌浆结实期 | | | 成熟 | | |

全生育期 156 天

各生育期所需天数：秧田期 30-35 天左右；有效分蘖期 35 天；拔节孕穗期 35 天左右；灌浆结实期 50 天左右

叶龄期：0 1 2 3 4 5 6 7 8 9 10 11 12 13 14 15 16 17 18 19 5 6

叶色黑黄变化：黑 黄 黑 黄 黄 黑 黄 黄 黄 黑 黄 黑 黄

环境指标：
产地环境符合 NY5116，DB32/T343.1
土壤肥力：2.5%以上
速效磷：15×10⁻⁶以上
速效钾：120×10⁻⁶以上

注：本模式适用于河南省等、山东南部、江苏淮北、红淮地区，安徽沿淮及淮北地区。

附表 2005～2012 年农业部认定的 105 个超级稻品种汇总

年份	品种名称	数量（个）	备注
2005 年	天优 998、胜泰 1 号、D 优 527、协优 527、Ⅱ优 162、Ⅱ优 7 号、Ⅱ优 602、准两优 527、丰优 299、金优 299、Ⅱ优 084、辽优 5218、辽优 1052、沈农 265、沈农 606、沈农 016、吉粳 88、吉粳 83、协优 9308、国稻 1 号、国稻 3 号、中浙优 1 号、Ⅱ优明 86、特优航 1 号、Ⅱ优航 1 号、Ⅱ优 7954、两优培九、Ⅲ优 98	28	沈农 016、辽优 1052 在 2010 年退出超级稻；辽优 5218、胜泰 1 号、沈农 606、Ⅲ优 98 在 2011 年退出超级稻
2006 年	天优 122、一丰 8 号、金优 527、D 优 202、Q 优 6 号、黔南优 2058、Y 优 1 号、株两优 819、两优 287、培杂泰丰、新两优 6 号、甬优 6 号、中早 22、桂农占、武粳 15、铁粳 7 号、吉粳 102 号、松粳 9 号、龙粳 5 号、龙粳 14 号、垦稻 11 号	21	黔南优 2058 在 2010 年退出超级稻；龙粳 14 在 2011 年退出超级稻
2007 年	宁粳 1 号、淮稻 9 号、千重浪 1 号、辽星 1 号、楚粳 27、玉香油占、新两优 6380、丰两优四号、内 2 优 6 号、淦鑫 688、Ⅱ优航 2 号、龙粳 18	12	龙粳 18 在 2011 年退出超级稻
2009 年	龙粳 21、淮稻 11 号、中嘉早 32 号、扬两优 6 号、陆两优 819、丰两优香一号、洛优 8 号、荣优 3 号、金优 458、春光 1 号	10	
2010 年	新稻 18 号、扬粳 4038、宁粳 3 号、南粳 44、中嘉早 17、合美占、桂两优 2 号、培两优 3076、五优 308、五丰优 T025、新丰优 22、天优 3301	12	
2011 年	沈农 9816、南粳 45、武运粳 24 号、甬优 12、陵两优 268、准两优 1141、徽两优 6 号、03 优 66、特优 582	9	
2012 年	楚粳 28 号、连粳 7 号、中早 35、金农丝苗、准两优 608、深两优 5814、广两优香 66、金优 785、德香 4103、Q 优 8 号、天优华占、宜优 673、深优 9516	13